第一推动丛书:宇宙系列
The Cosmos Series

大宇之形
The Shape of Inner Space

[美] 丘成桐 [美] 史蒂夫·纳迪斯著 著 翁秉仁 赵学信 译
Shing-Tung Yau Steve Nadis

U0339656

CS K 湖南科学技术出版社

THE
FIRST
MOVER

总序

《第一推动丛书》编委会

　　科学，特别是自然科学，最重要的目标之一，就是追寻科学本身的原动力，或曰追寻其第一推动。同时，科学的这种追求精神本身，又成为社会发展和人类进步的一种最基本的推动。

　　科学总是寻求发现和了解客观世界的新现象，研究和掌握新规律，总是在不懈地追求真理。科学是认真的、严谨的、实事求是的，同时，科学又是创造的。科学的最基本态度之一就是疑问，科学的最基本精神之一就是批判。

　　的确，科学活动，特别是自然科学活动，比起其他的人类活动来，其最基本特征就是不断进步。哪怕在其他方面倒退的时候，科学却总是进步着，即使是缓慢而艰难的进步。这表明，自然科学活动中包含着人类的最进步因素。

　　正是在这个意义上，科学堪称为人类进步的"第一推动"。

　　科学教育，特别是自然科学的教育，是提高人们素质的重要因素，是现代教育的一个核心。科学教育不仅使人获得生活和工作所需的知识和技能，更重要的是使人获得科学思想、科学精神、科学态度以及科学方法的熏陶和培养，使人获得非生物本能的智慧，获得非与生俱来的灵魂。可以这样说，没有科学的"教育"，只是培养信仰，而不是教育。没有受过科学教育的人，只能称为受过训练，而非受过教育。

　　正是在这个意义上，科学堪称为使人进化为现代人的"第一推动"。

近百年来，无数仁人志士意识到，强国富民再造中国离不开科学技术，他们为摆脱愚昧与无知做了艰苦卓绝的奋斗。中国的科学先贤们代代相传，不遗余力地为中国的进步献身于科学启蒙运动，以图完成国人的强国梦。然而可以说，这个目标远未达到。今日的中国需要新的科学启蒙，需要现代科学教育。只有全社会的人具备较高的科学素质，以科学的精神和思想、科学的态度和方法作为探讨和解决各类问题的共同基础和出发点，社会才能更好地向前发展和进步。因此，中国的进步离不开科学，是毋庸置疑的。

正是在这个意义上，似乎可以说，科学已被公认是中国进步所必不可少的推动。

然而，这并不意味着，科学的精神也同样地被公认和接受。虽然，科学已渗透到社会的各个领域和层面，科学的价值和地位也更高了，但是，毋庸讳言，在一定的范围内或某些特定时候，人们只是承认"科学是有用的"，只停留在对科学所带来的结果的接受和承认，而不是对科学的原动力——科学的精神的接受和承认。此种现象的存在也是不能忽视的。

科学的精神之一，是它自身就是自身的"第一推动"。也就是说，科学活动在原则上不隶属于服务于神学，不隶属于服务于儒学，科学活动在原则上也不隶属于服务于任何哲学。科学是超越宗教差别的，超越民族差别的，超越党派差别的，超越文化和地域差别的，科学是普适的、独立的，它自身就是自身的主宰。

　　湖南科学技术出版社精选了一批关于科学思想和科学精神的世界名著，请有关学者译成中文出版，其目的就是为了传播科学精神和科学思想，特别是自然科学的精神和思想，从而起到倡导科学精神，推动科技发展，对全民进行新的科学启蒙和科学教育的作用，为中国的进步做一点推动。丛书定名为"第一推动"，当然并非说其中每一册都是第一推动，但是可以肯定，蕴含在每一册中的科学的内容、观点、思想和精神，都会使你或多或少地更接近第一推动，或多或少地发现自身如何成为自身的主宰。

再版序
一个坠落苹果的两面：
极端智慧与极致想象

龚曙光
2017年9月8日凌晨于抱朴庐

连我们自己也很惊讶，《第一推动丛书》已经出了 25 年。

或许，因为全神贯注于每一本书的编辑和出版细节，反倒忽视了这套丛书的出版历程，忽视了自己头上的黑发渐染霜雪，忽视了团队编辑的老退新替，忽视好些早年的读者，已经成长为多个领域的栋梁。

对于一套丛书的出版而言，25 年的确是一段不短的历程；对于科学研究的进程而言，四分之一个世纪更是一部跨越式的历史。古人"洞中方七日，世上已千秋"的时间感，用来形容人类科学探求的速律，倒也恰当和准确。回头看看我们逐年出版的这些科普著作，许多当年的假设已经被证实，也有一些结论被证伪；许多当年的理论已经被孵化，也有一些发明被淘汰 ……

无论这些著作阐释的学科和学说，属于以上所说的哪种状况，都本质地呈现了科学探索的旨趣与真相：科学永远是一个求真的过程，所谓的真理，都只是这一过程中的阶段性成果。论证被想象讪笑，结论被假设挑衅，人类以其最优越的物种秉赋 —— 智慧，让锐利无比的理性之刃，和绚烂无比的想象之花相克相生，相否相成。在形形色色的生活中，似乎没有哪一个领域如同科学探索一样，既是一次次伟大的理性历险，又是一次次极致的感性审美。科学家们穷其毕生所奉献的，不仅仅是我们无法发现的科学结论，还是我们无法展开的绚丽想象。在我们难以感知的极小与极大世界中，没有他们记历这些伟大历险和极致审美的科普著作，我们不但永远无法洞悉我们赖以生存世界的各种奥秘，无法领略我们难以抵达世界的各种美丽，更无法认知人类在找到真理和遭遇美景时的心路历程。在这个意义上，科普是人类极端智慧和极致审美的结晶，是物种独有的精神文本，是人类任何其他创造 —— 神学、哲学、文学和艺术无法替代的文明载体。

　　在神学家给出"我是谁"的结论后，整个人类，不仅仅是科学家，包括庸常生活中的我们，都企图突破宗教教义的铁窗，自由探求世界的本质。于是，时间、物质和本源，成为了人类共同的终极探寻之地，成为了人类突破慵懒、挣脱琐碎、拒绝因袭的历险之旅。这一旅程中，引领着我们艰难而快乐前行的，是那一代又一代最伟大的科学家。他们是极端的智者和极致的幻想家，是真理的先知和审美的天使。

　　我曾有幸采访《时间简史》的作者史蒂芬·霍金，他痛苦地斜躺在轮椅上，用特制的语音器和我交谈。聆听着由他按击出的极其单调的金属般的音符，我确信，那个只留下萎缩的躯干和游丝一般生命气息的智者就是先知，就是上帝遣派给人类的孤独使者。倘若不是亲眼所见，你根本无法相信，那些深奥到极致而又浅白到极致，简练到极致而又美丽到极致的天书，竟是他蜷缩在轮椅上，用唯一能够动弹的手指，一个语音一个语音按击出来的。如果不是为了引导人类，你想象不出他人生此行还能有其他的目的。

　　无怪《时间简史》如此畅销！自出版始，每年都在中文图书的畅销榜上。其实何止《时间简史》，霍金的其他著作，《第一推动丛书》所遴选的其他作者著作，25年来都在热销。据此我们相信，这些著作不仅属于某一代人，甚至不仅属于20世纪。只要人类仍在为时间、物质乃至本源的命题所困扰，只要人类仍在为求真与审美的本能所驱动，丛书中的著作，便是永不过时的启蒙读本，永不熄灭的引领之光。

虽然著作中的某些假说会被否定，某些理论会被超越，但科学家们探求真理的精神，思考宇宙的智慧，感悟时空的审美，必将与日月同辉，成为人类进化中永不腐朽的历史界碑。

因而在25年这一时间节点上，我们合集再版这套丛书，便不只是为了纪念出版行为本身，更多的则是为了彰显这些著作的不朽，为了向新的时代和新的读者告白：21世纪不仅需要科学的功利，而且需要科学的审美。

当然，我们深知，并非所有的发现都为人类带来福祉，并非所有的创造都为世界带来安宁。在科学仍在为政治集团和经济集团所利用，甚至垄断的时代，初衷与结果悖反、无辜与有罪并存的科学公案屡见不鲜。对于科学可能带来的负能量，只能由了解科技的公民用群体的意愿抑制和抵消：选择推进人类进化的科学方向，选择造福人类生存的科学发现，是每个现代公民对自己，也是对物种应当肩负的一份责任、应该表达的一种诉求！在这一理解上，我们将科普阅读不仅视为一种个人爱好，而且视为一种公共使命！

牛顿站在苹果树下，在苹果坠落的那一刹那，他的顿悟一定不只包含了对于地心引力的推断，而且包含了对于苹果与地球、地球与行星、行星与未知宇宙奇妙关系的想象。我相信，那不仅仅是一次枯燥之极的理性推演，而且是一次瑰丽之极的感性审美……

如果说，求真与审美，是这套丛书难以评估的价值，那么，极端的智慧与极致的想象，则是这套丛书无法穷尽的魅力！

时空统一颂

时乎时乎　　逝何如此

物乎物乎　　系何如斯

弱水三千　　岂非同源

时空一体　　心物互存

时分时分　　时不再钦

天兮天兮　　天何多容

亘古恒迁　　黑洞冥冥

时空一体　　其无尽耶

大哉大哉　　宇宙之谜

美哉美哉　　真理之源

时空量化　　智者无何

管测大块　　学也洋洋

———丘成桐，2002 年写于北京

中文版序
希望年轻人能理解数学之美，以及我做学问的精神

　　十多年来，我花了不少时间到世界各地做通俗演讲，向听众解释数学的美妙。每次演讲完后，总觉得意犹未尽，后来又因为一些机缘，激发我的兴趣，想写一本给一般大众阅读的科普书。《大宇之形》（*The Shape of Inner Space*）就是这样的一本书，是我和纳迪斯先生（Steve Nadis）合写的，写作过程并不容易，前后花了我们四年的工夫。

　　2002年，浙江大学数学所成立，我邀请了一批有国际声望的数学和物理学家来参加学术会议，其中包括霍金（Stephen Hawking）、大卫·格罗斯（David Gross）、威滕（Edward Witten）等闻名遐迩的大师。其中最引人注目的是霍金的演讲，当时整个浙江都轰动起来，有超过三千位听众在大球场上听讲。后来在北京的国际弦理论大会上，我们决定霍金的演讲不收入场费，但要凭入场券入场，没想到一票难求，黄牛票竟卖到人民币二百元以上。当时中国国家主席江泽民在中南海接见上述来宾时，很高兴地表扬了"霍金热"，媒体更是一致称颂。但是有些物理学家并不满意媒体的报道，认为他们未能好好解释霍金在科学上的成就，大多数人无从了解霍金这位物理大师的为人和学问。

当年，国际数学家大会（ICM）也在北京举行，知名的诺贝尔经济学奖得主、数学家纳什也参加了这次大会。我在开会前与他共进晚餐时，谈到一本描述他生平的书，以及该书改编的电影（即《美丽境界》[A Beautiful Mind] 及其同名电影。内地及香港地区则译为《美丽心灵》），纳什向我抱怨这本书的作者和电影的编剧，从来没有跟他交谈过，写出来与演出来的内容许多都跟事实不符。

到了2006年，我在北京再度召开国际弦理论大会，邀请许多物理学家和数学家与会，当然也邀请了上述2002年访问中国的大师。为了减轻大会的经济负担，我得到霍金教授的同意，让他的团队经过香港一行。但由于他的团队人数众多，香港中文大学无法支应经费，所以我请香港科技大学的郑绍远在科大举办一场霍金的演讲，没料到香港媒体极为兴奋，大肆宣传。后来在北京的大会上，更有六千多人在人民大会堂听霍金的演讲。当时湖南科学技术出版社已经翻译了霍金教授的畅销科普书。而在同一段时间，媒体也对当时数学庞加莱猜想的解决极感兴趣。然而无论中国或外国的媒体，都未能把握到这些科学成果的真意，殊为可惜。

这些经验让我体会到科普工作的重要性与难度，其中尤以撰写数学科普书更为困难。大部分数学科普作者太注重描述数学家个人的个性或轶闻，很少能真正触及数学吸引人之美与内在的真实。许多作者更因为害怕读者读不懂，往往将最精彩的地方一笔带过。甚至明知自己的解释有误，但为了读者容易阅读，就模模糊糊、将就过去。我很希望能写出一本数学科普书来矫正这种毛病。

于是，我找了纳迪斯来合写这本书，阐述我在毕业后十五年内的重要工作，并描述我在解决这些问题时所遇到的困难，以及克服问题后的喜悦感受，同时也在字里行间带出我与朋友和学生的交谊点滴。

一般来说，数学家很少会写出自己创作的经验，再加上我做的研究与物理学密切相关，所以写这本书时，自己觉得很有意思，希望年轻人或年轻学者能理解我做学问的精神。纳迪斯的文笔极好，他是一位擅长用通俗语言描述天文学的职业作家，虽然不很懂数学，却满怀学习的热情。这样的合作伙伴最是难得，因为我需要借比较简单的语言，描述深奥的数学内涵。通过纳迪斯的领会，总算能将这些想法向大众表达出来。从美国读者的反映知道，我们获得了一定程度的成功。而且如今，纳迪斯也成为数学专家了。

犹记得当年解决卡拉比猜想时，我心中的感觉可以用两句宋词贴切表达：

落花人独立
微雨燕双飞

我希望这本书的中文译本，能够将数学家、物理学家这种和大自然融成一体的美妙感觉表现出来。翁秉仁是我从前的博士生，精通数学，文笔很好。我感谢他与赵学信先生花了这么多宝贵的时间将这本书翻译出来，得其神韵，实在不易。

我衷心感谢给我们帮忙的人，除了英文序中提到的数学家和物理学家、纳迪斯、翁秉仁和赵学信外，我还要感谢远流出版社和湖南科学技术出版社出版这本书的中文译本。

英文版序
数学，是一场波澜壮阔的冒险！

　　大家常说，数学是科学的语言，或至少是物理科学的语言。显而易见的，想要确切描述物理定律，只能使用数学方程式，无法诉诸日常书写或口语的文字。但是只把数学当成一门语言，对这个学科全然不公平，因为语言这个字眼让人有错误的印象，以为数学除了挑挑叙述的毛病并稍微改正之外，就清清楚楚、了无新意。

　　但这其实谬误之极。虽然数学家在数千年的历史过程中，为数学打造了坚实的基础，但今天的数学仍然兴盛与活跃如昔。数学并不是静止稳定的知识体系，而是充满活力、不断在演变中的科学，和其他科学一样，每天都有崭新的洞识与发现。只是，除非解决几个世纪的难题，数学的发展鲜少能登上头条新闻，不像其他科学，经常有发现新基本粒子、新星体，或新抗癌疗程等热门议题。

　　但是对于能品赏数学真谛的人，数学绝不只是一种语言而已，而是通往真理最确定的道路，是整座物理科学大厦所依凭的坚实磐石。这个学科的力量，并不仅止于解释或彰显实在的物理世界，因为对数学家来说，数学就是实在的世界。我们证明的几何形体与空间，其真实性绝不亚于构成所有物质的基本粒子。不过我们认为数学结构比起大自然的粒子更为基本，因为除了厘清粒子行为之外，数学还能解释形形色色的日常生活现象，从脸部轮廓到花朵的对称性等。面对现实世界的熟悉模式与形体，或许最能令几何学家兴奋的，正是其背后抽象原理的力量与美感。

对我而言，研究数学——尤其是我的专长几何学，真的就像探险家去勘探未知之地一样。我仍然清楚记得，当我读研究所一年级，作为初牛之犊的二十岁新手，初接触到爱因斯坦引力论时，所感受到的震撼与悸动。我非常惊讶引力和曲率这两个概念，竟可视为一体的两面，毕竟我在香港的大学时代，早已着迷于曲面的理论。这些形体就这样沁入胸臆深处，我不清楚原因，却无法将它们逐出脑海。听到曲率位于爱因斯坦广义相对论的核心，不禁让我期盼某天，也能以某种方式对宇宙知识做出贡献。

《大宇之形》这本书描述我在数学领域的探索，并特别聚焦于一项协助物理学家建立宇宙模型的发现。没有人能断言这些模型最终是否正确，但是作为这些模型基础的几何理论，却无疑蕴含着我无从抗拒的美感。

我研究几何学与偏微分方程，显然比用非母语的英文写作更在行，因此写这样一本书无疑是一项挑战。数学方程的清晰与优雅，经常难以用口语表述（甚至有人说这不可能），这点颇令人感到挫折，就像没有任何实景照片，却尝试描述珠穆朗玛峰，或尼加拉瀑布的壮阔气势一样。

幸运的是，在这方面我获得了绝佳的臂助。尽管这整个故事是通过我的双眼，以我的口说来陈述，但我的合作者却帮我将抽象与深奥的数学，试着转译成流利的文字。

当我证明了卡拉比猜想（本书的中心主题）后，我将该篇证明的论文献给我的父亲丘镇英先生，他是一位教育家与哲学家，教导我抽象思考的力量。现在我将这本书，献给他与我的母亲梁若琳女士，他们两人深刻影响了我智识上的成长。此外，我特别要感谢我的妻子友云，她的气度与容忍，使我在甚为繁忙纠缠的研究与访问行程中，还有余裕来写这本书。另外也感谢我颇以为傲的两个儿子，丘明诚与丘正熙。

我也要把这本书献给卡拉比（Euggenio Calabi），他是前述猜想的提出者，我们相识将近四十年。卡拉比是一位很有原创性的数学家，我和他通过某些几何空间彼此相系，已逾四分之一世纪，那就是卡拉比－丘流形（Calabi-Yau manifolds），也是本书的主题。Calabi-Yau这个词自从1984年出现之后，使用者极多，我几乎都快觉得卡拉比是我的名字了。而如果这真的是我的名字，或至少在公众的心里如此，我将引以为荣。

我的研究工作，大部分往来于数学与理论物理交汇的领域。我很少孤立完成这些研究，经常大量地受益于与朋友或同僚的互动。在这许多人里，我底下将只提到与我直接合作，或曾予我启发的少数人。

首先，我要感谢我的老师与长辈们，这一长串名单中包括了陈省身、莫瑞（Charles Morrey）、劳森（Blaine Lawson）、辛格（Isadore Singer）、尼伦柏格（Louis Nirenberg），以及卡拉比。我也很感谢1973年时，辛格在一次斯坦福大学的学术会议邀请格罗赫（Robert Geroch）来演讲，这促成我和孙理察（Richard Schoen）在正质量猜想方向的研究工作。我后续与物理相关的数学研究，辛格都经常予我鼓励。

我十分感谢在访问剑桥大学时，和霍金与吉朋士（Gary Gibbons）讨论相对论的谈话。我的量子场论是从这个领域的大师大卫·格罗斯学来的。记得1981年当我还是高等研究院的研究员时，戴森（Freeman Dyson）带了一位新任物理组研究员到我办公室，这位刚到普林斯顿的新人就是威滕，他告诉我他有一个简洁的正质量猜想的证明，这个结果我和孙理察已经用非常不同的方法证明过了。我非常惊讶于威滕的数学能力，而且这绝非唯一的一次。

在这段研究岁月里，我十分享受和一些人的紧密合作，除了前述的孙理察，还有郑绍远、汉米尔顿（Richard Hamilton）、李伟光、密克斯（William Meeks）、赛门（Leon Simon），以及乌兰贝克（Karen Uhlenbeck）。其他以各种方式参与这段旅程的朋友，还包括多纳森（Simon Donaldson）、罗勃·格林恩（Robert Greene）、奥瑟曼（Robert Osserman）、杨宏风（Duong Hong Phong），以及伍鸿熙。

我觉得自己很幸运，过去二十余年能在哈佛大学研究讲学，这是能让数学和物理产生互动的理想环境。在这期间，我从与哈佛数学系同事的交谈中，获得许多数学上的看法，其中包括伯恩斯坦

（Joseph Bernstein）、艾尔基斯（Noam Elkies）、盖茨郭利（Dennis Gaitsgory）、迪克·格罗斯（Dick Gross）、哈里斯（Joe Harris）、广中平祐（Heisuke Hironaka）、杰菲（Arthur Jaffe，他也是物理学家）、卡兹当（David Kazhdan）、克农海默（Peter Kronheimer）、梅哲（Barry Mazur）、马克穆蓝（Curtis McMullen）、曼弗德（David Mumford），史密德（Wilfried Schmid）、萧荫堂、史滕伯格（Shlomo Sternberg）、泰特（John Tate）、陶布思（Cliff Taubes）、泰勒（Richard Taylor）、姚鸿泽，以及2005年过世的波特（Raoul Bott）与马凯（George Mackey）。当然，我与麻省理工学院数学系的教授们也有许多值得回忆的交谈。另外在物理方面，我和史聪闵格（Andy Strominger）与瓦法（Cumrun Vafa）则有着数不尽的丰饶对话。

在过去十年，我曾经两度荣任哥伦比亚大学的爱林伯格访问教授，和数学系的教授有许多令人兴奋的讨论，尤其是哥费德（Dorian Goldfeld）、汉米尔顿、杨宏风以及张寿武。我也曾任加州理工学院的费尔柴客座教授与莫尔客座教授，从索恩（Kip S. Thorne）和史瓦兹（John Schwarz）那里学到许多物理知识。

在过去二十余年，我曾获得美国政府的大力补助（通过国科会、能源部以及国防高等计划局）。我大部分的博士后研究人员都是物理博士，这在数学领域中殊属异类。但这样的安排让双方都受益，他们跟我学数学，我则从他们身上学到一些物理知识。我很高兴许多这些有物理背景的博士后，日后成为大学数学系的杰出教授，包括布朗戴斯大学、哥伦比亚大学、西北大学、牛津大学、东京大学等。我的一些博士后在卡拉比－丘流形上有重要贡献，其中许多人协助完成这本书，包括爱梭耳（Mboyo Esole）、布莱恩·格林恩（Brian Greene）、赫罗维兹（Gary Horowitz）、细野忍（Shinobu Hosono）、贺布胥（Tristan Hubsch）、克雷姆（Albrecht Klemm）、连文豪、史巴克斯（James Sparks）、曾立生，山口哲（Satoshi Yamaguchi），以及札斯洛（Eric Zaslow）。最后，我之前的一些研究生也在这个领域里有杰出的贡献，包括来自中国大陆的李骏、刘克峰，以及来自中国台湾的王慕道、王金龙、刘秋菊，其中一些成就将在书中叙述。

　　　　　　　　　　　丘成桐，麻省剑桥，2010年3月

　　人的运气就是这样，当初如果不是康奈尔大学的物理学家戴自海（Henry Tye，丘成桐的朋友）介绍，我根本不可能知道这个著作计划。他当时给我建议，说我未来的合著者或许能指点我一两个有趣的故事。戴自海说得对，他一向都对。我很感谢他，让我踏上这段意料之外的旅程，并且在沿途许多岔口提供协助。

　　就像丘成桐经常说的，在数学上选定一条路，根本无法预料最后会通往哪里。其实写书也一样，当我们第一次见面时，就十分同意要合写一本书，然后花了很长一段时间，才确定这本书的主题。就某种意义而言，你也可以说，直到这本书完成了，我们才真正知道这本书的主旨。

　　对于这项合作的结晶，我想先说明几点，以免造成阅读时的混淆。我的合作者是一位数学家，他的研究和本书的多数故事紧密相关，书中凡是他身为主要参与者的章节，经常采用第一人称行文，其中的"我"指的一定是丘成桐。不过尽管这本书相当程度涉及个人叙事，却不适合归类为丘成桐的自传或传记，因为他并不全认识书中讨论所牵涉的人物，有些人更早在他出生前就已过世。而且有些描述的内容，例如实验物理与宇宙学，也超出他的专业领域，在这样的章节，我采用的多半是第三人称观点，内容的来源大部分是访谈，以及我曾做过的一些资料研究。

本书称得上是一项特殊的产物，结合了我们不同的背景与观点。最好的合作方式，似乎就是说出一个双方都认为值得一谈的故事。而将故事落实成书的工作，相当依赖于我的合作者对数字的非凡掌握，同时希望我的文字能力也能不辱使命。

关于本书是否应该视为一本自传，还有一点要谈。虽然本书的确绕着丘成桐的研究打转，我仍然要提醒读者，本书的主角并不是丘成桐自己，而是他参与发明的几何空间，也就是卡拉比－丘流形。

广泛来说，本书的主旨是如何通过几何学理解宇宙。20世纪以几何学描述引力而获得惊人成功的广义相对论，即是此中典范。弦论则是另一个更具野心、走得更深远的尝试，不但几何学活跃其中，六维的卡拉比－丘流形尤其占有特定的地位。本书试图呈现一些几何与物理的必要概念，以理解卡拉比－丘流形的渊源，以及数学家和物理学家认为这些流形重要的原因。本书将聚焦于这类流形的不同面向：作为定义的特色、导致发现的数学理论、弦论学者迷上它的理由，以及这些形体是否真的掌握了通往我们的宇宙（乃至于其他宇宙）的钥匙。

至少，这就是《大宇之形》这本书想要阐述的，至于是否真的达成这项使命，只能由读者来决定。

但我心中很明白，如果没有许多人提供专业、编辑或者情感上的支持，这本书绝对无法完成。这份名单实在太长了，恐怕不可能全部列出来，不过我会尽量试试。

丘成桐前述名单中的人物，给我提供了许多协助。其中包括卡拉比、多纳森、布莱恩·格林恩、贺布胥、史聪闵格、瓦法、威滕以及最重要的罗勃·格林恩、连文豪、曾立生。后面三位朋友在写作过程中，教导我相关的数学和物理课程，他们精辟的解说与非凡的耐性，让我由衷感激。尤其是罗勃·格林恩，他在百忙中仍然一周数天引领我穿越微分几何的荆棘道路，没有他，我早不知道溺毙几回了。连文豪帮我踏上思考几何分析的起点；在我们改不胜改的书稿定稿的最后时刻，曾立生提供了大量的协助。

物理学家 Allan Adams，Chris Beasley，Shamit Kachru，Liam McAllister 和 Burt Ovrut 常常不分昼夜地为我解答问题，引导我度过许多思考瓶颈。其他慷慨拨冗相助的还有 Paul Aspinwall，Melanie Becker，Lydia Bieri，Volker Braun，David Cox，Frederik Denef，Robbert Dijkgraaf, Ron Donagi，Mike Douglas，Steve Giddings，Mark Gross，Arthur Hebecker，Petr Horava，Matt Kleban，Igor Klebanov，Albion Lawrence，Andrei Linde，Juan Maldacena，Dave Morrison，Lubos Motl，Hirosi Ooguri，Tony Pantev，Ronen Plesser，Joe Polchinski，Gary Shiu（萧文礼），Aaron Simons，Raman Sundrum，Wati Taylor，Bret

Underwood，Deane Yang和Xi Yin（尹希）。

以上所举还只是一小部分，除此之外，协助我的还有Eric Adelberger,Saleem Ali，Bruce Allen，Nima Arkani-Hamed，Michael Atiyah，John Baez，Thomas Banchoff,Katrin Becker，George Bergman，Vincent Bouchard，Philip Candelas，John Coates，Andrea Cross，Lance Dixon，David Durlach，Dirk Ferus，Felix Finster，Dan Freed，Ben Freivogel，Andrew Frey，Andreas Gathmann，Doron Gepner，Robert Geroch，Susan Gilbert，Cameron Gordon，Michael Green，Paul Green，Arthur Greenspoon，Marcus Grisaru，Dick Gross，Monica Guica，Sergei Gukov，Alan Guth，Robert S. Harris，Matt Headrick，Jonathan Heckman，Dan Hooper，Gary Horowitz，Stanislaw Janeczko，Lizhen Ji（季理真），Sheldon Katz，Steve Kleiman，Max Kreuzer，Peter Kronheimer，Mary Levin，Avi Loeb，Feng Luo （罗锋），Erwin Lutwak，Joe Lykken，Barry Mazur，William McCallum，John McGreevy，Stephen Miller，Cliff Moore，Steve Nahn，Gail Oskin，Rahul Pandharipande，Joaquín Pérez，Roger Penrose，Miles Reid，Nicolai Reshetikhin，Kirill Saraikin，Karen Schaffner，Michael Schulz，John Schwarz，Ashoke Sen，Kris Snibbe，Paul Shellard，Eva Silverstein，Joel Smoller,Steve Strogatz，Leonard Susskind，Yan Soibelman，Erik Swanson，Max Tegmark，Ravi Vakil，Fernando Rodriguez Villegas，Dwight Vincent，Dan Waldram，Devin Walker、Brian Wecht，Toby Wiseman，Jeff Wu（吴建福），Chen NingYang （杨振宁），Donald Zeyl等人。

本书中的许多概念是很难描绘的，我们很幸运能在绘图方面得到石溪大学计算机科学系Xiaotian（Tim）Yin和Xianfeng（David）Gu卓越的电脑帮助，而他们又得到Huayong Li和Wei Zeng的协助。绘图方面大力帮忙的还有Andrew Hanson（卡拉比－丘流形最重要的视觉呈现者），John Oprea和Richard Palais等人。

我要感谢我的亲友，包括Will Blanchard，John De Lancey，Ross Eatman，Evan Hadingham，Harris McCarter和John Tibbetts，他们或者读过本书的撰述计划、章节草稿，或者在写作过程中提供建议和鼓励。

此外，丘成桐和我还要感谢Maureen Armstrong，Lily Chan，Hao Xu和Gena Bursan等人宝贵的行政支援。

有几本书提供了很有价值的参考，其中包括布莱恩·格林恩的《宇宙的琴弦》（*The Elegant Universe*）、曼罗迪诺（Leonard Mlodinow）的《欧几里得之窗》（*Euclid's Window*）、奥瑟曼的《宇宙的诗篇》（*Poetry of the Universe*）以及萨斯金的《宇宙的景观》（*The Cosmic Landscape*）。

而若不是有Brockman，Inc. 文学经纪公司的John Brockman，Katinka Matson. Michael Healey，Max Brockman和Russell Weinberger等人的大力协助，《大宇之形》根本不可能成书。Basic Books的T. J. Kelleher对我们书稿一直保持信心，还有他与同事Whitney Casser努力让书能够成形付梓。Basic Books的专案编辑Kay Mariea指挥了从

草稿到出版的各个阶段，还有Patricia Boyd精湛的文字编辑造诣，使我明白"the same"和"exactly the same"原来是完全同义的词语。

　　最后，我特别要感谢我家人的支持 —— Melissa，Juliet和Pauline，以及我的双亲Lorraine和Marty，我的兄弟Fred和姊妹Sue。他们犹如六维卡拉比－丘流形，是世上最迷人之物，但却不自知这些流形其实超出尘世之外。

纳迪斯，麻省剑桥，2010年3月

目录

序曲
从柏拉图到宇宙未来的形貌

> 在伟大的前科学时代，
>
> 柏拉图就指出，
>
> 我们所见的世界，
>
> 只是这个不可见几何形体的反映罢了。
>
> 这个观念深得我心，
>
> 也和我最知名的数学证明紧密相关。
>
> 神以几何造世。
>
> ——柏拉图

大约公元前360年，柏拉图（Plato）完成了《蒂迈欧斯篇》，（*Timaeus*），这是一篇以对话形式呈现的创世故事，对话者包括他的老师苏格拉底（Socrates）以及其他三位贤者：蒂迈欧斯、赫谟克拉提（Hermocrates）、克里底亚斯（Critias）。蒂迈欧斯应该是个虚构的角色，据说他从南意大利的洛克利城来到雅典，是一个"天文学专家，志在理解大自然的本质。"[1] 通过蒂迈欧斯之口，柏拉图陈述了自己的万有引力理论（theory of everything），其中的核心角色是几何学。

柏拉图尤其着迷于一组几何形体，这组特别的多面体也从此被称为"柏拉图立体"。这些多面体的各面是全等的正多边形，例如正四面体的四个面是全等的正三角形；正六面体（俗称的正方体）是六个全等的正方形；正八面体是八个正三角形；正十二面体是正五边形；正二十面体则又是由二十个正三角形构成。

柏拉图并不是这些以他为名的立体的发明者，事实上没有人确实知道发明者是谁。不过一般相信是柏拉图的当代学者泰阿泰德（Teaetetus）证明了这五种"正多面体"[1]的存在，并且就只有五种。欧几里得在《原本》（*The Elements*）一书中，为这些几何形体给出详细的数学描述。

图0.1 柏拉图立体之名源自希腊哲人柏拉图，共有五种：正四面体、正六面体（正立方体）、正八面体、正十二面体、正二十面体。所有面、边、角度都相等（全等）是这些立体独有的特色

柏拉图立体有许多迷人的性质。检视任一种正多面体可以发现，与每一顶点（尖角的点）相邻的多边形数目都一样多；每个多边形的各角都一样大；可以找到一个圆球通过所有的顶点（一般多面体并没有这个性质）；而且，顶点的数目加面的数目等于边的数目加2。

柏拉图赋予这些立体形而上学的意义，这也是他的名字与这些

---

1. convex regular polyhedra，直译为凸正则多面体，我们使用俗称的正多面体。——译者注

立体永远牵连的原因。事实上，根据《蒂迈欧斯篇》的内容细节，正多面体是柏拉图宇宙论的根本要素。在他宏伟的万物架构里，宇宙有四种基本元素：土、气、火、水。如果检视这些元素的微小细节，就会发现它们是由微小的柏拉图立体构成的："土"由小正方体构成；"气"由正八面体构成；"火"是正四面体；"水"是正二十面体。关于正十二面体，在《蒂迈欧斯篇》中柏拉图写道："还剩下一种构造，第五种元素，上帝用于整个宇宙，编织各种物象于其上。"[2]

受益于两千多年来的科学发展，现在看来柏拉图的猜想当然很可疑。虽然，今日我们对于宇宙的基本构造元素并没有绝对一致的结论，最后被证明为正确的，或许是轻子与夸克，也许是理论上的次夸克粒子"先子"（preon），又或者是还在理论阶段却更微小的"弦"，不过我们很确定，并不是把土、气、火、水编织在巨大的正十二面体上而已。我们也不相信，仅仅由柏拉图立体的形状就能决定这些基本元素的性质。

话说回来，柏拉图从未宣称他完成了大自然的确定理论，他认为《蒂迈欧斯篇》只是"可能的解释"，是当时所能得到的最佳见解，并且承认他之后的学者，尽可以去改良他的理论，甚至是大幅修改。就像蒂迈欧斯在他的对话中说的："如果有人测试我的宣告，发现并非事实，我们将恭贺他获得荣耀。"[3]

柏拉图的想法无疑有许多错误，但从宽广的角度审视他的思想，柏拉图显然也有正确的地方。这位卓绝的哲学家在承认他可能犯错，但以他的观念为本的理论却可能成真时，展露了或许是最高的智慧。举例来说，正多面体具有高度对称性，正十二面体和正二十面体有60种不改变其呈现的旋转方式（60恰巧是其面、体边数的两倍的事实，并非偶然）。当柏拉图以这些形体作为宇宙论的基础时，他正确地指出了：任何企图描述大自然的可行理论中，对称性必须是它的核心性质。如果想要构筑万有理论，统一所有的作用力，而且所有构成要素只需遵守一两组法则，我们就必须发现潜藏其中的对称性，因为这是足以生发万物、以简驭繁的法则。

显然地，这些形体的对称性质直接源自其几何形状。这是柏拉图的第二个重要贡献：除了理解数学是测度宇宙的关键之外，他提出了今日所谓物理几何化（geometrization of physics）的思考理路，就像爱因斯坦所促成的大飞跃一样。在伟大的前科学时代，柏拉图就指出大自然的元素与其性质，还有作用其上的力，可能都可归源于某个潜藏于幕后的几何结构，它主导了这一切。换句话说，我们所见的世界，只是这个不可见几何形体的反映罢了。这个观念深得我心，也和我最知名的数学证明紧密相关（对于曾听说过我名字的人而言）。虽然有些人可能觉得这太牵强，只是大张旗鼓为几何宣传罢了，但是，这个想法或有真意，各位不妨拭目以待，静心阅读下去。

第1章
想象边缘的宇宙

> 对数学家而言，
>
> 维度指的是一种"自由度"，
>
> 也就是在空间中运动的独立程度。
>
> 在我们头上飞来飞去的苍蝇可以向任何方向自由移动，
>
> 只要没有碰到障碍，
>
> 它就拥有三个自由度。
>
> 但维度是不是就只有那么多？

　　望远镜的发明以及随后多年以来的不断改良，帮助我们确认了一项事实：宇宙比我们能看到的还要浩瀚、广大。事实上，目前所能得到的最佳证据显示，宇宙将近四分之三是以一种神秘、看不见的形式存在，称为"暗能量"（dark energy），其余大部分则是"暗物质"（dark matter），再剩下来构成一般物质（包括我们人类在内）的，只占百分之四。而且物如其名，暗能量和暗物质在各方面都是"暗的"：既看不见，也难以测度。

　　我们所能看见的这一小部分的宇宙，构成了一个半径大约137亿光年的球体。这一球体有时被称为"哈勃体"（Hubble volume），但是没人相信宇宙的整体范围只有如此而已。根据目前所得的最佳数据，宇宙似乎是无穷延伸的 —— 不管我们向哪个方向看去，如果你画一条直线，真的可以从这里一直延伸到永恒。

不过，宇宙仍有可能是弯曲而且有界限的。但即使如此，可能的曲率也会非常微小，以至于根据某些分析显示，宇宙必然至少有上千个哈勃体那么大。

最近发射的普朗克太空望远镜，或许会在几年内揭露宇宙可能比一百万个哈勃体还大，而我们所在的哈勃体只是其中之一而已[1]。我相信天文物理学家的这一说法，也了解有些人可能会对上面引述的数字有不同意见，但无论如何，有个事实是不容辩驳的：我们目前所见到的，不过是冰山一角。

而在另一个极端，显微镜、粒子加速器以及各种显影仪器持续揭露宇宙在微小尺度上的面貌，显现了人类原先无法触及的世界，像细胞、分子、原子，以及更小的物体。如今我们不再对这一切感到惊讶，完全可以期待望远镜会向宇宙的更深处探索。另一方面，显微镜和其他仪器则会把更多不可见之物转为可见，呈现在我们眼前。

最近几十年间，由于理论物理学的发展，再加上一些我有幸参与的几何学进展，带来了一些更令人惊讶的观点：宇宙不仅超出我们所能看见的范围，而且可能还有更多的维度，比我们所熟悉的三个空间维度还要多一些。

　　当然，这是个令人难以接受的命题。因为关于我们这个世界，假如有件事是我们确知的，假如有件事是从人类开始有知觉时就知道，是从开始探索世界时就晓得的，那就是空间维度的数目。这个数目是三。不是大约等于三，而是恰恰就是三。至少长久以来我们是这样认定的。但也许，只是也许，会不会还有其他维度的空间存在，只不过因为它太小，以至于我们无法察觉呢？而且尽管它很小，却可能扮演非常重要的角色，只是从人们习以为常的三维视野无法体认到这些罢了！

　　这个想法虽然令人难以接受，但从过去一个世纪的历史得知，一旦离开日常经验的领域，我们的直觉就不管用了。如果运动速度非常快，狭义相对论告诉我们，时间就会变慢，这可不是凭直觉可以察觉到的。另外，如果我们把一个东西弄得非常非常小，根据量子力学，我们就无法确知它的位置。如果做实验来判定它在甲门或者乙门的后面，我们会发现它既不在这儿也不在那儿，因此它没有绝对的位置，有时它甚至可能同时出现在两个地方！换言之，怪事可能发生，而且必将发生。微小、隐藏的维度可能就是怪事之一。

　　如果这种想法成真，那么可能会有一种边缘性的宇宙，一处卷折³在宇宙侧边之外的地域，超出我们的感官知觉，而这会在两方面具有革命意义：单仅是更多维度的存在 —— 这已经是科幻小说一百多年来的注册商标 —— 这件事本身就够令人惊讶，足以列入物理学史上的最重大发现了。而且这样的发现将会是科学研究的另一起点，而非终点。这就好像站在山丘或高塔上的将军，得益于新增加的垂直向度，而能把战场上的局势看得更清楚。当从更高维的视点观看时，我们的物理定律也可能变得更明晰，因而也更容易理解。

从苍蝇的世界看维度的意义

我们都很熟悉三个基本方向上的移动：东西、南北、上下（或者也可以说是左右、前后、上下）。不管我们去哪里 —— 不论是开车上杂货店或是飞到大溪地 —— 我们的运动都是这三个独立方向的某种基本组合。我们对这三个维度太过熟悉，以至于要设想另一个维度，并且指明它确切指向哪里，似乎是不可能的。长久以来，似乎我们所见的即是宇宙的一切。事实上，早在两千多年前，亚里士多德在《论天》（On the Heavens）中就论称："可在一个方向上分割的量，称为线；如果可在两个方向上分割的量，称为面；如果可在三个方向上分割的量，则称为体。除此之外，再无其他量。因为维度只有三个。"[2] 公元150年时，天文学家、数学家托勒密尝试证明不可能有四个维度，坚持认为不可能画出四条相互垂直的直线。他主张，第四条垂直线"根本无法量度，也无法描述"。[3] 然而，与其说他的论点是严格的证明，还不如说是反映了人们没有能力看到并描绘四维空间的事实。

对数学家而言，维度指的是一种"自由度"（degree of freedom），也就是在空间中运动的独立程度。在我们头上飞来飞去的苍蝇可以向任何方向自由移动，只要没有碰到障碍，它就拥有三个自由度。现在假设这只苍蝇降落到一个停车场，而被一小块新鲜柏油黏住。当它动弹不得时，这只苍蝇只有零个自由度，实质上被限制在单一点上，亦即身处一个零维的世界。但这小东西努力不懈，经过一番奋斗后从柏油中挣脱出来，只可惜不幸翅膀受了点伤。不能飞翔之后，它拥有两个自由度，可以在停车场的地面上随意漫步。然后，我们的主角察觉到有掠食者（或许是一只食虫的青蛙），因此逃进一根丢弃在停车场的生锈排气管，苍蝇此时只有一个自由度，暂时陷入这根细长管子的一维，亦即线状的世界。

但维度是不是就只有那么多？一只苍蝇在天上飞，被柏油黏住，在地上爬，逃进一根管子里——这是否就囊括了一切可能性？亚里士多德或托勒密应该会回答"是"，对一只没有高度冒险精神的苍蝇而言，或许也确是如此，但是对当代数学家来说，故事并没有就此结束，因为他们通常不认为有什么明显理由只停留在三个维度。我们反而相信，想要真正理解几何学的观念，像是曲率或距离，需要从所有可能的维度，从零维到 n 维来理解它（其中 n 可以是非常大的数）。如果只停留在三维，我们对这个概念的掌握就不算完整，理由是：比起只在某些特定情境才适用的断言，如果大自然的定律或法则在任何维度的空间中都有效，那么它的理论威力更大，也可能更基本。

甚至即使你所要对付的问题仅限于二维或三维，也可能借由在各种维度中研究该问题而得到有利的线索。再回到我们那只在三维空间里嗡嗡飞的苍蝇，它可以在三个方向移动，亦即具有三个自由度。然而，假设还有另一只苍蝇在同一空间里自由移动；它同样也有三个自由度，整个系统就突然从三维变成六维的系统，具有六个独立的移动方向。随着更多的苍蝇在空间里穿梭，每一只都独立飞行而不与他者相关，那么系统的复杂度及其维度，也随之增加。

窥探更高的维度

研究高维度系统的好处之一是，可以发现一些无法从简单场景里看出的模式。例如在下一章，我们将讨论：在一个被巨大海洋覆盖的球形行星上，洋流不可能在任何点都朝同一个方向流动（例如全部从西流向东）。事实上一定会发生的是：一定存在着某些点，海水是静止不动的。虽然这条规则适用于二维曲面，但我们只有从更高维的系统观察，也就是考虑水分子在曲面上所有可能运动的情况，才能导出这个规则。这是为何我们不断向更高维度推进的原因，希望看看这样能把我们带到什么方向并学习到什么。

很自然的，考虑更高维度的结果之一是更大的复杂度。例如所谓 [5] "拓扑学"（Topology）是一门将物体依最广义的形状加以分类的学问。根据拓扑学，一维空间只有两种：直线（或两端无端点的曲线）和圆圈（没有端点的封闭曲线），此外再无其他可能性。你或许会说，线也可以是弯弯曲曲的，或者封闭曲线也可能是长方形的，但这些是几何学的问题，不属于拓扑学的范畴。说到几何学和拓扑学的差别，前者就像拿着放大镜研究地球表面，而后者则像搭上太空船，从外太空观察整个地球。选择何者，要视底下的问题而定：你是坚持要知道所有细节，比方说地表上的每一峰脊、起伏和沟壑，抑或只要大致的全貌（"一个巨大圆球"）便已足够？几何学家所关切的通常是物体精确的形状和曲率，而拓扑学家只在乎整体形貌。就这层意义而言，拓扑学是一门整体性的学问，这和数学的其他领域恰恰形成明显对比，因为后者的进展，通常是借由把复杂的物件分割成较小较简单的部分而达成。

也许你会问：这些和维度的讨论有何关系？如上所述，拓扑学中只有两种基本的一维图形，但直线和歪歪扭扭的线是"相同"的，正圆也和任何你想象得出的"闭圈"，不论是如何弯的，多边形、长方形，乃至于正方形都是相同的。

二维空间同样也只有两种基本形态：不是球面就是甜甜圈面。拓扑学家把任何没有洞的二维曲面都视为球面，这包括常见的几何形体，像立方体、角柱、角锥的表面，甚至形状像西瓜的椭球面。在此，一切的差别就在于甜甜圈有洞，而球面没有洞：无论你怎样把球面扭曲变形（当然不包括在它中间剪洞），都不可能弄出一个甜甜圈来，反之亦然。换句话说，如果不改变物体的拓扑形态，你就无法在它上面产生新的洞或是撕裂它。反过来说，假如一个形体借由挤压或拉扯，但非撕裂（假设它是由玩具黏土做成的），变成另一个形体，拓扑学家就把这两个形体看成是相同的。

只有一个洞的甜甜圈，术语称为"环面"（torus），但是一般甜甜圈可以有任意数目的洞。"紧致"（compact，封闭且范围有限）且"可赋向"（orientable，有内外两面）的二维曲面可以依洞的数目来分类，这个数目称为"亏格"（genus）。外观迥异的二维物体，如果亏格相同，在拓扑上被视为是相同的。

先前提到二维形体只有球面与洞数不同的甜甜圈面两大类，这只有在可赋向曲面的情况才成立，本书所讨论的通常都是可赋向曲面。比方说，海滩球有两个面，即里面和外面，轮胎的内胎也有两个面。然而，对于比较复杂的情况，例如单面或"不可赋向"的曲面如

"克莱因瓶"（Klein bottle）和"莫比乌斯带"（Möbius strip），上述说法并不成立。

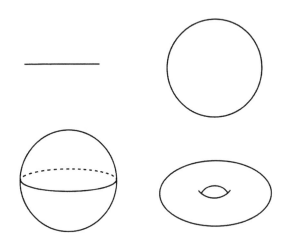

图1.1　在拓扑学中，一维的空间只有两种：线与圆，两者有着根本的不同，你可以把圆转变成各式各样的闭圈，但是不能变成线，除非将它剪开。
　　可赋向的二维空间像海滩球，有里外两个面，不像莫比乌斯带只有一个面。可赋向二维空间可以用亏格来区分，亏格可以简单想成洞的数目。例如，球面没有洞，亏格是0；普通甜甜圈（环面）有一个洞，亏格是1；两者有根本的不同。如同线和图的情况一样，不在球面上开个洞，是不可能将球面转变成甜甜圈的

如果是三维以上，可能的形体数就会急剧增加。当考虑高维空间时，必须容许我们往难以想象的方向移动。在此所指的可不是介于向北和向西之间的西北方，或是"北西北"的这类方向，而是完全跑出三维网格之外，这个方向落在一个我们还没画出的坐标系里面。

图1.2　在拓扑学中，球、正方体、四角锥（金字塔）、正四面体的表面被认为是等价的，因为只要通过弯曲、伸展、压缩，它们就可以互相转换，并不需要撕裂或剪开。

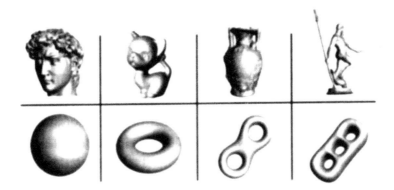

图 1.3 亏格为 0、1、2、3（从左到石）的曲面，亏格指的是其中的洞数

爱因斯坦的四维时空理论

描绘高维空间的早期重大突破之一来自笛卡儿（René Descartes）。这位 17 世纪的法国鸿儒身兼数学家、哲学家、科学家和作家等多重身份，但对我而言，他在几何学方面的成就，意义特别重大。笛卡儿的贡献之一，是教导我们如果用坐标取代用图形来进行思考，将有非常非常大的效用。他所发明的坐标系现今称为笛卡儿坐标或直角坐标，统合了代数和几何。狭义来说，笛卡儿指出一旦定出交于一点且彼此垂直的 x, y, z 轴，三维空间中的任一点只需要三个数字（x, y, z 坐标）就可以明确标定。但他的贡献远远不止于此，他这神妙一笔，大幅拓展了几何学的视界。因为有了坐标系之后，我们就可以用代数方程式来描述不易形象化的复杂高维几何形体。

使用这个方法，你可以思考任何想要的维度，不只是（x, y, z），还可以是（a, b, c, d, e, f）或是（i, k, l, m, n, o, p, q, r, s）。所谓空间的维数，即决定此空间中任一点的位置时所需的坐标数目。借由这种系统，我们可以思考任何维数的高维空间，进行与其相关的各种计算，不再担心如何描绘这些空间的问题。

　　两个世纪之后，德国大数学家黎曼（Georg Friedrich Bernhard Riemann）以此为出发点，大幅拓展了几何学的领域。黎曼在19世纪50年代研究弯曲空间的几何（称为"非欧几何"[1]，这个主题将在下一章继续讨论），了解到这些空间并不需要受限于维数。他展示了如何在这些空间上，精确计算距离、曲率和其他性质。1854年，黎曼在他的就职演讲里，讲述了日后被称为黎曼几何的几何原理，并且猜度了宇宙本身的维度性和几何性质。当时年仅二十多岁的黎曼，也正在发展一门数学理论，试图把电、磁、光和引力整合在一起，因而预见了一项科学家持续钻研至今的研究目标。虽然黎曼把空间从欧氏几何的平坦性和三维的限制中释放出来，但是数十年之内，物理学家对这想法并没有太多反应。他们之所以缺乏兴趣，或许是源自于缺乏暗示空间是弯曲的或者空间不止三维的实验证据所导致。结果就是，黎曼先进的数学根本超越了当时的物理学。结果，至少还要再等大约五十年，物理学家或者至少某位特定的物理学家出现之后才追上。这位物理学家，就是爱因斯坦（Albert Einstein）。

　　或许你已经知道，爱因斯坦的狭义相对论发表于1905年，日后[9]他继续研究，最终完成了广义相对论。当爱因斯坦发展狭义相对论的时候，他援引了一个同样正由德国数学家闵可夫斯基（Hermann Minkowski）所探讨的想法，亦即，时间与三维空间不可分离地纠缠在

1. 此处的非欧几何比一般科普书所谈的非欧几何更广义。——译者注

一起，形成一个称为"时空"（spacetime）的新几何构造。在这个出人意料的转折里，时间本身被视为第四维，而数十年前黎曼就已经将它结合进他优雅的方程式里。

有趣的是，英国作家威尔斯（H. G. Wells）在此之前十年写下的小说《时间机器》（*The Time Machine*），即已预见相同的结果。诚如小说主角"时间旅人"所解释："维度其实有四个，其中三个是我们称为空间的三个平面，第四个是时间。然而，人们却总倾向于要把前三维和第四维强加以虚假的区分。"[4] 闵可夫斯基在1908年的一场演讲里，说了几乎相同的话，差别只在于，他用数学来支持这个看似荒唐的主张："如此一来，单独的空间和单独的时间注定要化为幽影，唯有两者的结合方能保存一种独立的实在性。"[5] 将这两种概念加以结合的理论基础，在于物体的运动不仅穿越空间，而且也穿越时间。所以若要描述四维时空（x, y, z, t）中的事件，我们需要四个坐标：三个空间坐标和一个时间坐标。

虽然这想法看似有点艰深，但其实可以用极平常的形式来表达。假设你和某人约好在购物中心见面，你会先记下那栋建筑物的位置，比方说第一街和第二大道的交叉口，然后约好在三楼见面。如此就定出了 x, y, z 坐标。唯一剩下的就是敲定时间，也就是第四坐标。一旦指明这四项信息，除非发生不可预期的意外，否则你的约会就确定了。但如果要采用爱因斯坦的说法来表示，你不能把这次约会看成是先决定地点，再决定时间。你们真正决定的，是这个约会事件在时空中的位置。

　　所以在20世纪初，我们的空间概念从自古以来一直抚育人类的
三维安适小窝，一举跃升为玄奥隐晦的四维时空。此一时空概念构成 [10]

　　图1.4　由于我们无法描绘四维空间的图形，这里只是对四维"时空"的一个粗浅
解说。时空的基本想法就是：我们世界的三个空间维度（以 x, y, z 轴表示）基本上和
第四个维度（时间）是一样的。我们将时间想成是一个不断变动的连续变数，上图是
在时间 t_1, t_2, t_3 …… 时的空间坐标轴冻结画面。利用这个方式，我们希望能呈现整体
四维的感觉，即三个空间维度再加上时间

了爱因斯坦随即建立的引力理论，也就是广义相对论的基础。但就像
我们问过的：事情就到此为止吗？是否一切就停在四维，还是我们的
时空观念可以再继续成长？ 1919年，一个可能的答案意外地以论文
初稿的形式送给爱因斯坦审阅，论文作者是当时名不见经传的德国数
学家卡鲁札（Theodor Kaluza）。

卡鲁札的五维时空

　　爱因斯坦的理论要用到10个数字（亦即10个"场"）来准确描述
引力在四维时空中的运作。最简洁的表示法是把这10个数排列成一
个4×4的矩阵，术语称之为"度规张量"（metric tensor）。这张正
方形的数字表，你可以把它看成高维的尺规。在此，度规张量本来
共有16个分量，但因为对称性的原因，只有10个是独立的（其中矩阵
对角线上有4个分量，对角线两侧各有6个分量，但是沿对角线对称
的分量必须相等）。有6个数重复是因为引力和其他基本作用力一样，

本质上是对称的。

在他的论文里，卡鲁札基本上采纳了爱因斯坦的广义相对论，并再加入一个维度，将 4×4 的矩阵扩充为 5×5。借由把时空扩充到第五维，卡鲁札可以把当时已知的两种作用力 —— 引力和电磁力 —— 结合成单一而统一的作用力。对于身处于卡鲁札所构想的五维世界的观察者而言，这两种力其实是同一个作用力，这正是我们称之为"统一"的原因。但在四维空间里，这两种作用力无法合在一起，它们看起来像是完全独立的。你可以说，造成这情形的原因只是因为我们不能把这两种力放进同一个 4×4 矩阵里。然而，多加入的一个维度给予它们充分的余裕，得以并存在同一个矩阵中，因而成为一个包容更广的作用力的一部分。

这么说或许会惹来非议，但我相信，针对一直以低维架构来观察的现象，只有数学家能果敢地借由高维空间来提供特殊的洞察力。我会这么说，是因为数学家总是在处理更多的维度。我们对这个观念习惯得可以不假思索，甚至可以在睡梦中操作这些多出来的维度，丝毫不受干扰。

然而，即使我认为唯有数学家才能达成这种突破，但在卡鲁札这个特别的例子里，这位数学家的工作却是以物理学家的研究，也就是爱因斯坦的成果为基础。（不过接下来，另一位物理学家克莱因的研究，则又建立在数学家卡鲁札的基础上，这段发展下面很快会交代。）这就是为什么我喜欢处身在数学和物理这两个领域的交界地带，因为在此会获得许多有趣的相互启发。我从20世纪70年代就在这片肥沃的区域徜徉，也因此获益于许多引人注目的发展。

再回到卡鲁札极具启发性的想法。有个令当时的人困惑的问题，迄今依然存在，这问题无疑是卡鲁札努力想解决的：如果真的有第五维，一个我们熟悉的四维世界上任何一点都可以在其上移动的全新方向，为什么从来没人察觉到呢？

最显然的解释是，这个维度极其微小。但它会在哪儿呢？一个体会第五维的方法，是把我们的四维宇宙假想成一条无止境往两端延伸的直线。在此的想法是，三个空间维度要不是极其广阔，就是无限庞大。我们同样也假定时间可以对应到一条无穷的直线（这或许是可以质疑的假定）。不管怎样，这条假想的线上的每一点 P 实际上代表了四维时空上的特定一点 (x, y, z, t)。

在几何学里，直线通常只有长度，没有宽度。但在此，我们容许用倍数很高的放大镜观察这条线时，可能有点宽度。如此一来，我们的直线并不真的只是条线而已，反而像是极其纤细的圆柱，或者借用最常用的比喻，像是一条"橡皮水管"。现在，如果我们把水管在 P 点切开，其剖面会是一个很小的圆圈，也就是一条一维曲线。因此这个圆圈表示了额外的第五维，而且可以被想成是"系附"在四维时空的每一点上。[12]

具有这种特征（卷曲成一个小圆）的空间，正如之前提到过的，术语称之为紧致的。"紧致"一词可以有很直觉的定义，物理学家有时会说"紧致的物体或空间就是可以塞进汽车行李箱里的东西"。但

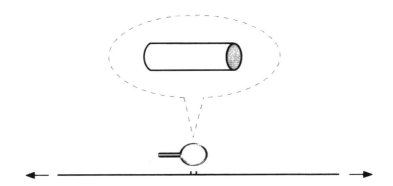

图1.5　将我们无穷的四维时空化成一条往两头无尽延伸的直线。依照定义，线
是没有粗细的。但是如果依照卡鲁札－克莱因的想法，用高倍率放大镜去检视这条线
时，可能终究会发现这条线有粗细，也就是事实上存在有额外维度的空间，其大小则
是隐藏圆的直径

它也有更精确的定义：如果你沿着任一方向走得够久，就一定可以回
到出发点或出发点附近。卡鲁札的五维时空同时包括了扩张的（无穷
的）和紧致的（有限的）维度。但如果这幅景象是正确的，我们为何
没发觉自己在这第五维度里转圈圈呢？瑞典物理学家克莱因（Oskar
Klein）继续发展卡鲁札的想法，在1926年给出了答案。克莱因援引量
子理论，实际去计算紧致维度的大小，得到了一个确实很小的数值：
圆周长大约是10^{-30}厘米，接近所谓的"普朗克长度"，差不多是长度
的最小极限了。[6] 克莱因说，这就是第五维如何可以既存在，又永远
不被观测到的原因了。我们没有任何可预见的方法来看到这个微小的
维度，也无法探测到其中的运动。这个精彩的理论现在称为卡鲁札－克
莱因理论，它指出用额外维度解答大自然奥秘的潜力。爱因斯坦思索卡
鲁札的原创论文两年有余，然后回信说他"无比"喜爱这个想法。[7] 事
实上，他喜爱到在其后的二十年内，间断地循着卡鲁札－克莱因的思路
进行探索（有时是和物理学家柏格曼［Peter Bergmann］合作研究）。

13

但是卡鲁扎-克莱因理论最终还是被放弃了。原因之一是它预测了一种从未被发现的粒子；另一个原因是根据此理论所计算出来的电子质量对电荷比，与实际数值误差很大。不仅如此，因为当时还不知道强、弱作用力（对这两种力的较佳解释还得等到20世纪后半期），卡鲁扎、克莱因以及踵继其后的爱因斯坦，所试图统一的只有电磁力和引力。所以他们企图统一所有作用力的努力注定要失败，因为他们所拿到的那副牌，缺少了好几张重要的王牌。但或许卡鲁扎-克莱因理论被弃之不顾的最大原因是时机，它被引入的时间，正是量子革命开始巩固地位之时。简单地说，卡鲁扎和克莱因把几何学放在他们的物理模型的核心位置，而量子论则不仅不是一门几何取向的理论，而且还与传统几何学直接冲突（详见第14章）。当量子论在20世纪以波澜壮阔之势横扫物理学界，接着进入惊人的多产期时，新维度的想法要过了将近五十年后，才重新被认真考虑。

弦论的允诺：万有理论

自从爱因斯坦在1915年发表广义相对论以来，这个以几何为基础并总结我们对引力理解的理论，一直非常成功，并通过了每一项实验的考验。另一方面，量子论则优美地描述了三种已知的作用力：电磁力、弱力和强力。量子论诚然是我们已有的最准确的理论，而且正如哈佛大学物理学家史聪闵格（Andrew Strominger）所宣称的，量子论"可能是人类思想史上，最被精确测试过的理论"。[8] 举例来说，关于电子在电磁场中行为的预测，与实际测量值可以符合到小数点后10位。

14　　不幸的是，这两个非常稳固的理论却彼此毫不相容。如果你想结合广义相对论和量子力学，结果会是一团糟。问题发生在量子世界，在此的物体永远处于移动或扰动状态，尺度愈小，扰动就愈大。结果就是在最微小的尺度时，量子力学所描绘的动荡不定的景象，会和广义相对论赖以建立的时空光滑几何的景象完全冲突。

　　事实上，量子力学的一切都是建立在概率上。当把广义相对论丢进量子模型里，计算出来的概率常常会是无穷大。而如果在推导过程中蹦出无穷大，通常就表示计算里遗漏了某样东西。假如最成功的两个理论，一个描述星系、行星之类的巨大物体，另一个描述电子、夸克之类的渺小之物，但是一结合起来就产生无意义的结果，这绝对无法令人满意。把它们隔离开来也不是好办法，因为在某些地方例如黑洞，最大的和最小的理论会汇聚在一起，而且任一理论都无法单方面给出完满的解释。史聪闵格认为："物理学不应该有许多组定律，物理定律应该只有一组，而且必须是最漂亮的那一组。"[9]

　　物理学家认为，宇宙可以，而且理应只由一个把所有的自然力交织成整体的"统一场论"（unified field theory）来描述，这种想法不但有美学上的吸引力，而且也联系到宇宙起源于一场极其炽热的大爆炸的观念。在宇宙诞生之初，所有的作用力都同处于一个无法想象的高能态，因此其行为如同单一的作用力。卡鲁札，克莱因，还有爱因斯坦没能建立一个囊括一切所知物理的理论，但我们现在既已掌握更多线索（而且希望所有重要线索都已经到手），疑问依然是：我们是否能再做尝试，并且在伟大的爱因斯坦失手之处获得成功？

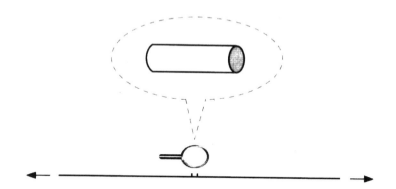

图1.6 弦论承袭了卡鲁札-克莱因"多出"一个隐藏维度的观念,将其大幅扩张。如果仔细观察我们的四维时空(在本图中以直线来代表),我们会看到它其实还隐藏了六个额外维度,卷曲成一个虽然微小、但极度复杂精细,称之为"卡拉比-丘流形"的几何空间(这类空间是本书的主题,将在内文中详述)。不论你从哪一点切开这条线,都会发现一个隐藏的卡拉比-丘流形,由此得到的每一个卡拉比-丘流形都是相同的

这正是弦论的允诺。弦论是一个迷人但尚未证明的统一理论,它将粒子物理学的点状物体,以延展(但仍然很微小)的"弦"来取代。就像之前的卡鲁札-克莱因理论,弦论也假定了在我们日常的三(或四)维空间之外还有更多的维度,借此将几个自然力统合起来。大多[15]数的弦论都主张总共需要十维或十一维的时空才能达成这种大融合。

但这并非多丢进一些维度再来碰碰运气的事情。弦论若要有效果,这些维度的空间必须具备某一特定的大小形状,至于哪一种才正确,犹未有定论。换言之,几何学在弦论中扮演着重要角色。许多弦论的追随者主张,额外维度的几何性质很大程度决定了我们所在的是怎样的宇宙,决定了自然界中可见的一切作用力和粒子的性质,甚至还决定了尚不可见的。而因为我们关注的是所谓的"卡拉比-丘流形"(Calabi-Yau manifold),以及它为宇宙的隐藏维度提供几何基础

的潜在角色，我们将不探讨所谓的"圈量子引力理论"（loop quantum gravity），它是和弦论竞争的理论，但没有牵涉到多出的维度，因此并不依赖紧致的内在几何空间，如卡拉比－丘流形。我们会从第6章开始深入探讨弦论的课题。但在我们一头栽进弦论背后的复杂数学之前，或许先打好几何学的基础会比较有用。以我不算客观的经验来说，这永远是有用的策略。所以我们要从20世纪和21世纪后退几步到更早的时间，重温这个重要领域的历史，以领会它在万物秩序中的位置。

说到位置，我一直觉得几何学就像是通往真理的快车道。可以这么说，几何学是从我们所在之处通往想到达之处的最直接道路。这毫不意外，因为几何学的主要任务之一，就是找出两点之间的距离。如果从古希腊数学到精微的弦论之途显得曲折迂回，还请读者诸君稍加忍耐。因为有时候，直线并不是最短的路径。读完这本书，大家将会深刻体认到这一点！

第 2 章
自然秩序中的几何

> 因为你瞧，这整出宇宙大戏——
>
> 粒子、原子、星辰和其他物质的复杂舞蹈，
>
> 不断地游移、运动与相互作用——
>
> 都是在同一个舞台上演出，
>
> 或可说，在一个"空间"之内上演。
>
> 如果不能掌握空间的详细特征，
>
> 便不能真正理解这出戏。

在欧洲或西方传统过去2500年的大部分时间里，研究几何是因为，几何被认为是除了天启之外，人类所能拥有的最为精致、完美、堪为典范的真理。在某种方式上，几何彰显了物理世界最深刻的真实本质。

——波希-霍尔（Piers Bursill-Hall），

《我们为何要学几何？》

几何是什么？许多人认为它不过是高中时的一门课，一套测量直线之间的夹角，计算三角形、圆形、矩形面积的技巧，或者是建立不同物体之间是否相似或全等的度量方式。但即使采用这么有限的定义，

几何也无疑是一项有用的工具：比方说，建筑师就天天用得着。这些当然是几何的范畴，但几何远不止于此，因为确实在建筑的最广义层次上，从至微到至巨的尺度，全都离不开几何。而对于像我这样，着迷于理解空间的尺寸、形状、曲率和结构的人而言，几何更是一项重要的工具。

18　　"Geometry"（几何）这个字源自于"geo"（地）和"metry"（测量），原意是指"测量土地"。不过我们现在更广义地用它来指测量空间，而空间本身则又不是一个明确定义的概念。诚如黎曼所云，"几何预设了空间的概念，并假定了空间构造的基本原理"，然而同时也赋予"这些事物仅仅名义上的定义"。[1]

　　虽然听来奇怪，但是让空间概念保持模糊是很有用的，因为它可以把很多我们难以命名的概念蕴含在内，所以暧昧反而能够带来某些便利。例如，当我们思索空间有多少维度，或是考虑空间的整体形状时，或许我们所指的也是整个宇宙。空间可以狭义地定义成只是指一个简单的几何构造，如点、线、面或甜甜圈之类中小学生常会画的图形；或者，空间也可以更抽象、更复杂，而且远远更难描绘。

　　比方说，假如你有一堆点，以某种复杂、混乱的配置方式散布开来，而且毫无办法判定各点之间的距离，对数学家而言，这个空间就没有几何结构，它们只是一群随机组成的点。然而，一旦加入称为"度规"（metric）的测量函数，以计算任意两点间的距离，那么你就突然有了一个可以在其间游移的空间，拥有明确定义的几何构造。换句话说，一旦空间有了度规，就具备让该空间成形的所有信息。一旦掌握这种测量能力，就可以非常精确地决定空间是否平坦，或者计算它偏离完全平坦的程度（称为曲率），这是我觉得最有趣的东西。

除非你认定几何不过是一把调校精准的直尺（这么说并非看轻直尺，我可是非常欣赏这项科技的），否则的话，几何是我们探索宇宙的主要大道之一。物理学和宇宙学，就它们的研究课题而言，对于理解宇宙是绝对必要的。几何在此的角色乍看之下并不那么明显，但却是同等重要的。我甚至认为，几何不仅能和物理学与宇宙学在同一基础上平起平坐，从许多方面来看，它就是基础。

因为你瞧，这整出宇宙大戏 —— 粒子、原子、星辰和其他物质的 [19] 复杂舞蹈，不断地游移、运动与相互作用 —— 都是在同一个舞台上演出，或可说，在一个"空间"之内上演。如果不能掌握空间的详细特征，便不能真正理解这出戏。空间不仅仅是被动的背景，它其实赋予了宇宙最重要的内禀属性。事实上，就我们现在的理解，在空间中静止或移动的物质或粒子，其实就是空间（更精确地说是时空）的一部分。几何可以对时空、对物理系统整体给出限制，而这些限制是单纯从数学和逻辑的原理就可以推导出来的。

以地球的气候为例。虽然乍看之下并不明显，但气候是受到几何的深刻影响的，在此，最重要的因素是地球的形状是球形的，假如我们是住在二维的环面上，生命以及气候就会大为不同。正如第1章所提到过的，在球面上，风不能都往同一方向吹（例如都往东吹），海水不能都往同一方向流。必定会有某些地方，例如南、北极，风向或者洋流不是朝向东。"东"的观念在南、北极彻底消失了，所有运动在此都停止下来。但是单洞环面的情形就不一样了，上面并没有类似的停滞点，气流和海水全都可以毫无阻碍地朝向同一方面流动。（这种差别无疑会影响全球的循环模式，但若你想知道气候变化的种种细节，而且对球面和环面上的生活进行季节性比较，你还是得请教大气科学家。）

几何的应用范围还不仅止于此。例如，在爱因斯坦广义相对论的架构中，几何学已证明宇宙的物质和能量是正值，因此我们存身的四维时空是稳定的。几何原理也告诉我们，宇宙中必定存在一些称为"奇点"（singularity）的地方，例如黑洞的中心，在此物质密度会趋于无穷大，已知的物理性质不再适用。再以弦论为例，许多重要物理现象会发生在称为卡拉比−丘流形的奇特六维空间，卡拉比−丘流形的几何性质可以解释为何宇宙会有现在这许多基本粒子，不只决定它们的质量，也决定了它们之间的作用力。不仅如此，对这类高维空间的研究或许还能说明引力为何远比其他作用力微弱，同时也为宇宙诞生之初的暴胀机制，或现在推动宇宙扩张的暗能量等问题提供解答线索。

所以，当我说几何可与物理学和宇宙学等量齐观，都是解开宇宙奥秘的无价工具时，我并不是空口吹嘘。而且，随着下文将会提到的数学进展，再加上观测宇宙学的进步和弦论的到来（后者试图达成物理理论从未完成的大融合），这三个领域似乎同时汇聚在一起。结果人类知识如今正热切地向前推进，正要跨越重大突破的门槛，而在许多探索方向上，几何都担任了开路先锋的角色。

古希腊时代：毕氏定理与欧几里得

我们务必记住，不论我们在几何学上做出了什么，或是推动它朝哪个方向发展，这一切都不是全新开始的。我们总是援引前人的成果，不论它是猜想（即尚未得到证明的假设）、证明、定理或公设，都往往建立在数千年前奠立的基础上。在这个意义上，几何和其他科学一样，就像是精密的建筑工程。首先要打地基，如果施工正确，比方说，建造在坚固的岩石上，基础和地上建筑物就能稳固持久（只要它们也遵守坚实的规范施工的话）。而这基本上就是几何 —— 我所选择的志向 —— 的美感与力量之所在。当谈到数学时，我们总是预期"完全为真"的叙述，预期数学定理能成为永恒真理的精确叙述，其正确性不受空间、时间、群众观感和权威的影响。此一性质将它与其他经验式的科学区隔开来；在经验科学里，你得做实验，如果某项结果看起来不错，测试一段时间后没问题，你就接受其为真。但结论永远都有改变的可能，你永远无法期望一项发现是百分之百为真，永远不会改变的。

当然，我们经常会发现更广、更佳版本的数学定理，但这并不否定原来的定理。继续以建筑为比喻，如果建筑物的基础是稳固的，当我们进行增建和整修时，并不会去动到基础。有时我们所做的会超过整修的幅度，甚至或许会"打掉"隔间，重新规划内部格局。而即使[21]旧定理仍然为真，我们会需要全新的发展，需要新的建材，以创造我们企图达到的全盘新貌。

最重要的定理通常会一次又一次被各种方式验证，基本上不可能有错。然而较冷门的定理，由于未受到如此仔细的验证，可能藏有问题。当发现错误时，建筑物的某个房间，甚至某个厢翼，或许需要拆掉重建。然而在此同时，这栋坚固的宅邸既已长期经受时间的考验，所以其他部分并不会受影响。

　　毕达哥拉斯是几何学领域的建筑大师，相传出自于他的那条公式是数学中建造得最坚固的宅邸之一，就是如今称为毕氏定理的式子，它说明直角三角形斜边长的平方等于两股的平方和。或者如同以前和现在的学生都记得的：$a^2+b^2=c^2$。这是一条简单但威力强大的叙述，它在当代的重要性令人惊讶的程度仍不逊于约2500年以前的初创之时。毕氏定理的应用并不仅限于中学数学。其实，我差不多仍天天用到毕氏定理，由于浸淫已久，使用时完全不假思索。

　　在我看来，毕氏定理是几何学最重要的叙述。它不但在计算二维平面的习题作业或是中学课堂上的三维题目时是解题关键，且对于高深的高维数学，如计算卡拉比–丘空间中的距离，或是解爱因斯坦的运动方程式，也同等重要。毕氏定理的重要性源自于，我们可以用它算出在任何维度空间里，任意两点之间的距离。而且，正如我在本章一开始所说的，几何和距离有密切的关系，这就是为什么毕氏定理几乎在一切几何问题里都是核心角色。

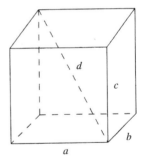

$$a^2+b^2+c^2=d^2$$

图2.1 毕氏定理通常用于描述二维平面上直角三角形的边长关系。但正如本图所示，毕氏定理同样可用于三维（$a^2+b^2+c^2=d^2$），甚至更高的维度

非但如此，我还觉得毕氏定理美丽绝伦——尽管我承认，美丽与否因人而异。我们倾向喜爱我们知道的东西，因为对它熟悉，感到自在，所以就像每天的日升日落一般被视为理所当然。再就是它言简意赅，只是三个字母的二次方，$a^2+b^2=c^2$，简洁得犹如其他一些知名定律，如$F=ma$和$E=mc^2$。对我而言，美感源于这条简单陈述如此怡 22 然地身处在大自然之中所显现出来的优雅。

毕氏定理无疑是几何学的基石；但除了定理本身，同等重要的是它被"证明为真"的事实，而且应该是数学中第一个见诸记载的证明。早在毕达哥拉斯出生之前，埃及和巴比伦的数学家便已经使用直角三角形的三边关系，但是他们都不曾"证明"这个想法，而且似乎也不曾考虑过要去证明这种抽象概念。根据数学家贝尔（E. T. Bell）的说法，这才是毕达哥拉斯最伟大的贡献：

> 在他之前，几何大致只是一些经验法则的汇集，规则之间并没有清楚表明任何其中的相互关联。现在大家已理所当然把证明视为是数学的核心精神所在，我们很难想象在数学推理出现前必然会经历的原始状态。[2]

或许毕达哥拉斯确实给出过证明，但你也许已注意到，我说的是定理"相传"出自于他，仿佛对定理的著作权有所怀疑。确实如此。毕达哥拉斯是一个教派领袖般的人物，许多追随他的数学爱好者（称为毕氏学派）的贡献，后来都被归到他的名下。所以毕氏定理的证明也有可能是出自在他之后一两代的传人。真相我们大概永远不能确知：毕达哥拉斯活在公元前6世纪，几乎没有留下多少书面记录（甚至可说完全没有）。

23　　幸运的是，欧几里得的情形很不一样。欧几里得是史上最知名的几何学家之一，几何之所以能成为一门精确、严格的学术领域，多半得归功于他。欧几里得迥异于毕达哥拉斯，身后留下了大量文献，其中最杰出的是约成书于公元前 300 年的《原本》。这是一部十三卷的著作，其中八卷专论平面和立体几何。《原本》被誉为有史以来最具影响力的教科书之一，"一部优美的著作，其影响力堪与圣经比拟。"物理学家兼编剧家曼罗迪诺（Leonard Mlodinow）在《欧几里得之窗》（*Euclid's Window*）一书中如此形容。[3]

欧几里得在这部巨著里所奠立的，不只是几何学，而是一切数学的基础，它严格遵守了一种现今称为欧几里得式的推理方法：以明确定义的词汇和一组明白陈述的"公设"（英文是 axiom 或 postulate，这两个词是同义的）为起点，然后运用清楚的逻辑来证明一条条定理，接着再用这些定理来证明其他命题。欧几里得以此方法，总共证明了四百多条定理，基本上囊括了当时所有的几何知识。

斯坦福大学数学家奥瑟曼（Robert Osserman）如此解释欧几里得方法的永恒魅力："最重要的是确定感。在一个充满非理性信仰和无稽臆测的世界里，《原本》里的陈述——被丝毫无疑地证明为真。"米莱（Edna St. Vincent Millay）在她的诗作（只有欧几里得见过赤裸之美）（Euclid Alone Has Looked on Beauty Bare）也表达了类似的欣赏。[4]

从微积分到微分几何

　　就本书所讨论的发展脉络而言，下一个重大贡献来自于笛卡儿（需要说明的是，在此略而未提的许多大数学家，并不表示他们的贡献并不重要）。正如第 1 章所述，笛卡儿导入了坐标系，使得数学家能够思考任何维度的空间，并且用代数来解决几何问题，从而大幅扩展了几何的视野。在他改写这个领域之前，几何学差不多就局限在直线、圆和圆锥曲线（conic sections）的讨论，圆锥曲线就是以不同角度切开一个无限长的圆锥时所得到的曲线，如椭圆、抛物线、双曲线。但一旦有了坐标系，一些本来不知道该如何描绘的复杂图形，便立刻可以借由方程式来描述。以 $x^n+y^n=1$ 为例，使用笛卡儿坐标，我们可以解出这个方程式，然后再画出其曲线。在坐标系出现之前，我们不 [24] 知如何画这样的图形。因此在以前遇到死路的地方，笛卡儿为我们指引了前进的方向。

　　大约在笛卡儿分享解析几何的概念五十年之后，牛顿（Isaac Newton）和莱布尼兹（Gottfried Leibniz）发明了微积分，把这条道路拓展得更宽广。其后数十年到数百年，欧拉（Leonhard Euler）、拉格朗日（Joseph Lagrange）、蒙日（Gaspard Monge）等数学家将微积分工具结合进几何里，而其中最重要的大概要属高斯（Carl Friedrich Gauss）的贡献了，经由他的指引，"微分几何"（differential geometry）这个领域终于在 19 世纪 20 年代成熟。微分几何把曲面摆到笛卡儿坐标系中，因而能使用微分的技巧加以详细分析（微分是找出平滑曲线斜率的技巧）。

微分几何的发展自高斯时代起即不断演进，诚然是一项重大成就。有了微积分工具之后，几何学家可以用较以往清晰的方式来刻画曲线和曲面的性质。几何学家通过微分来获取此类信息，其中微分就是求取导数（derivative），也就是测量函数如何随着输入值而变化的情形。

我们可以把函数想成是一种算则或公式，它收到一个输入的数，相应的就产生一个输出的值。以 $y = x^2$ 为例，给它 x 值，就可以产生 y 值，也就是 x 值的平方。函数具有一致的性质，如果你喂给它相同的输入值，就会得到相同的输出值。譬如在本例中，输入 2，得到的必定是 4。而导数则是用来描述当输入值变化时，输出值如何变化。导数值反映了当输入值发生微小改变时，输出值变化的敏感度。

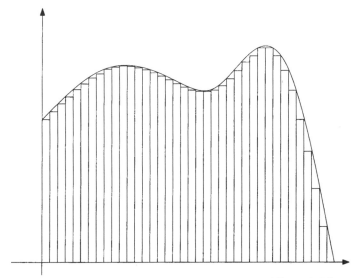

图2.2 我们可以用"积分"这个微积分的技巧来计算曲线围成的面积。把围成的区域分割成非常细小的矩形，再把所有矩形的面积相加起来，就可以得到面积的近似值。矩形的宽度愈窄，得到的近似值就愈准确；当分割到无穷小时，所得到的就是你要的值

　　导数并不只是某种抽象的概念，它是可经由计算得到的真实的数，能够明确告诉我们曲线或是曲面在某一点的斜率。比如说，在上述的例子里，我们可以明确决定该函数（这是一条抛物线）在 $x=2$ 这一点的导数。如果我们从 $x=2$ 移开一点点，例如移到 $x=2.001$，y 值会起什么变化？如果计算到小数点后三位的话，y 值是 4.004。而导数是输出值变化（0.004）对输入值变化（0.001）的比值，刚好是 4。事实上这正 [25] 是函数在 $x=2$ 这一点的导数；或者换个说法，它是这条曲线（抛物线）在 $x=2$ 这一点的斜率。

　　如果选择更复杂、更多维的函数，计算当然会变得更困难；不过我们暂时还是回到这个例子。我们计算 y 值变化对 x 值变化的比值来求得导数。这是因为导数就是函数在每一点的斜率或倾斜程度，而斜率正是测量 y 如何随着 x 的改变而变化。

　　换个方式来想，考虑曲面上的一点。如果把这一点往旁边移动一些，对它的高度有何影响？倘若这个曲面大致是平坦的，则高度变化不大。但若是这一点位于陡峭的斜坡上，高度的变化就会明显许多。导数所表示的就是一点所在位置附近的曲面斜率。

　　我们当然没必要局限在曲面上的一个点。借由对曲面上的各点求导数，我们可以精确计算整个物体每一点的斜率。虽然任一点的斜率只提供了该点"附近"的局部信息，但我们可以把不同点的信息汇集起来，得到描述物体上任何一点斜率的一般函数。然后，借由"积分法"（integration，亦即微积分里相加与平均，基本上和微分相反的一种计算方法），可以推导出描述整个物体的函数。

　　如此一来，我们就可以了解整个物体的结构。这其实就是微分几何的核心思想，你可以单从导数所得到的局部信息，获得整个曲面的全盘面貌，揭露每一点上的几何特性或度量。

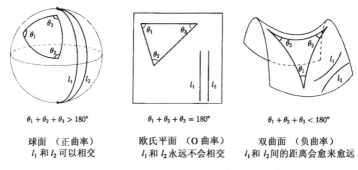

$$\theta_1 + \theta_2 + \theta_3 > 180°$$

球面　（正曲率）
l_1 和 l_2 可以相交

$$\theta_1 + \theta_2 + \theta_3 = 180°$$

欧氏平面　（0 曲率）
l_1 和 l_2 永远不会相交

$$\theta_1 + \theta_2 + \theta_3 < 180°$$

双曲面　（负曲率）
l_1 和 l_2 间的距离会愈来愈远

　　　图2.3　在具有正曲率的曲面如球面，三角形的内角和大于180度，而且看似平行的直线可以相交，例如经线可以交会在南北极点。在曲率为0的平坦表面，亦即欧氏几何的平面上，三角形的内角和等于180度，平行线永远不会相交。在负曲率的曲面如鞍面上，三角形的内角和小于180度，而且平行线间的距离会愈来愈远

高斯与黎曼的几何研究

　　除了微分几何，高斯对于数学和物理还有许多重大的贡献。对我们的主题而言，高斯影响最深远的贡献或许是他这个惊人的看法：空间中的物体并不是唯一可以弯曲的东西，空间本身也可以是弯曲的。高斯的观点直接挑战了欧氏几何平坦空间的概念，这个概念不仅适用于直觉上平坦的二维平面，同时也适用于三维空间，平坦概念的结果是：即使在很大的尺度时，平行线仍然永远不相交，而且三角形的内角和必定是180度。

26

　　这些原理是欧氏几何的基本性质，但在弯曲的空间里却不成立。若以像地球表面的球面空间为例，在赤道上观察时，地球的经线全都

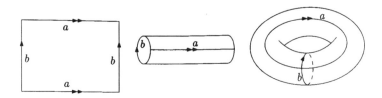

图2.4　一个甜甜圈形的曲面可以是完全"平坦"的（高斯曲率为0），因为原则上，我们可以把一张纸卷成筒状，然后再把纸筒的两端接起来

垂直于赤道，看来似乎是彼此平行的。但若沿着经线往两端走，它们最后会在南、北极相交。这在平坦的欧氏空间里是不可能发生的，例如在一般的地图上，垂直于同一直线的两直线就必定平行，而且永远不相交。

在非欧空间里，三角形的内角和可以大于180度或是小于180度，[27] 视空间的弯曲情形而定。如果是像球面之类的"正"曲率曲面，三角形的内角和会大于180度。反之，如果空间像马鞍的中间部分，曲率是"负"的，则三角形的内角和就会小于180度。反过来说，我们可以借由三角形内角和与180度的偏差程度来测量空间的曲率。

高斯同时也提出了"内禀几何"（intrinsic geometry）的概念，其想法是：物体或曲面有它自己的曲率（所谓的"高斯曲率"），和它在空间中摆放的方式无关。以一张纸为例，你会猜测它的曲率是0，确实如此没错。但如果把这张纸卷成一个圆柱面，根据高斯曲率，像这样的二维曲面有两个方向彼此垂直的"主曲率"（principal curvature），在本例中，一个是圆的曲率，其值为 $1/r$，其中 r 为圆半径（如果 $r=1$，则此曲率是1）；另一个是沿着柱向的曲率，圆柱面的柱向是直线，而直线根本不弯曲，所以它的曲率显然是 0。但是二维曲面（包括这个圆柱面）的高斯曲率（曲面的内禀曲率）等于主曲率的乘积，在本例

28 就是 1 × 0 = 0。由内禀曲率来看，一张纸和由它所卷成的圆柱面是相同的，内禀曲率都是完全平坦。因为一张纸不需要拉扯或扭曲就可以卷成圆柱面，所以圆柱面的内禀曲率是 0。换个方式来说，假如有一张纸，不管我们把它摆在桌上或把它卷成筒状，纸上任意两点之间的距离并不会改变。这表示这张纸的几何及其内禀曲率，不会因为它是平坦或卷曲而改变。

与此类似，假如我们能把圆柱面的两端接合起来而做成一个环面，而且在接合时未发生拉扯或变形，这个环面的内禀曲率会和原来的圆柱面相同，也就是 0。但是实际上，至少住在三维空间中的我们不可能造出像这样的平坦环面，因为无可避免必会出现弯扭和皱褶。但我们可以在理论上构造这样的物体（称为抽象曲面），而且在数学领域里，抽象曲面的重要性绝不亚于所谓的真实物体。

至于球面，则和圆柱面与环面大不相同。半径为 r 的球面的高斯曲率是 $1/r^2$，在球面上任何点的曲率都是一个正的常数。如此一来，球面上的任何方向看起来都一样，而这在圆柱面和环面上显然不成立。而且不管我们在三维空间中如何摆放这个球面，球的这个性质都不会改变。倘若有只小虫住在球面上，不管球面在三维空间中如何摆放，想必它会无动于衷，它所关心且能经验到的，是它所在的局部、二维区域的几何。

29　高斯、罗巴切夫斯基（Nikolai Lobachevsky）和波雅伊（János

Bolyai）三人极大推进了我们对抽象空间的理解，特别是二维的情况，然而高斯本人也承认对此领域有些困惑。最终，把我们的空间概念完全从欧氏几何架构解放出来的，既不是高斯，也不是他的同辈人。高斯在1817年写给天文学家奥伯斯（Heinrich Wilhelm Matthäus Olbers）的一封信里表达了他的迷惑："我愈来愈相信，我们的几何的必然性是无法证明的，至少无法借由人类理性来证明，或者其证明无益于人类理性。或许在下辈子，我们会对目前无法触及的空间本质有所理解。"[5]

其中有些解答，并不像高斯所写的得等到"下辈子"，而是在下一代经由他的学生黎曼的卓越才智和努力所达成。黎曼多病而早逝，年仅四十岁。但在这段短暂的时间里，他协助推翻了几何学的传统看法，而且在此过程中，也翻转了人们原先认知的宇宙图像。黎曼引入了一种特殊的度规方式，指派给空间或"流形"（manifold）中每一点一组数字（流形是任何维度的空间或曲面，我们将这些词汇当成同义词交替使用，第4章会再细述），这些数字可揭露连接两点间任何路径的距离。而借由此信息，则可决定空间的弯曲程度。

测量空间在一维的情况中最为容易。例如要测量直线之类的一维空间，只要一把尺就够了。如果是二维空间，例如舞池的地板，通常需要两把互相垂直的尺（一个称为 x 轴，一个称为 y 轴），你可以以想要测量的两点为斜边画出直角三角形，再用毕氏定理算出距离。三维的情形与此相仿，不过得要三把互相垂直的尺 x，y 和 z。

但如果在弯曲的非欧空间，事情就变得十分复杂有趣了。相互垂直又有适当刻度的尺在此不再适用，我们得依赖黎曼几何的想法来计算距离。计算弯曲流形上一条曲线长度的方法听起来会很熟悉：我们把曲线分割成一段段无穷小的"切向量"（tangent vector），再用积分把整条曲线积起来，便可得到曲线的全长。

棘手之处在于弯曲空间中，当我们在流形上逐点移动时，每段切向量的测量方式也会随之改变。为了处理这种情形，黎曼引入了度规张量，借此来计算每一点上切向量的长度。在二维的情况，度规张量是一个 2×2 矩阵，而在 n 维时，度规张量是一个 $n \times n$ 矩阵。值得一提的是，尽管这种测量的新方法是黎曼的伟大创见，它仍然极为仰赖毕氏定理，只是把它推广到非欧几何的情形而已。

具有"黎曼度规"（Riemannian metric）的空间称为"黎曼流形"（Riemannian manifold）。有了黎曼度规，我们就可以测量任意维度的流形上任何曲线的长度。但我们能做的并不仅限于测量曲线长度，我们也可以测量该空间里某一曲面的面积，在此所指的"曲面"并不仅限于一般所指的二维曲面，"面积"也不仅止于一般的二维面积。

借由黎曼度规的发明，原先只能模糊界定的空间，就可被赋予明确描述的几何；曲率不再只是个笼统的概念，而是可以给空间中的每一点都标上精确的数字。而且，黎曼证明了这种想法可以应用到所有维度的空间。

在黎曼之前，弯曲的物体仅能从"外部"来研究，就像从远处来测量山脉，或是从太空船来观察地球表面那样。一旦接近，一切看起来似乎都是平坦的。黎曼演示了，即使别无他物以资比较，我们仍有办法察觉我们是否活在弯曲的空间之中。[6] 这带给物理学家和天文学家一个重大问题：如果黎曼是对的，而且我们就只有一个空间，而无法跳脱到一个更上层的结构来观察，这表示我们必须重新调整心目中万事万物的图像：它意味着在最大尺度上，宇宙未必得遵守欧氏几何。空间可以四处游荡，空间可以自由弯曲，空间随便想怎样都可以。正因为如此，天文学家和宇宙学家如今正进行精密的测量，以期得知我们的宇宙是否是弯曲的。多亏了黎曼，我们不必跑到宇宙之外来做这些测量，这是无论如何都难以办到的！现在，我们可以待在原地来找答案，宇宙学家和喜欢窝在沙发上的懒骨头必定都会放心不少。

爱因斯坦的广义相对论

总而言之，当爱因斯坦开始发展他的引力理论时，这些就是当时 31 流行的新几何理念。20世纪之初，爱因斯坦花了近十年的时间，尝试把他的狭义相对论和牛顿的引力论结合起来。他猜测解答的关键可能在几何里，于是向他的朋友，几何学家格罗斯曼（Marcel Grossman）寻求协助。格罗斯曼是爱因斯坦的大学同学，当年爱因斯坦没兴趣的毕业必修课程，还得靠他来帮忙应付。格罗斯曼把当时物理学家还很陌生的黎曼几何介绍给他，不过他警告爱因斯坦，黎曼几何是"一团混乱，物理学家最好别碰"。[7] 然而，要解开爱因斯坦缠斗数年的谜团，黎曼几何正好是关键。我们在第1章已提到，当时爱因斯坦正在对付弯曲的四维时空（也就是我们的宇宙）。对他而言真是幸运，因为黎曼正是用这种方式定义空间的，因而提供给他一个现成的理论架构。布莱恩·格林恩（Brian Greene）认为，"爱因斯坦的天才之处在于他一眼就看出，这整套数学正是为他的引力理论新看法量身定做的。他果敢地宣告，黎曼几何的数学与引力物理学是完美契合的 "。[8]

爱因斯坦不仅看出黎曼几何可用于描述时空，也看出时空的几何会影响时空的物理学。既然狭义相对论已通过时空观念来统一空间与时间，爱因斯坦接下来的广义相对论便是要进一步将空间与时间，以及物质与引力统一起来。这是概念上的大突破。此前的牛顿物理学把空间视为一种被动的背景，而不是过程中的主动参与者。再想到当时根本没有任何实验结果需要新理论加以解释，爱因斯坦这项突破就显得更为惊人。这想法其实完全是从一个人的脑袋里蹦出来的（当然并不是说，任何一个人的脑袋都能凭空蹦出这种想法）。

物理学家杨振宁将爱因斯坦的广义相对论称为 "纯粹创造" 之举，"在人类历史中是独一无二的。……爱因斯坦并不是抓住眼前的机会，而是自己创造了机会，然后又独自一人通过深刻的洞识、宏伟的设计实现了这个机会 "。[9]

这项卓越的成就或许连爱因斯坦都会感到吃惊。在此之前，他并未看出物理学的基础竟会和数学如此紧密交织在一起。然而，他在多年之后归结道："创造的原理存在于数学之中。因此在某种意义上，我认为正如古人所梦想的，纯粹的思想便足以理解实在。"[10] 爱因斯坦是纯粹经由思考，只通过数学而未借助外在世界的提示，即得到了他的引力论。

具备了黎曼度规张量的知识之后，爱因斯坦开始构想时空的形状及其他性质，亦即时空的几何。他将几何学与物理学融洽在一起，结果淬炼出著名的爱因斯坦场方程式，这组方程式表明了在最大尺度上塑造宇宙形状的引力，可以视为是时空弯曲所造成的某种假象。黎曼几何的度规张量不仅描述时空的曲率，同时也描述了爱因斯坦新理论的引力场。因此，像太阳这样的巨大质量天体所造成时空结构的弯曲，就像大块头的人站在蹦床上，会造成蹦床变形。如果把一粒弹珠弹进蹦床里，它会绕着人旋转，最终掉进他所造成的凹陷里；同理，弯曲时空的几何导致地球绕着太阳旋转。换言之，引力即是几何。物理学家惠勒（John Wheeler）曾如此解释爱因斯坦的引力图像："质量告诉空间如何弯曲，借以紧抓住空间；空间告诉质量如何移动，借以紧抓住质量。"[11]

再举一个可以阐明这一点的例子：假设有两个人位于赤道上的不同点，以相同速率沿着经线向北极前进。随着时间推移，他们会彼此愈来愈靠近。他们或许会以为是某种看不见的力把两人拉近；但换个方式来看，这其实只是地球形状所造成的结果，根本没有什么力在作用。这个例子可以让我们对引力就是几何的思路有个基本概念。

相对论与我

当我在研究所的第一个学期初次接触广义相对论时，这个理论带给我巨大冲击。我们当然都知道，引力塑造了宇宙，引力是掌握大局的总建筑师。但在较小的尺度，在大多数物理学仪器的狭小范围里，引力比起其他作用力（电磁力、强力、弱力）是非常微弱的。但若提[33]到万物的宏伟架构，大概可说全是由引力完成的，它创造了宇宙的结构，小至个别的星体和星系，大至规模可达十亿光年的巨型超星系团。如果爱因斯坦是对的，而一切都可以归结到几何，那么我们就得承认几何的力量。

当时我坐在课堂上，思考其寓意，此时我的脑海里浮现种种想法。我在大学时就对曲率很有兴趣，照爱因斯坦的洞见来看，这或许是理解宇宙的关键，而且沿着这条路走下去，有朝一日或许我也能做出自己的贡献。微分几何提供了工具来描述物质如何在弯曲的时空中移动，但却未解释时空为何会弯曲。爱因斯坦则利用同样这些工具来解释曲率从何而来。空间在引力影响下的形状，以及空间在曲率影响下的形状，这两个看似完全不同的问题，结果却是同一件事！

再往前走一步，我所思考的问题是这样的：如果来自于质量的引力告诉空间如何弯曲，那么完全无质量的空间，也就是称为真空的空间，会是如何？那时会由何者决定一切？换个说法，爱因斯坦场方程式在真空的情形下，是不是只有一个最没意思的解；也就是说，除了一个没有物质、没有引力、没有相互作用，什么都没有的"平庸"时空之外，是否还有别的可能？我揣想，是否有一个虽然没有物质，但曲率和引力不为零的"不平庸"时空？

我当时还没有能力回答这些问题，而且也不知道有位数学家卡拉比（Eugenio Calabi）早在十五年前即已提出这个问题的某一特例，不过他是以纯数学观点来看待这个问题，不曾考虑引力和爱因斯坦。当时我能做的只是忘形惊叹，纳闷答案究竟如何。

我的学习历程

从许多方面来看，我会问这样的问题非属寻常。特别是考虑到我的成长背景，或许我的出路应该是去养鸡饲鸭，而不是研究几何、广义相对论和弦论。

我在1949年出生于中国内地，但是未及一岁全家即迁居香港地区。我的父亲是位收入不丰的大学教授，还要负担妻子和八个子女的生计。虽然他在三所大学教书，但薪水微薄，实在难以求得温饱。我[34]们家生活贫困，没有水电供应，得到附近的河边洗澡。不过，物质上的匮乏，却在其他方面得到补偿。父亲是位哲学家，他启发我用更抽象的眼光来观照世界。我还记得小时候，从旁听到他和学生及同事的对话，即使不能体会话中含义，也仍能感到其中的激动之情。

父亲总是鼓励我学数学，但我起步并不顺遂。我五岁时，参加一所明星公立学校的入学考试，但是数学没过关。因为我把75写成57，96写成69 —— 我现在会安慰自己，这种错误在中文里会比英文容易犯。结果我只能去读一所较差的乡下学校，跟许多对念书没兴趣的野孩子当同学。为了生存，我得跟他们一样野，以至于小学时有段时间我逃学在外，当一群野孩子的头头，成天到街上惹是生非。

个人悲剧改变了这一切。我十四岁时，父亲意外过世，留下了不仅悲伤而且无助的一家人，背负着大笔债务，却没有任何收入来源。我需要挣钱来养活家人，舅舅建议我休学，改去养鸭。但我却另有想法：当其他学生的数学家教。考虑当时我们家的经济状况，我知道我只有一次的尝试机会，于是我孤注一掷，把全部的赌注都押在数学上。如果不成功，我将无路可退（大概除了养鸭之外），前途全部没了，不会再有第二次机会。我发现，人在绝境时会更勤奋，虽然我或许有种种缺点，但绝不懒惰。

　　我的高中成绩不算最顶尖，但我在大学时努力弥补。我在香港中文大学第一年的成绩还不错，但还算不上优异；不过大二时，柏克莱的年轻几何学家萨列弗（Stephen Salaff）来我们学校任教，我的学习开始大有起色。通过萨列弗的启发，我才初次品尝数学的精髓。我们一起教一门常微分方程的课，后来还就此门课合写了一本教科书。萨列弗把我引介给一位柏克莱的杰出数学家萨拉森（Donald Sarason），而萨拉森安排我在大三之后，直接到柏克莱去念研究所。克服跳级入学的重重官僚阻碍是一项艰苦挑战，相较之下，我在此之前所学的数

图2.5 几何学家陈省身（照片提供：George M. Bergman）

学都要简单得多，幸好得到当时也在柏克莱的著名几何学家陈省身的大力协助，我终于能成行了。

当我在二十岁来到美国加州时，呈现在我眼前的是所有的数学领域，我根本不知道该朝哪个方向发展。一开始我倾向算子代数，因为它是代数中较抽象的一个课题，而我隐约觉得愈抽象的理论愈好。

当时，柏克莱在许多数学领域都很强，但它更是世界级的几何研究中心，甚至可说是全世界最好的：任教的许多著名几何学家，如陈省身，在潜移默化之中影响了我。再加上我逐渐认识到几何是充满了各种可能性的一个丰富领域，于是我慢慢改变初衷，转投几何。

尽管如此，我仍尽量接触各个领域，选修了六门研究所课程，而且还旁听许多课，包括几何、拓扑、微分方程、李群、组合学、数论和 [36] 概率论。这使得我每天从早上八点上课到下午五点都待在课堂，几乎没有时间吃午餐。如果没课，我就待在数学图书馆，抓住机会什么书都读，那里成了我的第二个家。因为以前买不起书，我就像俗话所说的"进了糖果店的小孩"，看到什么都想要，从书架的这一头读到那一头。既然没有更好的事可做，我常待到关门时刻，往往是馆里的最后一人。孔子曾说过："吾尝终日不食，终夜不寝，以思，无益，不如学也。"虽然我当时或许没想到这句话，但这却是我奉行的哲学。

为什么在数学的众多分支里，我独独偏爱几何，不论醒着或在梦里，脑海中都是几何呢？主要是因为我觉得几何最接近自然，因此最可能回答我所切的问题。除此之外，我发现要掌握艰深的概念时，有图辅助对我帮助很大，但是代数和数论一旦进入较深奥的范围时，图示却很稀有。再者，柏克莱有一个绝佳的几何团队，有陈省身和莫瑞（Charles Morrey）等教授，年轻的教师群如劳森（Blaine Lawson），还有研究所的同学如日后的菲尔兹奖得主瑟斯顿（William Thurston），这些都使我乐于成为其中的一员，也希望能有所贡献。

除此之外，不止在美国校园，且遍布全世界（甚至跨越整个数学史，正如我们在本章所看到的），还有一个更宏大的数学社群的努力开拓，才辟建出这一片我有幸涉足其中的沃土。这就像牛顿所说的"站在巨人的肩膀上"，当然，牛顿自己又是巨人中最魁伟的一位。

大约就在我开始思索爱因斯坦的广义相对论和真空中的空间曲率之时，我的导师陈省身从东岸回来，兴奋地说道，他刚从普林斯顿的大数学家威尔（André Weil）那里听说，一个多世纪悬而未决的"黎曼假说"或许很快就能解决了。黎曼假说和质数的分布有密切关系。质数的分布并没有什么明显的规律，但黎曼猜想质数出现的频率和一个称为"黎曼ξ函数"的复变函数有关。更详细地说，黎曼认为质数出现的频率与ξ函数的根值分布有密切关系。经过数值计算确认，黎曼假说知道十亿个根值的位置都是正确的，但是迄今仍未有完整的证明。

虽然这是整个数学界最显赫的问题之一，谁能解决它，不但可以确保工作无虞，而且可以在数学史上留名；但我对陈省身的提议不太热衷。黎曼假说就是无法激起我的热情，而如果你下决心要研究一个令众多英才铩羽而归，而且最少得钻研经年的重要问题，你得要有热情才行。热忱不足无疑会影响成功的机会，也就是说，我可能会研究黎曼假说多年，却毫无成果。再加上我实在非常喜欢图像的表示，喜欢能以某种方式观看的数学结构，这就是我偏爱几何的原因。更何况在几何的某些领域里，我已经知道我可以做出一些成绩，尽管远不如黎曼假说那么辉煌。

这就好像钓鱼。如果对鱼的大小没那么挑剔，你通常总能带点东西回家。但如果你只想钓到没人捕获过的大鱼，像是神话传说中的巨物，那你几乎注定空手而归。二十五年过去了，黎曼假说依然是未解的问题。就像我们常说的，数学里没有已经证明了90%这回事。

我之所以谢绝陈省身的提议，部分原因即在此，但是我还有更重要的理由。正如前文所云，我已对广义相对论感到着迷，想要了解从引力、曲率和几何的互动中所产生的宇宙特征。我还不知道这个研究方向会把我带到哪里，但我有预感：驾驭几何的力量追求真理，将会是一趟万分精彩的历程。

对于一个出身清寒的人，我没机会到过多少地方。但我从小就对 [38] 几何怀抱热情，希望能为如中国一般的大地描绘地图，旅历诸多不知有岸的汪洋。后来，虽然到过的地方多了，但几何对我的意义始终如一，只是现在我想到达的是整片大地与汪洋，以及浩瀚的宇宙。而当年随身带着的草编小包袱，现在已经换成了公事包，里面装着直尺、圆规和量角器。

第 3 章
[39] # 打造数学新利器

　　　　　几何学发展至今，

　　　　　尽管有着丰富的历史和辉煌的成就，

　　　　　但我们切莫忘记，

　　　　　几何学仍是一个不断演变、日新又日新的领域，

　　　　　它的进展脚步未曾稍歇。

　　　　　最近几何学的一项重大演变，

　　　　　是"几何分析"。

　　几何学发展至今，尽管有着丰富的历史和辉煌的成就，但我们切莫忘记，几何学仍是一个不断演变、日新又日新的领域，它的进展脚步未曾稍歇。最近几何学的一项重大演变，是"几何分析"（geometric analysis），这是一种仅仅在最近数十年间就已横扫几何各领域的研究取向，同时也对弦论研究有着莫大的贡献。大体而言，几何分析的目标是利用分析学（微积分的一种高等形式）的强大方法来理解几何现象，而且反过来，也可利用几何直觉来理解分析学。这虽不会是几何学最后的转变（其他的几何革命，我们也会在适当的时候提及），但几何分析至今已经累积了许多令人瞩目的成果。

初试啼声

我是在柏克莱读研究所的第一年（1969年）开始涉足这个领域的。圣诞假期时，我要找本书来读，但最后我选的并非《波特诺的抱怨》（*Portnoy's Complaint*）、《教父》（*The Godfather*）、《爱情机器》（*The Love Machine*）、《天外病菌》（*The Andromeda Strain*）—— 当年畅销书排行榜的前四名 —— 而是一本没那么畅销的书，《摩尔斯理论》（*Morse Theory*），作者是美国数学家米尔诺（John Milnor）。书中令我特别感兴趣的是关于拓扑和曲率的章节，米尔诺在其中探讨了局部的曲率对几何和拓扑具有重大影响的观念，而这成了我此后一直研究的主题。因为曲面的局部曲率是由对该曲面求导数而得的，因此是建立 40 在分析学之上。所以，研究曲率如何影响几何性质，正是几何分析的核心课题。

那时候我没有研究室，几乎等于住在柏克莱的数学图书馆。传言有谓，我初到美国的第一件事，并非像大多数人那样游览旧金山，而是直奔数学图书馆云云。我无法丝毫不误地记得四十年前的事，但也没有理由怀疑这项传言的真实性。我的习惯是在图书馆内漫步，看到的每本期刊都拿来读一读。寒假时，当我在参考室翻查资料时发现，我正在读的米尔诺在1968年时有一篇论文，文中提到普莱斯曼（Alexandre Preissman）的定理，这引发了我的兴趣。由于当时大多数人都已离校度假，而我又别无他事可做，于是就试试看自己能不能证明一些和普莱斯曼定理有关的东西。

普莱斯曼观察的是在某个给定曲面上，两个"不平庸"（nontrivial，不会无意义）的闭圈（loop）A 和 B。闭圈就是以某一点为起点在曲面上绕行，最后又回到起点的曲线。不平庸在这里则是指这个圈如果一直保持留在曲面上，就没有办法一路缩小到起点。不平庸的闭圈在缩小过程中一定会遇到某种阻碍，例如，一条绕过甜甜圈内侧的闭圈，除非把甜甜圈切开，否则不可能缩回起点，而一旦如此，闭圈就"不在"曲面上了，而且就拓扑而言，切开的甜甜圈也不再是甜甜圈，所以这是一条不平庸的闭圈。

如果沿着闭圈 A 走一圈之后，紧接着立即沿闭圈 B 再走一圈，两者组合起来的路径构成一个新闭圈 A×B。但是如果先绕 B 再绕 A，则合起来的闭圈记为 B×A。普莱斯曼证明在一个曲率处处为负的空间上（局部像鞍面），闭圈 B×A 绝对无法借由弯曲、延伸或缩小等手段，平滑地变形为闭圈 A×B，反之亦然。唯一的例外是：如果 A 的某个倍数（一个环绕 A 整数次所构成的闭圈）可以平滑地变形成 B 的某个倍数，那么闭圈 B×A 才能平滑地变形为 A×B，反之亦然。在这唯一的例外情形中，我们称闭圈 A 和 B 是可交换的。正如加法和乘法是可交换的（2+3 = 3+2；2×3 = 3×2），而减法和除法则是不可交换的（2 - 3≠3-2；2÷3≠3÷2）。

41　　我证明的定理，比普莱斯曼更为普遍，适用于所有曲率非正的空间（也就是每一点的曲率是负值或等于零）。要证明这个更一般的情形，我必须另外用到拓扑学与微分几何之外的数学：群论（group theory）。群是由合乎特定规则的元素所构成的集合：群里面要有单位元（例如数字 1），以及反元素（例如，对每一 x 都有 1 / x）。群具有"封闭性"，意思是当群里面的两元素以群的运算（例如整数的加法）

结合时，其运算结果也必须是这个群的元素。此外，群的运算还要遵守结合律，亦即$a×(b×c)=(a×b)×c$，其中"×"是群的运算符号，不是算术的乘号。

我所考虑的群称为空间的"基本群"（fundamental group），其中包含的元素是空间中的闭圈，就像前述的A和B。如果一个空间存在不平庸的闭圈，该空间就具有不平庸的基本群。（反过来说，如果空间中的每个闭圈都可以缩小成点，这个空间的基本群就是平庸的。）我证明了：如果A、B这两个元素可交换，即$A×B=B×A$，则在这个空间中，必定存在一个更低维度的"子曲面"，或更明确地说，是一个环面。

我们可以把二维环面想成是两个圆的"乘积"。我们先画一个大圆（想成是穿绕甜甜圈的那个圆），接着再以大圆圆周上的每一点当作圆心，画一个小圆，其中每个小圆的半径均相同。把这些全等的小圆汇集起来，就会组成一个环面。另一个想法，是把圈圈饼（Cheerios）串起来，再把两端接起来，扎紧成一个环。在数学上说环面是大圆和小圆这两个圆的乘积，就是这个意思。在我推广普莱斯曼而得的定理中，这个环面的两个圆正好由闭圈A和B所代表。[1]

普莱斯曼和我所证明的定理都运用了较专业的技术，或许相当冷僻。但重点在于，这两种论证都阐明了：一个曲面的整体（global）拓

1.在这几段文字中出现了两种"乘法"，读者请小心不要混淆。一个是基本群中的运算$A×B$，表示走完闭圈A后，再接着走闭圈B的特殊闭圈；谈的都是一维的闭圈。但另一个乘法是空间的乘法，称为"笛卡儿乘积"（见第6章），如大圆乘上小圆会得到二维的环面，这种乘法的乘积空间维度，等于两个"乘数"空间各自维度的和。——译者注

图3.1 几何学家莫瑞（照片提供：George M. Bergman）

扑性质不只可影响曲面的局部几何，也可以影响整体的几何性质。这点之所以能成立，是因为本例中由闭圈所定义的基本群，是整个空间的整体性质，而非局部性质。要证明一个闭圈可以连续地变形成另一个闭圈，你或许得在整个曲面上移来移去才能做到，因此这是空间的整体性质。事实上，这正是当代几的重要主题之一：去理解一个给定的空间拓扑条件，可以支持什么样的整体几何结构。例如，我们知道拓扑等价于球面的曲面，其曲率的平均不可能为负。数学家已经建立了一长串这类的数学叙述。

就我看来，我的证明没什么问题。假期结束后，我把证明拿给一位老师、当时还是年轻讲师的劳森（Blaine Lawson）看。劳森也觉得没问题，于是我们就合作，用证明中的某些想法一起证明了另一个定理，主题很类似，也是将曲率和拓扑关联起来的定理。我很高兴终于能为数学的知识殿堂做点贡献，但我并不觉得自己所做的特别值得一提。我还在寻找能真正留下我的印记的道路。

我突然想到，答案或许在我上的一门非线性偏微分方程的课中。授课的教授莫瑞令我印象极为深刻。他的课程主题十分冷门，分量很重，使用的教科书是莫瑞自己写的，也非常难读。过不了多久，修课学生就纷纷打起退堂鼓，最后课堂上只剩我一人。当时柏克莱正有许多学生罢课，抗议美军轰炸柬埔寨，但莫瑞仍继续讲课，而且即使只剩一个学生，很显然他仍花了相当大的心力备课。

莫瑞是偏微分方程的大师，他所发展出的技巧非常深奥。可以说，[43]莫瑞的课替我未来的数学生涯打下了基础。

非线性微分方程

"微分方程"（differential equation）要研究的，是在极微小尺度下发生或变化的几乎一切事物，包括物理定律在内。微分方程中某些最有用也最困难的部分，称为"偏微分方程"（partial differential equation），它们所描述的是涉及多个变数的变化。借由偏微分方程，我们不但可以探究某一事物如何随着单一变数（例如时间）而变化，而且还可以探究它如何随其他变数而变化，比方说，如何在空间中沿着 x, y, z 轴移动。这些方程式提供了一窥未来，以及观察系统如何演变的手段。没有微分方程，物理学将会失去预测的能力。

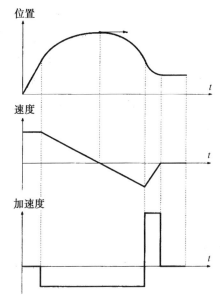

图3.2 考虑一个沿着某路径移动的物体。其速度反映的是物体随时间的位移变化，这可以借由对位移曲线求导数而得。导数显示的是在某一时间点上的曲线斜率，同时也表示了速度。加速度反映的是物体的速度变化，这可以借由对速度曲线求导数而得。速度曲线在某一时间点上的斜率，即是其加速度值

　　同样的，几何学也需要微分方程，我们用它来计算物体的曲率及其变化，这让几何学在物理学中扮演了重要角色。举一个简单的例子，一颗球在滚动时是否会加速（速度是否会随时间而改变），完全是由滚动轨迹的曲率所决定的。这是曲率何以和物理学密切相关的原因之一，也是几何学这门曲率就是一切的"空间科学"为何对于物理的众多领域都是至关重要的原因。

　　物理学的基本定律有个特性，它们是"局部的"（local），意思是它们可以描述特定（亦即局部）区域的行为，但不能描述同一瞬间所

有地方的行为。对于试图描述所有时空的曲率的广义相对论，这一点尤其成立。毕竟，描述曲率的微分方程，是对个别的点求导数。这就对物理学家造成了难题。加州大学洛杉矶分校的数学家罗勃·格林恩（Robert Greene）说："你会想从曲率这样的局部讯息描绘出整体结构，问题在于该怎么做。"[1]

让我们先从地球的曲率思考起。虽然我们无法一次测量整个地球，但格林恩建议下列的情景：假想有只狗用铁链拴在庭院的短木桩上。如果留给狗儿一点活动空间，它就能知道它所在的那一小块地方的曲率。在此，我们假设那块地的曲率是正的。假如全世界的每一块地都有狗拴在木桩上，而且每根木桩附近的地都有正曲率，那么根据这些局部曲率的测量值，就拓扑而言，就可推论出地球必定是球形的。   44

当然，比起依靠小狗的感觉，我们还有更严格的方式来计算一小块地的曲率。例如，假设链长为r，如果地面是完全平坦的，当狗儿拉直了铁链沿木桩绕一圈，它画出的是周长为$2\pi r$的圆。如果是在球形曲面（正曲率）上，因为任何方向都是"向下弯"的，所以周长会比$2\pi r$小。而如果木桩是在鞍面（负曲率）的鞍点上，某些方向的斜坡是向上，某些方向是向下，因此周长会比$2\pi r$大。所以，借由测量每只狗绕圈时其中最大圈的周长，我们即可得到每一块地的曲率。

微分几何学家所做的，大致上也就是这些。我们在个别点上测量   45
其局部曲率，试图借此来理解整个空间。"曲率支配拓扑"是几何学家拥戴的基本信条，而达成此目的的工具则是微分方程。

　　我们接下来就会提到的几何分析，是比较晚近才出现的，它将"曲率支配拓扑"这个信条更加发扬光大。虽说如此，把微分方程纳入几何学研究的一般想法，事实上却已有数世纪的历史，几乎可以追溯到微积分刚发明之时。18世纪的瑞士大数学家欧拉，是这个领域最早的开拓者之一。在他的众多成就之中，有一项就是利用偏微分方程有系统地研究三维空间中的曲面。二百多年之后，我们在许多方面仍然遵循着欧拉的脚步。事实上，欧拉是最早开始研究非线性方程的数学家之一，这些方程式正是今日几何分析的核心。

　　非线性方程以难解出名，部分原因在于这些方程所描述的状况更为复杂。首先，非线性系统天生就比线性系统难以预测，因为初始状态下的微小改变，造成的结果可能差异极大，天气就是最好的例子。关于这点，最有名的说法大概是混沌理论里所谓的蝴蝶效应：某个地方的一只蝴蝶拍翅所产生的气流，可能造成地球上遥远的另一处发生龙卷风。

　　相较之下，线性系统里没有太多意外，因而容易理解得多。我们把 $y=2x$ 这样的代数方程式称为线性的，因为当画在坐标平面时，方程式图形是一条直线。选定任何 x 值都自动对应一个 y 值。把 x 值加倍，对应的 y 值也加倍，反之亦然。当发生变化时，变化永远是等比例的；一个参数上的小改变，绝不会在另一参数上造成出乎意料的巨变。如果大自然的运作遵循线性系统，我们的世界就会很容易理解，但也会变得很无趣。可是大自然并非如此，所以我们离不开非线性方程。

　　非线性方程虽然难解，但是有一些方法可以让它变得稍微容易处理。首先，当面对非线性问题时，我们尽可能援用线性理论。例如，要分析一条弯弯曲曲（非线性）的曲线，我们可以在曲线上任一点，对曲线（或定义它的函数）求导数以得到其切线，这基本上就是曲线 [46] 在该指定点的"线性逼近"。

用线性数学来逼近非线性世界是常用的策略，然而宇宙毕竟是非线性的，这一事实当然不会有所改变。要追寻宇宙的真理，我们需要能把几何和非线性微分方程结合起来的技巧。这就是几何分析所做的，而它也对弦论和最近的数学发展极有裨益。

我不希望给大家一种几何分析是在20世纪70年代初期，也就是我投入时才崛起的印象。在数学里，没有人可以宣称他是从无到有，全凭个人创造的。就某种观点来看，几何分析的源流可以上溯到19世纪，来自法国数学家庞加莱（Henri Poincaré）的研究，而庞加莱的成就又是建立在黎曼及前人的研究成果上。

随后，许多数学界前辈又进一步地做出各种重大贡献，所以当我起步时，其实非线性分析的领域已经算是成熟了。二维非线性偏微分方程的理论（主要是椭圆型方程，将在第5章讨论）早先已由莫瑞、波戈列洛夫（Aleksei Pogorelov）等人奠立。在20世纪50年代，狄乔吉（Ennio De Giorgi）和纳什（John Nash）对处理更高维度（甚至"任何"维度）的非线性偏微分方程，开拓了解决之道。其后，莫瑞和尼伦柏格（Louis Nirenberg）等人更进一步推动了高维理论方面的进展。所以当我进入这个领域时，正是运用这些技巧处理几何问题的最佳时刻。

几何分析的新面貌

如上所述，我的合作者与我在 20 世纪 70 年代所采取的研究方法并非完全新颖，但我们着重之处却大不相同。对莫瑞这样的数学家，偏微分方程本身就是值得深刻研究的优美课题，而不是达成其他目的的手段。虽然他对几何学也有兴趣，但主要是把几何问题当成有趣的微分方程来源，对于物理科学的众多领域也是保持这样的看法。所以虽然我们同样赞叹这些方程式的惊人力量，但目的却几乎相反：我想做的不是从几何实例中撷取出非线性方程式，而是用非线性方程式来解决先前无从着手的几何问题。

在 20 世纪 70 年代之前，大多数几何学家都尽量不碰非线性方程，但我们这一辈的则愿意迎接挑战。我们矢志学习如何驾驭这些方程式，然后有系统地纳为己用。虽有自夸之嫌，但我可以说，这个研究策略

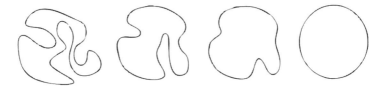

图 3.3 几何分析里一种称为曲线缩短流（Curve shortening flow）的技巧，可以提供数学方法，把不自交的封闭曲线变形成圆，并且在过程中不会产生缠绕或打结等情形

所得到的丰硕成果远超出我当初的想象。多年下来，我们已经运用几何分析解了许多其他方法难以解答的著名难题。伦敦帝国学院的数学家多纳森（Simon Donaldson）指出："几何与偏微分方程理论的混合，为过去二十多年绝大部分的微分几何研究设定了基调。"[2]

但是，我们能用几何分析来做什么？先从我能想到最简单的例子说起吧。假设你画了一个圆圈，然后拿它和一个周长较小的任意闭圈或封闭曲线相比较（什么样的闭圈都行，例如一条随便丢到书桌上的橡皮圈）。这两条曲线看来不同，而且显然形状相异。但是我们知道，这条橡皮圈可以轻易地拉成一个圆，甚至是完全相同的圆。

这么做的方法有很多种，问题在于哪一种方法最好；是否有种方法会永远有效，而且曲线在变形的过程中，不会打结或缠成一团；是否能找出一种有系统的方法，把不规则曲线变形成圆，而不必一次次地尝试错误。几何分析可以利用任意一条曲线（如本例中的橡皮圈）本身的几何性质，给出把曲线变形成圆的方法。这个过程不该是任意的，曲线的几何性质应该能决定一种精确的方式，而且最好是"典型"（canonical）的方式，来变形成圆。[对数学家而言，"唯一"（unique）一词有时语气太强，就会改用"典型"这个词。例如从北极到南极，有很多大圆都可以连接两个极点，这些路径每一条都是最短路径，并没有唯一的最短路径，这时就称其为"典型的路径"。]

我们也可以在更高维度的情况问同样的问题。这次比较的不是圆和橡皮圈了，而是例如球面（或一个灌满空气的篮球）和一个空气不足、凹凸不平的篮球。问题仍然是，如何把一个泄了气的篮球变成一个完美的球面。当然你可以用打气筒办到，但如果用数学该怎么做 [48] 呢？在几何分析中，等于打气筒的东西就是微分方程式，这是一种借由微小、连续的变化来改变形体的驱动机制。一旦你决定了起点（泄气篮球的几何），而且找出适当的微分方程，就解决了这个问题。

　　困难之处，当然在于找到正确的微分方程，甚至是判定是否有可以达成此任务的方程式。幸运的是，莫瑞和许多数学家已经发展出分析这些方程式的工具，这些工具可以告诉我们某个问题是否有解，而且如果有解时，解是不是唯一的。

　　上述问题都可归类到一个称为"几何流"（geometric flow）的范畴。这类问题近来因为被用于解决百年难题"庞加莱猜想"（详见本章稍后）而引起众多关注。然而我要强调，几何分析的应用范围非常广泛，这类问题只是几何分析的其中一小部分。

最小曲面

　　俗话说："一旦你手上拿着个大榔头，任何问题看起来都像根钉子。"关键在于，当掌握了某种研究利器之后，就要找出它最适合处理的问题。几何分析能帮助我们解决的重要问题之一，是牵涉到"最小曲面"（minimal surface）的问题。而如果它是钉子，那么几何分析大概就是最完美的榔头了。

49　　我们每个人应该都玩过最小曲面。把吹泡泡玩具的塑胶环浸过肥皂泡液之后，所形成的肥皂膜会因为表面张力而变得非常平滑，此时对于这个塑胶环来说，肥皂膜所覆盖的面积是最小的。用更数学的说法，最小曲面是以某一给定封闭圈为边界，所能形成的面积最小的曲面。

　　"最小化"（minimization）作为几何和物理的基本概念已有数百

年的历史。例如17世纪时，法国数学家费马（Pierre de Fermat）论证，光在通过不同介质时，必定会采取所耗能量最少（即"最小作用量"）的路径，这是最早几条以最小化来表述的重要物理学原理之一。

"自然界中经常可以看得到这个现象，在所有可能的情况中，真正发生的都是消耗最少能量的。"斯坦福大学的数学家赛门（Leon Simon）如此说。[3] 最小面积的形体，对应最少能量状态；如果其他条件相同的话，这通常会是最可能的状态。拥有最小面积的曲面，其曲面张力为零，换句话说，它的均曲率（mean curvature）为零。这就是为什么液体表面与肥皂膜大多看起来是平滑紧绷的原因。

谈到最小曲面时，有个常造成混淆的因素，这个名词数百年来不曾更换过，然而在这期间，数学已经发展得愈来愈复杂而精细。于是，有一大类相关的曲面都被称为最小曲面，但它们的面积并不必然是真正最小的。这类曲面中，如果是同一边界所围成的各个曲面中面积最小的，我们或许可以称之为真最小曲面或"基态"（ground state）；但其中还包含为数更多的所谓稳定曲面（stationary surface），它们在小范围内（局部）面积是最小的，但整体（整体）来说面积并不是真正最小的。不论是数学家还是工程师，对于具有零曲面张力（零均曲率）的曲面，都有极大的研究兴趣。我们倾向于把最小曲面想成一个家族，成员彼此类似，然而尽管每个最小曲面都很吸引人，但只有一个是面积真正最小的。

相对于"在二维以上的空间求最小面积"的曲面问题，其简化的一维版本则是找出最短的路径。两点之间的最短路径，在平面上是

直线，在球面上则是连接两点的大圆圆弧。最短路径有时称为"测地
线"（geodesic），但是让情况更加混淆的是，测地线有时也包括未必
是最短的，但对几何学家和物理学家仍有相当重要性的路径。如果你
在球面的大圆上取两点，除非这两点是像南北极点那样隔着直径相对，
否则连接两点的圆弧必定一长一短。这两条路径（圆弧）都是测地线，
但只有短圆弧的长度是这两点间的最短距离。较长的另一条虽然也是
最小化的路径，但它只是局部的最小化，也就是说，在这条线的局部
上选取任何可能路径，只有它是最短的。但它并不是一切可能路径中
最短的，因为短圆弧的路径更短。像椭面的情况就还要更复杂，因为
在椭面上有许多测地线，并不是所有可能路径中最短的。

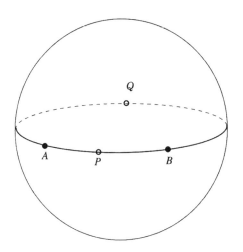

图3.4 *A*，*B*两点间的最短路径是"大圆"（在本例中刚好是赤道）上经过点*P*的
圆弧，这条路径称为测地线。大圆上经过点*Q*的圆弧也是测地线，不过这条路线显然
不是*A*，*B*两点间的最短路径（但在这段圆弧局部附近的各条路线中，它是最短的）

要找出最短距离，必须用到微分方程。这就像是要找出最小值必
须先检视导数为零的点一样。最小面积的曲面满足某种特定的微分方

程，这个方程表示该曲面的均曲率处处为零的事实。一旦找出这个特定的偏微分方程，你就获得许多着手解题的信息，因为长期以来，数学家已相当了解这些方程了。

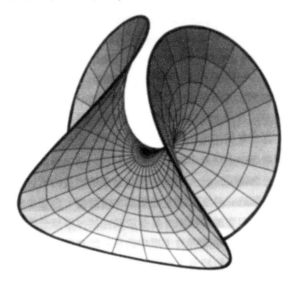

图3.5　普拉托猜测，对于任何简单的封闭曲线，必定可找出以这个曲线为边界的最小曲面。本图中以粗黑曲线为界的最小曲面称为"恩纳朴曲面"，它是因德国数学家恩纳朴（Alfred Enneper）而得名的。（图片提供：John F. Oprea）

"但这并不像是去洗劫一个整顿完好的场所，直接把东西从架上拿下来就行了。它比较像是双向车道，因为很多关于偏微分方程的知识，是经由几何学发展得来的。"格林恩说道。[4] 要明白通过几何分析和最小曲面的结合可以学到什么，且让我们再继续肥皂膜的话题。

18世纪的时候，比利时物理学家普拉托（Joseph Plateau）做了一系列这方面的经典实验，他把弯成各种形状的铁丝浸到肥皂液里，观察其结果。普拉托的结论是肥皂膜永远是最小曲面。他更进一步推测，

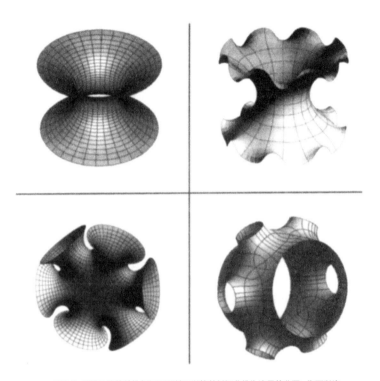

图3.6 虽然原始的普拉托问题是关于以简单封闭曲线为边界的曲面，你可以询问（有时并解答）类似但情况更复杂的问题：如果边界不是一个，而是数个封闭曲线（例如数个圆），是否也能找到以它们为边界的最小曲面？本图是一些普拉托问题更复杂版本的解。（图片提供：3D-XplorMath Consortium）

对于任何给定的封闭曲线，永远都可产生一个以此为边界的最小曲面。有时候这种曲面只有一个，因此是唯一的。但有时面积最小化的曲面不只一个，而且不知道总共有多少个这样的最小曲面。

普拉托的这个猜想被称为"普拉托问题"，直到1930年才由杰西·道格拉斯（Jesse Douglas）和拉多（Tibor Rado）各自独立证明。道格拉斯还因此于1936年得到第一届的菲尔兹奖。

52

我与密克斯的最小曲面研究

最小曲面不见得都像肥皂膜那么简单。数学家所考虑的最小曲面有时复杂得多，充满称为奇点的复杂扭曲或折叠，然而其中有许多仍然可以在自然界中看到。循着道格拉斯和拉多的成果，数十年后，斯坦福大学的奥瑟曼（Robert Osserman）证明了普拉托这类实验中的最小曲面，只可能出现一类特别简单的奇点，形

图3.7　数学家密克斯（照片提供：Joaquín Pérez）

状像是圆盘或平面相交时形成的直线。[附带一提，奥瑟曼是《宇宙的诗篇》（*Poetry of the Universe*）这本几何学科普佳作的作者。] 然后到20世纪70年代，密克斯（William Meeks，现为麻萨诸塞大学教授，我们结识于柏克莱）和我又把奥瑟曼的成果往前推进一步。

我们研究一类称为"嵌入圆盘"（embedded disk）的最小曲面，这种曲面不管怎么延伸，都不会弯折而和本身相交。我们特别感兴趣的是"凸形体"（Convex body），连接这类物体中任两点的线段或测地线，永远会落在物体上或物体内。所以，球与立方体都是凸的，似鞍面不是凸的，任何中空、塌陷或斩月形的物体都不是凸的，因为在这些形体上，总会有一些连接两点的线段会落在物体之外。结果我们证明了，如果一封闭曲线落在凸形体的边界上，则以此曲线为边界的最小曲面必定是嵌入的；它不会有任何奥瑟曼所提到的那种折叠或交

错的奇点。我们证明在凸形体的情况，一切都很美好而光滑。

　　就这样，我们解决了几何学里一个论辩了数十年的重大问题。但故事还不仅止于此，为了证明这个版本的普拉托问题，密克斯和我引用了"邓恩引理"（Dehn's lemma，"引理"是为了证明另一个更广义的命题，而预先证明的辅助定理）。1910年时，人家认为德国数学家邓恩（Max Dehn）证明了这条引理，十多年后才发现他的证明有误。邓恩断言，在三维空间中，一个圆盘如果具有奇点，亦即它以折叠或交错的方式与自己相交，那么它可被一个以相同圆周为边界，但没有奇点的圆盘来取代。这个命题如果成立就会有极大功用，因为这表示几何学家和拓扑学家可以把发生自交的曲面置换成不自交的情形，足54 以大幅简化他们的工作。

　　邓恩引理最终在1956年被希腊数学家帕帕奇里亚科普洛斯（Christos Papakyriakopoulos）证出。米尔诺还特别写了一首打油诗来铭记这项成就：

> 狡點不忠的邓恩引理
> 让许多厉害家伙神昏力疲
> 直到克里斯托斯·帕帕
> 奇里亚
> 科普洛斯潇洒利落证明了它

　　密克斯和我运用帕帕奇里亚科普洛斯的拓扑取向方法，来解决由普拉托所引发的几何问题。接着我们又反过来，运用几何方法来证

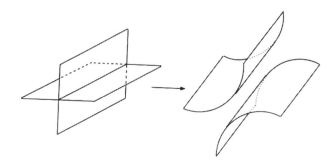

图3.8 邓恩引理的一个几何版本由密克斯和丘成桐证明。邓恩引理所提供的数学技巧可将原本会自交的曲面，简化成不自交、无折叠或奇点的曲面。邓恩引理一般是以拓扑的方式来表述，但密克斯和丘成桐采用的几何方法，提供了更精确的解

明邓恩引理及相关的"圈定理"（loop theorem）的更强版本，这是当时拓扑学家证明不了的结果。我们首先论证，在这个空间里可以找到一个嵌入、因而不会自交的最小面积圆盘。但在此一特定的所谓"等变"（equivariant）情形中，要考虑的不只是单个圆盘，而是它所有对称作用下的伙伴，这就像照着多重弯曲的哈哈镜，看到的并不是一个，而是许许多多个镜像一样。我们考虑的情形，涉及有限但数目可任意[55]多的镜像。结果我们证明了，最小曲面圆盘既不会自交，也不会与那些对称作用下的任何圆盘相交。大致上可以这样描述：这些对称作用下的镜像圆盘都是彼此"平行"的。唯一的例外是：一旦圆盘有相交，则必定是完全重合等同的。

上述的问题，虽然单就问题本身来考虑就已经很重要，但最后发现，其重要性竟还是超出我们的预期，因为它联系上拓扑学里一个著名问题 —— 史密斯猜想。早在20世纪30年代，美国拓扑学家史密斯（Paul Smith）思考"将普通三维空间绕着一根直线旋转"的问题。史

密斯知道，如果旋转轴是完美的直线，这样的旋转轻易就可做到。但他猜想万一旋转轴打结，便不可能找到这样的旋转。

　　你或许会纳闷，怎么有人会去思考这么奇怪的想法，但这正是拓扑家或几何学家会关心的事。得州大学奥斯汀分校的戈登（Cameron Gordon）指出："一切直觉都告诉你史密斯猜想显然是对的，因为空间怎么可能绕着一条打结的线旋转呢？"有趣的是，密克斯和我对邓恩引理和闭圈定理的研究，恰好是解开史密斯猜想的最后两片拼图之一。史密斯猜想的证明，是借由结合我们两人的研究，以及瑟斯顿和巴斯（Hyman Bass）的成果而完成的，戈登则负责把这些分散的研究成果整合成一个完善的证明，确认史密斯当初的断言正确无误，三维空间的确无法绕着一条打结的线旋转。然而，尽管听起来很荒谬，但是如果在更高维的空间，史密斯的断言就失败了，在四维以上的空间里，绕着打结的线旋转确实可能存在！[5]

　　这个证明是几何学家和拓扑学家合作解决问题的绝佳例子，如果双方之间没有交流，想必要花上更漫长的时间才能得到证明。这也是我第一次注意到最小曲面论证可以应用于拓扑学的问题。而且它也显示：用几何学来解决拓扑和物理问题的想法是可行的。

　　迄今为止，我们已经谈了不少拓扑学，对物理则着墨不多。接下来我们就来谈谈，几何分析是否也能对物理有所贡献。

和孙理察证明正质量猜想

　　1973年，在斯坦福大学举办的国际几何学会议上，一个来自相对论的问题吸引了我的注意。虽然过了好些年我才着手解答，但这个问题正可以说明把几何分析用于物理上会有多大的威力。在会议上，芝[56]加哥大学的物理学家格罗赫（Robert Geroch）谈到一个悬疑已久的

谜，称为"正质量猜想"或"正能量猜想"。这个猜想是说：在任何孤立的引力系统里，总质量或能量必定是正的。（在此，质量和能量这两个术语是互通的，因为正如爱因斯坦著名的方程式 $E = mc^2$ 所示，这两个概念是等价的。）因为宇宙可以被视为孤立系统，所以正质量猜想也适用于整个宇宙。由于这个问题关乎时空的稳定性，以及相对论本身的一致性，所以多年以来，每

图3.9 斯坦福大学数学家孙理察

当举办广义相对论的大型学术会议时，都会有专门的议程讨论这个重要问题。简言之，除非时空的总质最为正值，否则时空不可能是稳定的。

　　在斯坦福的会议上，格罗赫发出战帖，邀请几何学家来攻克这个物理学家在当时仍无法解决的问题。格罗赫之所以向几何学家寻求奥援，不但是因为几何学和引力在理论基础上有着紧密的关联，而且也因为质量密度为正，相当于空间中每一点的总曲率平均[1]必定是正值。

---

1. 这里的曲率平均不是专有名词，专业名称是标量曲率（scalar curvature），这个概念不能和前述的均曲率搞混。请参见附录1。——译者注

因此物理上的正质量猜想，可以转化成一个几何问题。

　　格罗赫很渴望得到某种解答。他最近回忆说："我们很难相信这个猜想是错的，但要证明它成立也同样困难。"他还说，像这样的事情，我们不能依赖直觉，"因为直觉未必会正确地引导我们"。[6]

　　他提出的挑战，就此一直印刻在我脑海里。数年之后，当我和以前的研究生、现任斯坦福大学教授的孙理察（Richard Schoen）合作研究另一个问题时，突然心血来潮，想到我们刚发展出来的几何分析技巧，或许可以用到正质量猜想上。我们所做的第一件事，是依照处理大型问题时的惯用策略，把问题切割成数个较小的问题，以便各个击破。因为正质量猜想对几何学家来说并不容易理解，更别说要去证明了，所以在对付整个猜想之前，我们先试着证明几个特例。更何况，从纯几何的观点来看，我们并不相信这个猜想可以成立，因为它所断言的结论似乎太强了。

　　并不是只有我们如此想。纽约大学暨法国高等科学研究院（IHÉS）的著名几何学家格罗莫夫（Misha Gromov）告诉我们，根据他的几何直觉，正质量猜想的一般情形明显是错的；其他许多几何学家也同意这个说法。但另一方面，大多数物理学家却都认为它是对的，年复一年，他们在学术会议上总是这么说。单单这一点就足以激励我们去仔细探究，看看它能否成立。

　　我们采取的证明策略，和最小曲面有关。这还是第一次有人采用这个策略来解决正质量猜想，或许是因为最小曲面和这个问题没有明显的关联。然而，孙理察和我觉得这条路径或可有所收获。解题就像做工程一样，需要恰当的工具（然而，当证明完成后，我们往往能发现不只一种方法可以得到解答）。倘若局部物质密度真的如广义相对论所假设的是正的，那么整体空间的几何性质必定要与此一致。我们认为最小曲面或许提供了最佳方式，去判定局部物质密度如何影响到整体几何性质。

　　证明的论点并不容易说清楚，主要是因为用于描述物理与几何关系的爱因斯坦场方程是复杂的，非线性的，而且并不直观。基本上，我们一开始先假设其中某一特定空间的总质量"不是"正的，接着我们论证，在这样的空间中可以构造出一个"面积极小化"（area-minimizing）的曲面，由于它所在的空间类似我们的宇宙，观测到的物质密度是正的，因此这个最小曲面的曲率平均是正的。但运用拓扑的论证，我们却能证明这个曲面的曲率平均是"零"。从这个矛盾的结果可以知道，原来的前提是错误的。也就是说，如果广义相对论的假设是正确的话，那么正物质密度就蕴含了正总质量。

　　上述说法乍看之下像是循环论证，但其实不然。在某一特定空间（例如我们的宇宙）里，即使总质量不是正的，它的物质密度仍然可能是正的。这是因为总质量的来源有两方面：物质和引力。即使来自于物质的贡献是正的（一如我们论证开始的假设），还是可能因为来自引力的贡献是负的，而使得总质量是负的。[58]

　　让我们换一种说法：从总质量不为正的前提出发，我们证明可以找到一个面积极小化的"肥皂膜"，然而同时我们又证明在类似我们的宇宙里, 这种肥皂膜不可能存在, 因为它的曲率性质互相抵触。于是从非正总质量的前提, 导出了重大的矛盾, 因此前提必然不正确, 总质量（或总能量）必定是正的。就这样, 我们在1979年提出了证明, 如物理学家格罗赫所期望的解决了这个问题。

孙理察和我把研究过程拆成两部分, 前述发现其实只是我们研究的第一阶段。因为格罗赫所提出的问题其实是特例, 是物理学家称为 " 时间对称 "（time-symmetric）的情况。孙理察和我先处理这个特例, 而前述导出矛盾的论证也是基于这个假设。若要证明更普遍的情形, 需要解的是格罗赫的学生张奉舒（Pong Soo Jang, 音译）所提出的一个方程式。张相信这个方程没有整体解, 因此并未尝试去解它。严格来说, 确实如此没错, 但是我们觉得只要再加上一个前提, 容许方程解在黑洞边缘可以暴增到无穷大, 就可以将它解开。结果加上这个简化问题的前提后, 我们就能把一般的情况, 化约到先前已经证出的特例。

研究这个问题时, 我们得到物理社群的重要指导和鼓励。虽然我们的证明是建立在纯粹的数学上, 使用的是绝大多数物理学家宁可避而不用的非线性论证, 但是物理学家的直觉给了我们希望, 知道这猜想或许是对的, 或至少值得花费时间和精力去求证真伪。然后, 依赖几何直觉, 孙理察和我才能完成物理学家先前未能达成的目标。

可是, 几何学家主导这个领域的局面并没有维持多久。两年之后, 普林斯顿高等研究院的物理学家威滕（Edward Witten）用完全不同的方法证明了正质量猜想。他使用的不是非线性方程, 而是线性方程。

对于物理学家来说，线性方程的论证当然比较好理解。

　　然而两种证明都确认了时空的稳定性，这至少能让大家安心不少。[59] 威滕解释说："如果正质量定理不成立，这对理论物理学会有极严重的意义，因为它意味着在广义相对论里，传统时空并不稳定。"[7] 一般人或许不会为此而寝食难安，但正质量猜想的影响广及整个宇宙，而不仅仅是理论物理学家的研究兴趣而已。我会这么说是因为任何系统的能量总是倾向于降低到能容许的最小能量等级。如果能量是正的，那么至少有 0 作为底层的楼板，不管怎样都不会低于 0。但是一旦整体能量可以是负值，那就不知道底限何在了。真空作为广义相对论的基态，其能阶可能会降得愈来愈低；时空本身也会一直削弱，直到整个宇宙都消失不见了。幸好这并非实况，宇宙依然存在，时空也安全得救了 —— 至少目前是如此。（至于宇宙可能覆灭的故事，稍后再叙。）

　　尽管具有如此重大的含义，但或许还是有人会认为，得到两个正质量猜想的证明其实无关紧要。毕竟，许多物理学家早已不假思索地把正质量猜想当成事实了，这个证明真的会造成改变吗？对我而言，确实知道某事为真和假定某事为真，两者有着重要的区别。在某种程度上，这正是科学和信仰的差别。在本例中，我们得等到有了证明之后，才能确信猜想是对的。正如威滕在他提出证明的 1981 年论文中所说："总能量永远为正，绝不是一个显而易见的事实。"[8]

　　除了哲学性质的议题，正质量猜想的证明还给我们提供思考"质量"这个概念的一些线索。在广义相对论里，质量其实是一个精微而且非常难以捉摸的概念，原因部分在于广义相对论本身的非线性本质，使得引力也是非线性的，而非线性表示引力可以和自己相互作用，并在过程中产生质量 —— 那种在处理时特别容易造成混淆的质量。

在广义相对论里，质量只能从整体来定义，换句话说，我们只能考虑整个系统的质量，就好像把它封闭在一个箱子里，然后从非常、非常遥远的距离 —— 其实是无穷远 —— 来测量。至于"局部"质量（例如某一物体的质量），则迄今仍没有明确的定义，尽管外行人反而可能以为这是比较简单的课题。（同样的，质量密度在广义相对论中也是难以定义的概念。）质量从何而来、如何定义，这类问题吸引我已有数十年之久，只要有空闲，我就会和其他数学家，例如哥伦比亚大学的刘秋菊和王慕道（他们都是我之前的研究生）一起研究。我现在觉得，我们终于快要得到局部质量的定义了，结合来自多位物理学家和几何学家的想法，问题已经在掌握之中。但是如果不先建立总质量为正的基本事实，我们甚至无法开始思考这个问题。

黑洞和几何

除此之外，正质量定理也引导孙理察和我去证明了另一个与广义相对论有关的著名问题，这次的问题是关于黑洞。一提起黑洞之类的奇异天体时，恐怕绝大多数人心里不会想到几何学。然而几何学和黑洞有着莫大关系，通过几何学，即使在还没有明确的天文学证据时，人们也能够讨论黑洞的存在性。这是广义相对论几何学的重大胜利。

早在20世纪60年代，霍金（Stephen Hawking）和彭罗斯（Roger

图3.10a 剑桥大学物理学家霍金（照片提供：Philip Waterson，LBIPP,LRPS）

图3.10b 牛津大学数学家彭罗斯（照片提供：©Robert S. Harris〔London〕）

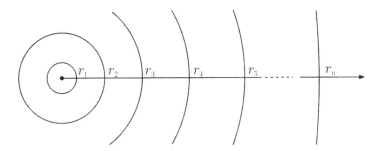

图3.11 球面愈小，它的形状就愈弯曲。反过来说，当球面半径趋近无穷大时，其曲率趋近于零

Penrose）借由几何学（不过和此处所讨论的几何学不一样）和广义相对论的定律，证明了如果"囚陷曲面"（trapped surface，亦即极度弯曲、光线无法逃脱的曲面）存在，那么这个曲面最终会演变成那种一般认为存在于黑洞中心的奇点，时空曲率在此将趋近于无穷大。如果身处在黑洞附近，当你往黑洞中心移动时，时空曲率会持续增加。一旦曲率没有上限，它就会不断变大，一直到抵达黑洞中心时，曲率是无穷大。

　　这就是曲率奇怪的地方。当我们在地球表面行走时，根本感觉不到地球的曲率。因为地球约6400千米的半径，对于我们的6尺之躯，实在太巨大了。但如果我们走在一个半径仅3或6米的行星，例如圣修伯里（Saint-Exupéry）书中小王子所居住的那颗小星球，就不能忽略它的曲率了。球面的曲率与半径的平方成反比，当半径趋近无穷大，曲率趋近于零；反之，当半径趋近于零，曲率就会暴增，直奔无穷大而去。

那么现在假想，有一个普通的二维球面，它的整个表面同时放出 61/62 光芒。此时，光线会向内和向外发散。向内的光线所形成的曲面，面积会急剧减小，到球心时缩小成一点；而向外光线的曲面面积则会逐渐增大。但如果是囚陷曲面则不然，无论是向内或向外移动，曲面面积都会减小。[9] 不管朝哪个方向走，你都被困住了，根本没有出路。

怎么可能呢？可能的原因之一，在于这就是囚陷曲面的定义。更深入的解释是因为囚陷曲面有着非常巨大的"正均曲率"（positive mean curvature）。即使是向外射出的光线都会因为这个巨大的曲率而又再弯回来，就好像天花板、地板和墙壁都不断压缩着光线，以至于光线最后都汇聚到中心。"如果曲面面积一开始就是渐减的，它会因为聚焦效应而持续减小。"我的同事孙理察解释道："你也可以想象球面上，以北极为起点的大圆，离开北极后它们会彼此拉开，但因为球面的曲率是正的，最后大圆会开始敛聚，最终聚集在南极上。正曲率就有这种聚焦效应。"[10] 彭罗斯和霍金证明了，囚陷曲面一旦形成，就会退化成光线无法从中逃脱的物体，也就是所谓的黑洞。但究竟要怎样才能形成囚陷曲面呢？在孙理察和我着手研究这个问题之前，人 63 们多半是笼统地说，如果某区域的物质密度够大，自然就会形成黑洞，但这样的说法不免显得含糊其辞，论点不够扎实。当时还不曾有人为这个命题给出清楚、严格的表述，而这就是我们准备对付的目标，采取的策略仍然是我们证明正质量定理时所用的最小曲面。

我们想要知道的是，能够产生囚陷曲面的明确条件。1979年，我们证明了：当某一区域的密度达到中子星的两倍时（中子星的密度是水的100兆倍），曲率会大到必然可以形成囚陷曲面。把我们的论证以及霍金和彭罗斯的证明合并起来看，即可明了黑洞必定存在的条件。更确切地说，我们证明了当一个天体的物质密度稍大于中子星时，它会直接塌陷成黑洞，而非其他状态。这项纯粹出于数学的发现，不久就经由观测得到确认。另外，就在数年之前，苏黎世联邦理工学院的克里斯托杜娄（Demetrios Christodolou）提出了另一种经由引力塌陷而形成囚陷曲面的机制。[11]

大约在2005年左右，芬斯特（Felix Finster）、卡兰（Niky Kamran）、史莫勒（Joel Smoller）和我考虑自旋黑洞在面临某种扰动时是否会保持稳定的问题。结果可以这样说，当你用某些方式去"踢"这类黑洞时，它们不会分成两半、转速太快以致失控，或是整个碎裂开来。虽然这项研究结果看来很稳固，但它仍不算完成，因为我们不能排除其他五花八门的"踢法"可能会造成不稳定。

两年之后，对于一个由彭罗斯所提出、长期未解的黑洞问题，芬斯特、卡兰、史莫勒和我给出了相信是第一个严格的数学证明。1969年，彭罗斯提出一种借由减少黑洞的角动量，而从旋转中的黑洞取得能量的机制。在他设想的情境里（称为"彭罗斯过程"），一块回旋卷向黑洞的物质可能会被撕裂成两块，一块跨过"事件视界"（event horizon）掉入黑洞，另一块被抛掷出来，带着比原先卷入时更大的能量。我们考虑的不是粒子，而是类似的、朝向黑洞运动的波，然后证明了彭罗斯过程的数学是完全确当的。2008年，在哈佛大学一场几何分析会议上讨论我们的证明时，史莫勒开玩笑说，有朝一日我们或许可以利用这项机制来解决能源危机。

虽然几何学家协助解开了好些关于黑洞的谜团，但现在对黑洞的研究主要还是落在天文物理学家手里。目前他们所做的观测，几乎已能抵达黑洞事件视界的边缘。所谓事件视界，是人们观测所能及的极限，因为超过事件视界之后，黑洞的强大引力将使得包括光线在内的一切物体都无法挣脱再跑回来。然而，若不是有霍金、彭罗斯、惠勒（John Wheeler）和索恩（Kip Thorne）以及其他理论学家的研究为基础，或许天文学家根本就不会有那么大的信心去寻找黑洞。

三大成就之一：四维拓扑

尽管有这些理论的成功，我希望并没让你以为几何分析所涵盖的就是这些而已。以上我先集中介绍我最清楚的学术进展，也就是我直接或间接参与过的研究。但是几何分析的范围远不止于此，它涉及了来自全世界百余位顶尖学者的集体努力，以上所述仅是其整体成就的一斑。而且某些几何分析最卓越的成就，本章到此为止仍尚未提及。这些成就我无法一一描述，在2006年我所写的一篇概述性质的文章，就已长达密密麻麻的75页。不过接下来我要讨论其中三项我认为最重要的成就。

第一项里程碑属于四维拓扑的领域。拓扑学家的主要任务，和生物学的分类学家极为相似：将给定维度里，所有可能的空间或流形加以分类。拓扑学家把基本结构相同的物体归为同类，而不理会它们的外观或者细部结构是否差异极大。二维曲面，只要它们是紧致（compact，有界而且非无穷的）、可赋向的（orientable，有内外两面的），就可以用它们的洞数（也就是第1章曾提到的亏格）来分类，如环面，亦即形状像甜甜圈的曲面，至少有一个洞；而球面则没有洞。如果两个二维曲面有相同数目的洞，不管它们的外观多么不同，在拓扑学家的眼中它们是等价的。因此，咖啡杯和浸到咖啡杯里的甜甜圈都是亏格1的环面。而如果你喜欢用牛奶配甜甜圈，装牛奶的玻璃杯和球面是等价的，原则上，你可以把球面的顶端往底端按下去，再把形状稍加修饰，就可以"做出"玻璃杆的形状。

虽然我们早在一百多年前就已厘清二维曲面的情形，三维以上可就没那么简单。英国华威（Warwick）大学的数学家琼斯（John D. S. Jones）说："奇特的是，三维和四维是最困难的，五维以上的分类反倒容易些。"[12] 而三维、四维在物理学中恰巧是最重要的维度。瑟斯顿在1982年时提出一个分类系统，把三维空间切割成八种基本几何型态的组合。这个称为"瑟斯顿几何化猜想"（geometrization conjecture）的假说，在二十年后才得到证明（后文立刻会介绍）。

四维空间的研究大致也是在瑟斯顿提出他大胆的命题时展开的。四维空间不仅更难用肉眼观察，也更难以用数学描述。四维物体的一个例子是随时间而变形的三维物体，像是一个弹跳的篮球，当它砸向地面再弹起时，会被压缩又再胀大。即使用最保守的说法，这类形体的几何细节也相当令人困惑，但如果要真正理解我们身处的四维时空，研究它们无疑是非常重要的。

四维拓扑的一些线索出现于1982年。当时还是牛津大学二年级研究生的多纳森，发表了一系列关于四维空间结构的第一篇论文。为了一窥四维空间的奥秘，多纳森援引了物理学家杨振宁和米尔斯

（Robert Mills）在20世纪50年代提出的非线性偏微分方程。杨－米尔斯方程是在四维空间中运作的，它描述了在原子核内结合夸克和胶子的强核力、与放射性衰变有关的弱核力，以及作用于带电粒子的电磁力。一般人通常会试着利用所在空间的几何和拓扑性质去求解杨－米尔斯方程，但多纳森将整个问题反转过来，他认为这些方程的解，应该会透露所在四维空间的讯息。更明确说，杨－米尔斯方程的解应该和数学家称之为"不变量"（invariant）的概念有关，也就是可以判定 66 四维形体是否相同的关键识别特征。

多纳森的研究厘清了他希望找到的不变量，但也出现了意料之外的神秘现象，一种只在四维空间才出现的新型"怪异"空间。要解释何谓"怪异"（exotic），必须先理解当我们说两个曲面或流形相等时的意思。数学家有不同的方法来比较流形。一种是拓扑等价的观念，把本章先前用过的两个篮球拿出来，一个灌满空气，另一个泄了气，这两个篮球实质上仍是拓扑相同的。若一个物体经由折叠、弯曲、挤压或拉扯（但不可

图3.12 几何学家多纳森

切割），变成另一个物体，我们就说这两个物体是拓扑等价的，亦即所谓的"同胚"（homeomorphic）。两物体同胚表示它们彼此之间有着一对一对应，意思是说，曲面上只能有一点对应到另一曲面上的一点，反之亦然；而且同胚是"连续映射"（continuous mapping），这表

示一个曲面上彼此靠近的两点，对应到另一曲面时，仍然是彼此靠近的。

　　另一种比较流形的方法则较微妙，条件也更严格。在此，关键在于能否从一个流形"光滑地"（smoothly）变成另一个流形，过程中不会出现数学家所称的奇点，像是在曲面上出现的折角或尖刺。这种意义下等价的流形称为"微分同胚"（diffeomorphic）。要符合这个条件，从一个流形映射到另一个流形的函数（它会将一空间的坐标，映射到另一空间的另一组坐标），必须是可微分的平滑函数，亦即这个函数在任何点都可以求任何多次的导数。这类函数的函数图形不会有任何锯齿，没有锐利的转折或陡峭的升降。

67　　让我们来看一个例子。在一个椭面（比方说，形如西瓜的曲面）里放入一个球面，并使两者的中心重合。假如从中心向各个方向画辐射状的直线，就可以让球面上任何一点都对应到椭面上的一点。而且，球面和椭面上的任何一点都可以进行此项操作。这里所做的映射不止是连续和一对一，而且还是光滑的。将这两个物体对应起来的函数并没有特别奇怪之处，因为它用来对应的只是直线，没有锯齿、急转弯或任何不正常之处。因此，本例中的两个物体，球面和椭面，既是同胚，又是微分同胚。

　　而所谓的"怪球"（exotic sphere）则不然。（七维）怪球是一个处处光滑的七维流形，虽然它可以连续地变形成正常的（圆球状）的七维球面，但却不能光滑地变形成正常的七维球面。因此怪球和正常球面是同胚，但不是微分同胚。本章一开始提到的数学家米尔诺，他在1962年获得菲尔兹奖，主要就是因为证明了怪球确实存在。在此之前，人们根本不相信会有这种空间，所以才会被称为"怪异的"。

在二维时，平坦的欧氏空间是你能想象得到最简单的空间，它是像桌面一样的光滑平面，并且向各个方向无限延伸。一个平坦的二维圆盘放在欧氏平面里面，它是否和欧氏平面既是同胚，又是微分同胚？是的。你可以想象有一群人在平面上围着圆盘站着，他们拉住圆盘的边缘，然后一直不停地往外走。当他们朝向无穷远前进时，圆盘可以渐渐覆盖住平面，使得两者最后形成良好、连续的一对一对应。因此两者在拓扑上是相同的。我们也很容易想见，这个把点沿着半径方向移动的延展过程是光滑的。同样的基本结果，在三维或任何维度都成立，圆盘和平面是同胚，而且也是微分同胚的。

类似的，一个光滑的流形如果和平坦的欧氏空间同胚，也一定是微分同胚，这在任何维度都成立，唯独四维除外。在四维的情形，可以有流形与平坦的四维欧氏空间同胚，但却不是微分同胚。事实上，有无穷多种四维流形和四维欧氏空间同胚，但彼此却都不微分同胚。

这是四维空间一个奇特又令人困惑的事实。例如多纳森曾说过，在 [68] 3+1维时空（三维空间加上一维时间），"电场和磁场看起来很相似。但在其他维度，它们在几何上是不同的物件。一个是张量（矩阵的一种），另一个是向量，两者无从比较。但四维是特例，两者同时为向量。任此出现了其他维度看下到的对称性。"[13]

多纳森承认，还没有人能在根本的层次上确切明白四维为何如此特别。在他着手研究之前，我们对四维的"光滑等价"（即微分同胚）几乎一无所知，尽管数学家弗利曼（Michael Freeman，当时在加州大学圣地亚哥分校）已经提供了关于四维拓扑等价（同胚）的洞见。事实上，在凯森（Andrew Casson，现任职于耶鲁大学）的既有成果上，弗利德曼已经完成四维流形的拓扑分类。

多纳森所提供的新颖洞见，可用于将光滑的四维流形加以分类（微分同胚）此一极其困难的问题，因而开启了一道深锁已久的大门。在此之前，这些流形几乎是完全无法深入理解的。虽然这个谜团大多仍然未解，但至少现在我们知道应该从何处着手。不过多纳森的方法非常难实际操作。哈佛大学的几何学家陶布思（Clifford Taubes）说："我们就像狗一样辛勤工作，努力从中汲取讯息。"[14]

1994年，威滕和他的物理学家同事赛柏格（Nathan Seiberg），想出更远为简单的方法来研究四维几何，他们的解决方案是来自于粒子物理学一个称为"超对称"（supersymmetry）的理论，而多纳森的技巧则来自于几何学本身。陶布思说："新方程含有旧方程的所有讯息，但用它来取出所有讯息大概比用旧方程容易一千倍。"[15] 陶布思以及其他许多人，已经运用赛柏格－威滕方法推进了我们对四维几何结构的理解，虽然这些理解距离定论仍然言之过早，然而却是思索广义相对论中的时空问题时所不可或缺的。

对于大多数的四维流形，威滕证明了赛柏格－威滕方程解的数目仅由该流形的拓扑所决定。接着陶布思证明了这些方程解的数目，与某一类型或"族"（family）可以置入此流形的子空间（或曲线）数目是相同的。知道有多少可以置入流形里的这类曲线，就可以推导出此流形的几何性质，以及其他一些讯息。所以我们可以说，陶布思的定理大幅推进了这类流形的研究。

　　由物理学家杨振宁和米尔斯在20世纪50年代的研究所引发，这一整个四维领域的探索历程代表了一段仍在进行中的奇特插曲。在其中，物理影响了数学，而数学又影响了物理。源自于物理的杨－米尔斯理论，自得到几何学的帮助之后，更有助于我们理解结合基本粒子的作用力。而这个过程又被几何学家多纳森倒转过来，利用杨－米尔斯理论来取得四维空间拓扑和几的洞识。这个物理和几何之间交换想法的同样模式，又由物理学家赛柏格、威滕及其后的学者延续下去。陶布思如此总结这段两者互动的历史："很久很久以前，有个火星人降临，送给我们杨－米尔斯方程后就飞走了。我们研究杨－米尔斯方程后得出了多纳森理论。多年之后，那个火星人回来，又送给我们赛柏格－威滕方程。"[16] 虽然我不能保证陶布思是对的，但这大概是我听过最合理的说法。

三大成就之二：庞加莱猜想

　　几何分析的第二项重大成就（许多人会把它放在最顶点）是关于庞加莱猜想的证明。这个1904年提出的著名猜想在长达一个世纪的时光里，一直是三维拓扑的中心问题。我觉得它非常优美，原因之一在于猜想本身用一句话即可概括，但它却让数学家忙碌了百年之久。简言之，庞加莱猜想说的是：如果在一个紧致的三维空间上，所能画出的每一个可能的闭圈，都可在不撕裂闭圈或空间的要求下收缩成一个点，那么这个空间与球面是拓扑等价的。如本章稍前所述，满足这项要求的空间具有平庸的基本群。

庞加莱猜想描述起来很简短，其意义却不是那么明显易懂。虽然真正而且最难解的问题是在三维的情况，但现在且让我们以二维的类比来说明。假设有一个球面，我们把一条橡皮筋套在它的赤道上。然后我们把橡皮筋轻轻往北极方向推，在此过程中一直让橡皮筋贴着球面。如果橡皮筋的弹性够好，当被推到北极的极点时，它就会缩小成一个点。但若是形如甜甜圈的环面则不然。假如有一条橡皮筋穿绕过它中间的洞，除非把甜甜圈切开，否则没办法把橡皮筋缩成一个点；而如果把橡皮筋套在甜甜圈的最外侧，我们可以把它推到甜甜圈的顶端，如果再继续推，橡皮筋就会往另一边下移到甜甜圈的内侧，只要继续贴着甜甜圈，橡皮筋就不可能缩成一个点。所以对拓扑学家而言，球面和甜甜圈或是任何有一个或数个洞的曲面有着根本的不同。因此庞加莱猜想基本上就是关于球面在拓扑学里究竟如何刻画的问题。

在谈到证明之前，我要回溯 30 多年前，来到 1979 年我还在高等研究院的时候。我在当时邀请全世界从事几何分析研究的十余名学者前来普林斯顿，试着为我们的领域奠定基础。我列出了 120 个几何学的重要问题，其中大约半数后来都彻底解决了。但庞加莱猜想并不在我所列的名单上，一方面因为它可说是整个数学界最著名的问题，没有必要再特别指出，同时也因为我所寻找的是范围较小较明确，我觉得最终可以得到解答的问题（而且最好在合理的时间范围内）。虽然数学家通常是在艰苦奋斗的过程中学习，但最大的进步都是从解决问题得来的，解题对数学家的指导作用，比其他任何事都大得多。但是在当时，没有人明确知道对于庞加莱猜想该如何着手。

　　一位没有来参加我们讨论的数学家是汉米尔顿（Richard Hamilton，当时他任职于康奈尔大学，目前则在哥伦比亚大学）。那个时候，汉米尔顿才刚展开一个雄心勃勃的计划，试图找出一个良好的动态方法，将复杂、不光滑的流形度量转换成光滑许多的度量。没有任何迹象显示这个计划可以在短期之内取得成果，而显然这正是吸引他的主因。他对于一组和"黎奇流"（Ricci flow）有关的极困难方程非常感兴趣。（黎奇流是本章稍早提到的几何流问题的一例。）基本上，[71]这是一种把凹凸不平和其他不规则修整成光滑的技巧，借此可让弯缠起伏的空间转变得到较均匀的曲率和几何性质，以便更容易地辨识出它们的基本型态。汉米尔顿的计划同样也不在我的一百二十个几何重要问题里，因为他当时还没发表任何成果，只是泛泛地玩味着这个想法，还没真的一头栽入。

　　我初次得知他的研究，是在1979年稍晚到康奈尔大学演讲的时候。汉米尔顿并没想到他的方程可以拿来解庞加莱猜想，他只是觉得这是个值得探索的有趣东西。我必须承认，当我初次看到他的方程时，也对它们的用途有所怀疑，这些方程看起来太难处理，但汉米尔顿还是坚持下去。1983年，他发表了一篇论文，揭示现在称为汉米尔顿方程的方程解。在那篇论文里，汉米尔顿证明了庞加莱猜想的一个特殊情形，亦即黎奇曲率为正时的情形。（黎奇曲率和物理有密切关系，第4章会再进一步讨论。）

　　起初的存疑使得我不肯轻易相信，于是我一行行仔细阅读汉米尔顿的论文。但他的论证立即说服了我，它的说服力强到我要求我在普林斯顿的三名研究生立刻去研究汉米尔顿方程。我随即跟汉米尔顿提议，他的方法可以用于证明关于三维空间分类的瑟斯顿几何化猜想，如果能成功，也将完整证明庞加莱猜想。在当时，我还不知道有其他任何工具能够胜任此任务。令我敬佩的是，汉米尔顿以莫大的毅力对付此问题，在此后的二十年里持续不懈地探索黎奇流，其间除了和我及我的研究生有些互动之外，大部分时间都是独力进行研究。

1984 年，汉米尔顿和我同时到加州大学圣地亚哥分校任职，他就在我的研究室的隔壁，我们互动的频率因此大幅提高。我带的学生全都去上他开的黎奇流讨论班。我们从他那里学到了许多，而我也希望或许曾给他一两个有用的建议。当我在 1987 年转职到哈佛大学时，最令我遗憾的，就是不能再和汉米尔顿紧密共事。

不论在他身边的是谁，汉米尔顿总是以坚强的毅力持续贯注在他的计划上。总计他发表了大约六篇重要的长篇论文，每篇都在 90 页左右。他的论证全都没有白费，所有成果最终都在攀登庞加莱高峰时用上了。

例如，汉米尔顿阐明了当空间在黎奇流的影响下变形时，圆凸状的几何物体总是会演变成球面，这和庞加莱的猜测是一致的。但他了解到，更复杂的物体无可避免会遇到障碍，产生折叠或其他奇点。这是没办法回避的，所以他需要准确知道会发生哪些奇点。为了罗列所有可能出现的奇点，汉米尔顿援引了我和李伟光以前做过的研究（我在此之前几年曾对汉米尔顿提过），把我们的结果做了令人印象深刻的推广。

　　我对这项工作的贡献可回溯至1973年，当时我正开始应用我为"调和分析"（harmonic analysis）发展出来的一种新技术。（调和分析用于描述平衡状态，是一门有数百年历史的数学领域。）我的方法是根据一种称为"最大值原理"（maximum principle）的研究策略，基本上就是去检视最糟的状况。举例来说，假设你想证明不等式 A 小于0，你可以问："A 的最大值是多少？"如果你能证明即使在最糟的情形，亦即 A 达到最大值时，最大值仍然小于零，那么你就完成这个证明，可以放心地提早下班回家了。我把最大值原理用于各种非线性问题，其中有些是和在中国香港时就认识的同学郑绍远（S. Y. Cheng）合作的。我们的研究在数学上是归类为"椭圆型"（elliptic）的几何和物理问题。虽然这类问题有可能极为困难，但因为它们并未涉及时间的变化，因而可以被视为是静态不变的，从而可以被简化。

　　1978年，李伟光（Peter Li）和我开始对付更复杂的、涉及时间的"动态"状况。特别是，我们研究了描述热在物体或流形中如何传导的方程。我们考虑某些特定变数随时间变化的情形。"李伟光－丘成桐不等式"（Li-Yau inequality）是我们在这个领域最为人知的贡献，它为热能之类的变数如何依时间变化提供了数学描述。汉米尔顿观察的是另一个变数，"熵"（entropy，用于测量系统的混乱度）的变化。李－丘关系式之所以被称为不等式，是因为某些东西（在此是某一时间点上的热或熵）会大于或小于另外的东西，像是另一时间点的热或熵值。

　　我们的研究提供了观察如何在非线性系统中发展出奇点的定量 [73]

方法，其做法是追踪两点距离如何随时间变化。如果这两点发生碰撞，亦即两点间距离缩小至零，那就是奇点了。了解奇点几乎是了解任何与热流动相关问题的关键。尤其是，我们的技巧提供了"尽可能逼近奇点"的方法，显示了在碰撞发生之前瞬间的情形，例如各点移动的速度等，就好像鉴识人员要重建车祸的事故现场一样。

为了获得奇点的特写镜头（数学家称之为"解开奇点"，resolve singularity），我们发展出一种特殊的"放大镜"。基本上，我们把视野拉近到空间被挤压成一点的区域，然后将该区域放大，并在放大过程中将皱痕或挤压点抚平。这种操作不是只做一两下，而是无穷多次。我们不但放大空间以便看到全部细节，而且也拉长了时间轴，形同把时间放慢下来。下一步骤则是比较奇点的形貌（亦即放大无穷多次后的极限状态）和两点碰撞之前的系统描述。李－丘不等式对于"事前"和"事后"快照的变动，提供了实际的度量。

汉米尔顿利用我们的方法得到黎奇流更详细的面貌，得以探测黎奇流可能形成的奇点结构。但因为汉米尔顿方程的架构比我们的还要更非线性（因此更复杂），要把我们的不等式结合进他的黎奇流，是一项非常艰难的工作，结果花费了他将近五年的时间。

汉米尔顿的研究理路之一是专注于一类特殊解，它们在特定参考系中看起来是静止的。这就像是在广义相对论中，你可以找到一个旋转参考系，使得位于某个旋转木马上的人与物看起来没有在移动，如此一来，情况分析起来就会容易得多。借由选择较易理解的静态解，汉米尔顿找到了把李－丘估计结合到他的方程里的最佳办法。这又让他能够更清楚地观察黎奇流的变化，也就是系统如何移动和演变。他特别想知道的是，奇点如何从时空的复杂变动中产生出来。最终，对于所有可能出现的奇点，汉米尔顿都能描述其结构（不过他还不能证 74 明所有这些奇点真的都会出现）。在汉米尔顿所列出的奇点中，除了一种之外，其余的他都有办法处理，可以用拓扑"手术"（surgery）消除。拓扑手术是汉米尔顿引入并在四维中广泛运用的概念。手术的程序非常复杂，但若能顺利执行，就可以证明所研究的空间，正如庞加莱的猜测确实和球面等价。

汉米尔顿始终无法以手术消除的奇点，是雪茄形的突起。所以假如他能论证雪茄型奇点根本不会出现，就能更清楚地理解奇点问题，从而大幅逼近庞加莱和瑟斯顿两大猜想的解决。汉米尔顿的结论是，要这么做的关键，是把李－丘估计推广到曲率不必为正的普遍情形。汉米尔顿立刻找我和他一起研究这个问题。结果这问题出奇顽强，然而我们还是有相当的进展，觉得达到目标只是迟早的事而已。

出乎我们意料的是，2002年11月时，一位圣彼得堡的几何学家帕瑞尔曼（Grisha Perelman）在因特网上，发表了一篇关于黎奇流技巧的几何学应用的论文。不到一年之内，他又在网上发表了另外两篇。帕瑞尔曼旨在以这三篇论文"实现汉米尔顿计划的某些细节"，以及"为几何化猜想的证明给出简短的说明"。[17] 他同样也使用李－丘不等式来控制奇点的行为，不过他结合这些方程的手法与汉米尔顿不同，同时还加入了许多他自己的创见。

就某种意义而言，帕瑞尔曼的论文真可说是晴天霹雳，因为没有人知道他在做与黎奇流相关的问题。在此之前，大家比较熟悉的，是他在另一个完全不同、称为"度量几何"（metric geometry）的领域的贡献，他因为证明了几何学家契格（Jeff Cheeger）和格罗莫尔（Detlef Gromoll）的著名猜想而奠定了名声。在2002年网上的论文出现之前，帕瑞尔曼几乎已经不和数学界往来，除了偶尔会有数学家收到他的电子邮件，询问关于黎奇流的文献。但既然帕瑞尔曼不太跟别人提起，或许根本没和任何人说他究竟在做什么，没有人会想到他正认真研究黎奇流，以解决庞加莱猜想。事实上，他的行为低调到甚至许多同行都不清楚他是不是还在做数学呢。

同样令人震惊的是论文本身，三篇论文总计仅仅68页，这表示将需要很多人花很长时间才能消化它们的内容，并把论文中只概略描述的关键论证补充完整。在帕瑞尔曼的许多研究结果中，他说明如何回避雪茄型奇点，从而化解了汉米尔顿不能解决的问题。事实上，现在普遍认为这项肇始于汉米尔顿、完成于帕瑞尔曼的计划，已经解决了百年难题庞加莱猜想，以及较晚出现的瑟斯顿几何化猜想了。

如果这项共识是正确的，汉米尔顿和帕瑞尔曼的整体努力，正可以代表数学的伟大胜利，同时也可说是几何分析的至高成就。他们的贡献远超过菲尔兹奖的得奖标准，帕瑞尔曼因此获奖。同样值得奖励的汉米尔顿，则因为菲尔兹奖得主年纪须少于40岁的规定，而失去获奖资格。谈及几何分析，依我估计，这个领域在此之前三十年所发展出来的定理、引理和其他各种工具，大约半数都被用于汉米尔顿和帕瑞尔曼的研究，最后终于道出庞加莱猜想与瑟斯顿几何化猜想的证明。

　　以上所述是几何分析这支大榔头所打进的几根钉子。但你可能还记得，我答应要介绍的是几何分析的三大成就。四维拓扑的进展，以及庞加莱猜想和导致其证明的黎奇流方法，构成了前两项。还没交代的第三项，则是我曾钻研多时的问题，让我们在下一章细说分明。

第 4 章
⁷⁷美到难以置信：卡拉比猜想

> 卡拉比猜想对于几何分析以及对于我个人影响都极为深远。
>
> 卡拉比所问的问题密切联系到爱因斯坦的广义相对论：
>
> 假如我们的宇宙全无任何物质，
>
> 它还会有引力吗？
>
> 如果卡拉比是对的，
>
> 曲率可以让空无一物的空间仍然有引力。

三大成就之三

　　几何分析这项新利器的第三项重大成就，是关于"卡拉比猜想"。这个猜想是由数学家卡拉比（Eugenio Calabi，自1964年起任职于宾州大学）在1953年提出的。往后的发展证明，卡拉比猜想对于几何分析以及对于我个人影响都极为深远。我认为自己能够巧遇，或者该说是一头撞上卡拉比的想法，是我莫大的幸运。（更何况那年头还不时兴戴安全帽，哈。）任何有足够才智和训练的数学家，都有可能对这个领域有所贡献，但要找到特别适合你的才智和思考风格的研究课题，就得依靠运气了。虽然我在数学上有过几次幸运的遭遇，但是遇见卡拉比猜想无疑是一个亮点。卡拉比猜想的问题形式，是要证明"复空间"(complex space，随后会解释）的拓扑性质以及其几何性质（或曲率）之间的联系。基本想法是以某个单纯的拓扑空间为起点，建立起某种几何结构，以便稍后再以各种方式处理。卡拉比所问的问题虽然在细节上极有原创性，但在形式上则是常见的几何学问题：给定一个一般的拓扑空间，或说粗糙的形体，究竟上面容许哪些几何结构？

这么说来，卡拉比猜想并不像是饱含物理意义的问题。且让我换 78 种方式重述一次。卡拉比猜想所讨论的是具有一种特殊曲率（称为"黎奇曲率"，稍后会解释）的空间，而一个空间的黎奇曲率和该空间的物质分布有关，如果我们说一个空间是"黎奇平坦"的，意思是它的黎奇曲率为零，亦即空间中没有物质。从这个角度来看，卡拉比所问的问题其实密切联系到爱因斯坦的广义相对论：假如我们的宇宙全无任何物质，它还会有引力吗？如果卡拉比是对的，曲率可以让空无一物的空间仍然有引力。不过他的表述更普遍，涉及的不仅是广义相对论所设定的四维时空，还包括任何偶数维度的空间。然而对我而言，把这个猜想放在这样的物理架构中来理解，是最令人兴奋的表达方

图4.1 意大利裔美国几何学家卡拉比
（照片提供：Dirk Ferus）

式。它和我的信念起了强烈的共鸣：数学中最深刻的理念，只要证明为真，几乎总是有重要的物理意义，并展现于大自然之中。

卡拉比表示，当他初次获得此构想时，"它纯粹是几何的，和物理毫无关系"。[1] 我并不怀疑他的说法。因为就算爱因斯坦不曾提出广义相对论，卡拉比猜想仍能以完全相同的方式表述，而且现有的证明也不必有一丝一毫的改变。但是话说回来，当卡拉比构思这个问题时，距爱因斯坦发表他的革命性论文已接近四十年，当时，爱因斯坦的理论已经广为流传。我相信，即使不是出自刻意，但我们在思考数学时，难免会不自觉想到爱因斯坦的物理理论。那时候，爱因斯坦的方程式已经把曲率和引力永远绑在一起，也已经牢牢地嵌入到数学里。我们甚至可以说，广义相对论已经成为整体意识的一部分。（或者，套用荣格的说法，是"集体潜意识"。）

无论卡拉比是否有意识地思及物理学，他的几何猜想与引力之间的联系，是促使我着手研究的主要动机。我体认到，证明卡拉比猜想可能是发现某些深刻奥秘的重大步骤。

像卡拉比猜想之类的问题，通常是以空间上的度量来表述。度量是用来决定几何空间中任意路径长度的一组函数，因此决定了空间的几何形状。一个拓扑空间可以有许多可能的形状，因此具有很多可能的度量。比方说，同一个拓扑空间，可以包含立方体、球体、角锥体或正十面体等形体，这些都是拓扑等价的，但度量都不相同。所以，关于一个空间可以"支持"怎样的度量，卡拉比猜想所问的，也可以说成：给定一个空间的拓扑形态，它容许怎样的几何形状？

当然，这并不是一字不差地引用卡拉比的语句。他想要知道的是，某一种紧致（亦即范围有限）的复流形（称为"凯勒"空间），如果满足特定的拓扑条件（关于一种称为"第一陈氏类等于零"的内禀性质，"陈氏"即陈省身），是否同样也能满足具备黎奇平坦度量的几何条件。坦白说，这个猜想所用的术语都很不容易理解，要替这些观念（复流形、凯勒几何、凯勒度量、第一陈氏类、黎奇曲率）下定义，得花好些工夫。我们接下来会一项项慢慢解释。总之，猜想的要旨在于，合乎上述这些复杂要求的空间，在数学上和几何上是可能存在的。

对我而言，这样的空间犹如钻石般稀有，而卡拉比猜想提供了找到它们的地图。如果你知道如何在一流形上解出该方程，而且能了解该方程的整体结构，那么你就可以在合乎该条件的"所有"凯勒流形上，使用相同方法来解出此方程。卡拉比猜想提供了普遍的法则，告诉我们"钻石"的确在那儿，我们寻找的特殊度量确实存在。即使看不到它璀璨的全貌，仍然可以确信它是真品。所以在数学理论中，这个问题犹如珍贵的宝石，或者也可说是未琢的璞玉。[80]

从这里产生出我最为人熟知的成果，这甚至可说是我的天职。不论大家的工作岗位是什么，每个人都希望能找到真正的人生使命，自己来到这世上的真正目的。对演员来说，那可能是饰演《欲望街车》（*A Streetcar Named Desire*）里的史丹利·科瓦斯基，或是《哈姆雷特》中的主角。对于消防员，那可能是扑灭一场超级大火。如果是执法人员，那可能是逮捕头号人民公敌。而在数学里，则可能是找出那个你命中注定要研究的问题。又或许，跟宿命毫无关系，只是找到一个你够幸运能解决的重大题目。

坦白说，我是一个比较务实的人，当我选择研究课题时，从来不曾想过"宿命"。我或者是去寻找新方向，希望能够带出一些日后证明具有重要意义的数学问题；又或者是挑选现有的问题，以期在更深刻地理解它之后，能引导我们见到另一个新视野。

存在已有一二十年的卡拉比猜想属于后者。我在进研究所的第一年就紧抓住这个题目，不过有时候，反倒像是问题缠上了我。在此之前，以及从此之后，都不曾有其他题目这么强烈引起我的兴趣，我感觉到它可以开启一门新的数学分支。虽然卡拉比猜想隐约与庞加莱的经典猜想相关，但我觉得它的意义还要更加深远，因为如果卡拉比的预感是对的，它将会得出一大类我们当时仍一无所知的几何空间，甚至还可能带来对于时空的新认识。对我而言，这个猜想几乎是无法逃脱的，在我早期的曲率研究工作中，不管哪一条路最后都指向卡拉比猜想。

预备知识 —— 复流形

在讨论证明之前，我们得先介绍一下其中涉及的几个观念。卡拉比猜想所讨论的是复流形的问题，前面已经说过，复流形是一种曲面或空间，但和我们熟悉的二维曲面不同的是，这些"曲面"并不仅限于二维，而可以是任何偶数维度。（只有复流形才有偶数维度的限制，一般的流形可以是任何维度，不论奇偶。）根据定义，流形在小规模或局部的尺度时，和欧氏空间很相像，但在大尺度或所谓的整体尺度时则可能极为不同。举例来说，圆是一维流形，在圆上任意选择一点，它的"邻近区域"看起来都像是线段。但如果整体来看，圆和直线就完全不同了。再往上一个维度，我们所居住的地球表面（球面）是一个二维流形，尽管我们深知地球表面整体是弯曲的，和欧氏平面完全不同，但是如果你只看地表上一片够小的面积，却像是完全平坦的，看起来就像平面的一部分或圆盘。我们得要看到大很多的区域，与欧氏空间的差别才会明显呈现出来，此时就得用曲率加以校正。

　　流形的一项重要性质是"光滑性"（smoothness），这是依照流形定义本来就具备的。如果某一空间的任何一小块局部区域看起来都像欧氏空间，那么它整体就必须是光滑的。不过，即使一个空间在某些点出现奇怪的现象，局部上不像欧氏空间，但有时几何学家仍会推而广之，称之为光滑的流形。例如，一个线状形体如果局部上出现两线相交的情况，那无论你围着相交点圈出的邻近区域再怎么小，两线相交所形成的十字永远都存在。这样的点永远没办法真正变得光滑，因此我们称之为"拓扑奇点"（topological singularity）。同理，在二维时，你也可以想象奇点长得像两平面相交于一线的情形。

　　这种情形在黎曼几何是司空见惯的。假设从一个已知如何处理的光滑形体开始，当我们逐渐往极限的状况推进时，例如把一个形体捏得愈来愈尖，或是把一道弯痕折得愈来愈锐利，就会产生奇点。几何学家并不是顽固保守的人，即使一个空间有无穷多个奇点，在我们眼中有时仍然可以算是一种流形，称为奇点空间或奇点流形，这些空间经常出现在正常光滑流形的极限情况。

　　以上是流形的简单说明，接下来我们要解释复空间的"复"是怎么回事。所谓复流形是以复数表示的曲面或空间。复数是形如 $a+bi$ 的

数，其中 a, b 为实数；i 是虚数单位，定义为 -1 的平方根。就像写成
(x, y) 的数对可以画在有 x, y 两坐标轴的平面上，写成 $a+bi$ 的复数也
可以画在有实轴和虚轴的平面上。

82　　　　复数是一种很有用的数。原因之一是有时候需要对负数开平方。
一旦有了复数，二次方程式 $ax^2+bx+c=0$，不管 a, b, c 值为何，都必定
有解。利用中学学过的公式，可以得到：

$$x = \frac{-b \pm \sqrt{b^2 - 4ac}}{2a}$$

如果允许有复数，当遇到 b^2-4ac 为负数时，你就不会束手无策，
方程式仍然可解。在解多项式方程式（也就是涉及一个或多个变数
和常数的方程式）的时候，复数不但很重要，有时甚至是不可或缺的。
许多问题的目标是求方程式的根，也就是找出多项式等于零的点。如
果没有复数，有些求根问题就没有解，最简单的例子是 $x^2+1=0$，这个
方程式没有实数解。只有在允许复数时，我们才能得到 $x=i$ 和 $x=-i$ 这
两个解。

复数对于理解波动行为，尤其是波的相位时十分重要。两个振
幅和频率相同的波，可以是同相的，此时波形叠合，波的振幅会加大，
产生建设性干涉；或者当两个波是异相时，振幅会部分或全部抵消，
因此产生破坏性干涉。而当把波表成复数时，我们只要把这些复数相
加或相乘，就可以看到干涉时相位和振幅所发生的变化。（当然不用
复数也仍然能做计算，但是会麻烦很多。这就像以地球为中心来计算
太阳系各行星的运动，虽然可以计算，但如果以太阳作为参考系的中

心，式子不但大幅简化，而且优美多了。）因此，复数能够描述波的价值，使得它在物理学中十分重要。在量子力学里，自然界的粒子都可以被描述成波，而量子论本身又是任何量子引力论（一种试图包纳一切的万有理论）的基本构成要素。对于这样的目标，以复数来描述波的做法显然大有裨益。

我们目前知道的第一个涉及复数的计算，出现在意大利数学家卡达诺（Girolamo Cardano）出版于1545年的著作中。但是直到三百年之后，复几何才成为一门重要的领域。真正把复几何推上舞台的是黎曼，他是最早认真检视复流形的数学家，而他所研究的复流形现在就被称为"黎曼面"。附带一提，在黎曼去世一个世纪后出现的弦论中，黎曼面变得很重要。当弦论的基本单位，一小圈的弦，在高维时空中移动时，它所扫过的就是黎曼面。在弦论的计算中黎曼面确实非常有用，因而成为现今理论物理学里研究得最透彻的曲面。而从物理得出的方程式又激发了数学的进展，因而黎曼面的理论本身，也从它和物理学的关系获益良多。

黎曼面和一般二维流形一样，也是光滑的，但因为它是能以复数描述的曲面（复数一维），所以还多了一些内在的结构。一个实曲面不见得有、但在黎曼面会自动出现的性质是，曲面的每一个小范围都会以特定方式和它的邻近区域相关。如果你取一小块弯曲的黎曼面把它投影到平坦面上，并且对邻近的小块曲面也做同样的投影，结果就是一幅地图，就如同用二维的世界地图来呈现地球表面一样。当制作出这幅黎曼面的地图时，地图上各点间的距离会被扭曲，但两线之间的夹角却可以维持不变。源自于16世纪的麦卡托投影地图，就是依据

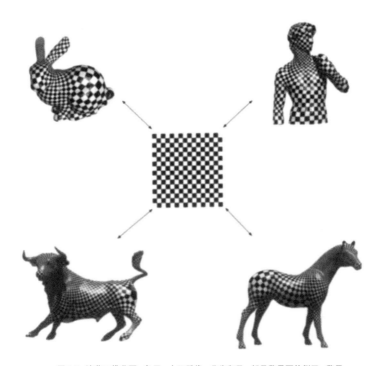

图4.2　这些二维曲面，兔子、大卫雕像、公牛和马，都是黎曼面的例子。黎曼面在数学和弦论里都非常重要。我们可以把黑白网格套到这些曲面上，方法是取网格上任何一点的坐标，通过某个数学"函数"，映射到兔子身上（或其他曲面上）的一点。但是这种映射不可能是完美的，因为除非这个二维曲面是环面，否则在任何欧拉示性数不为零的曲面上，这样的映射都会有奇点存在，就像球面上的南、北极一样。

　　然而这个过程仍然是"保角"的，意思是在这样从黑白网格映射到另一曲面时，包括网格直角在内的所有角度关系，在映射后都会保持不变。虽然区域 —— 例如黑白方格 —— 的大小，在映射到曲面后会有所扭曲，但方格四个顶点的直角在映射后，仍然会保持90度。这种保持角度的性质是黎曼面的一个特色

相同的想法，把地表看成是一个圆柱面，而非球面。这种维持角度不变的特征称为"保角映射"（conformal mapping），它能帮助船只维持在正确航线上，所以对数世纪前的航海非常重要。保角映射有助于简化黎曼面的计算，使得我们能够证明这些曲面的一些性质，而这是在

一般实曲面上无法证明的。最后，黎曼面和一般曲面不同，一定是可赋向的，意思是不管在空间何处，测量方向的方式，亦即选择的参考坐标，都能保持方向的一致性。（这和莫比乌斯带的情形不同。莫比乌斯带是典型的不可赋向曲面，当你绕行一圈回到出发点时，方向会颠倒，上变成下或者左变成右；顺时针的方向变成逆时针的方向。）

　　当你在黎曼面上，任何一点只有在很小的邻近区域时才像是欧 ^{84/85} 氏空间，因此从一点移动到另一点时，不可避免地必须变动所取的坐标系。但是这些小块区域必须以正确的方式整合起来，才能使得移动时能保持角度不变。这正是这样的运动或者"变换"称为"保角"的原因。当然，复流形可以有更高的维度，黎曼面只是其中的复一维版本而已。但不管维度的多寡，流形上的各个小块区域仍然必须以适当的方式拼接起来，才能符合复流形的条件。只是，对于高维的复流形，从一块区域移动到另一块区域，或是从一个坐标系移动到另一坐标系的时候，变换并不一定能保持角度。因此严格来说，这些变换并不是保角变换，但仍然是一维情形的推广。

预备知识 —— 流形上的度规

　　卡拉比所设想的空间不只是复流形，同时还必须具有一种称为"凯勒几何"［Kähler geometry，名称来自于德国数学家凯勒（Erich Kähler）］的特殊性质。黎曼面自动符合凯勒几何性质的要求，所以这个条件的真正意义，只在复二维以上的复流形才会显现出来。在凯勒流形里，空间在单一点上看来像是欧氏空间，而当你在偏离该点时，空间仍然会很接近欧氏空间，但会以一种特定的方式偏移。更精确一点说，是看起来像"复欧氏空间"，而不是单纯的古典欧氏空间，这意味着空间的维数必须是偶数，而且具有以复数表示的坐标值。这个区分很重要，因为只有在复流形上才能谈凯勒几何的性质，而凯勒几何又让我们可以用复数来计算距离。凯勒条件提示了该空间与欧氏空间相近的程度，而且这个标准和曲率并没有严格的关系。

要把一个流形与欧氏空间的相近程度予以量化，需要知道这个流形的度规。在所有坐标轴彼此垂直的平坦空间上，计算距离只需要用到毕氏定理。但在坐标轴并不必然垂直的弯曲空间中，事情就比较复杂，必须修正公式。此时距离的计算涉及了度规的系数，这是一组在空间中随位置不同，并且视坐标轴的取法而有所变化的数字。坐标轴的取法不同，度规的系数就会跟着改变。因此，度规系数本身的值并不那么要紧，因为它就某种意义来说是很任意的，真正重要的是这些系数在流形上如何随着位置的改变而变化。因为此一讯息透露出一个点和其他点的关系，这涵盖了你想知道的一切流形的几何性质。

我们在前几章提到过，四维空间需要10个度规系数。四维的度规张量是一个4×4矩阵，所以其实总共有16个数字。但是度规张量会沿着从左上到右下的对角线对称，即除了对角线本身的4个数，在它两边各有一组彼此相同的数字，每组6个数。由于这个对称性质，我们需要考虑的只有10个数（对角线4个，线的两边各是相同的6个），而不是16个数。

但我们还没解释度规是如何运作的。让我们以一个相对简单的例子来说明，这是实二维或复一维的例子：单位圆盘上的庞加莱度规

（Poincaré metric）。单位圆盘是满足不等式 $x^2+y^2<1$ 的所有点 (x, y) 所构成的集合，也就是以原点为圆心，半径为1的圆的内部。这在术语里叫作开单位圆盘，因为它并不包括圆周，亦即由等式 $x^2+y^2=1$ 所定义的单位圆。如果你将单位圆盘想成平面的一部分，使用普通测量距离的度量方式（也就是毕氏定理），那么这就只是高中解析几何的普通题材。因此重点是，我们要在这个圆盘上提供一个全新的度量方式，称为庞加莱度规。

因为圆盘是二维，庞加莱度规的度规张量是一个 $2×2$ 矩阵。矩阵中的每个位置是一个写成 G_{ij} 形式的系数，其中 i 代表列，j 代表行。这个矩阵看来像这样：

$$\begin{matrix} G_{11} & G_{12} \\ G_{21} & G_{22} \end{matrix}$$

由于前面提到过的对称关系，G_{12} 等于 G_{21}，而另外两个对角线上的数 G_{11}，G_{22} 则不一定相同。不过依照庞加莱度规的定义，两个非对角线的系数是零，而且 G_{11} 等于 G_{22}，两者都等于

$$\frac{4}{\left(1-x^2-y^2\right)^2}$$

对圆盘中的任何一点 (x, y)，度规张量可以告诉你在该点的系数。以 $x=\frac{1}{2}$，$y=\frac{1}{2}$ 为例，G_{11} 和 G_{22} 都等于16；另两个系数则和圆盘内任[87]何一点 (x, y) 的 G_{12} 和 G_{21} 相同，都是0。

　　现在，有了这些系数后，我们可以做什么呢？它们和距离有什么关系？我们在单位圆盘内画一小条曲线。但是不要把曲线看成是静态的线，而把它想成是一小颗粒在某段时间内从 A 点移动到 B 点时所划出的轨迹。问题是，根据庞加莱度规，这段轨迹的长度是多少？

　　要回答这个问题，我们将曲线分割成尽可能短、类似直线的线段，分别计算其长度，再把它们加总起来。这些线段，每一段的长度都可以用毕氏定理来求得近似值。首先我们把点坐标的位置 x，y 定义成时间的函数，因此 $x = x(t)$，$y = y(t)$。位置对时间的导数是速度，乘上瞬间的短时间 dt 就是距离，所以将 $x'(t) \times dt$ 和 $y'(t) \times dt$ 当成直角三角形的两股；利用毕氏定理，可得该段曲线的长度大概是 $\sqrt{\left(x'(t)\right)^2 + \left(y'(t)\right)^2} \times dt$。本来把上式从 A 到 B 积（加）起来，就是整条曲线的长度。但因为我们考虑的是庞加莱圆盘，必须考虑度规的因素，因此所积的量必须是毕氏定理结果乘以度规，亦即

$$\sqrt{\left(x'(t)\right)^2 + \left(y(t)\right)^2} \times \sqrt{\frac{4}{\left(1 + x^2(t) - y^2(t)\right)^2}} \times dt$$

　　为了更进一步简化，假设 $y(t)$ 都是 0，所以曲线只是 x 轴的一部分。我们以 0 为起点，沿着 x 轴以等速移动到 1。如果所花时间也是从 0 到 1，那么 $x(t) = t$，这表示在时间 1 单位等速移动 1 长度单位，所以速度 $x'(t) = 1$。另外，因为 $y(t) = 0$，表示在 y 方向上完全没有动，所以 $y'(t) = 0$。于是在前一段最后，要积分求距离的那串乘积，就可以简化成 $\frac{2}{1-t^2} dt$。很容易看出来，当（沿着 x 轴方向）让 t 靠近 1 时，$\frac{2}{1-t^2}$ 的值会趋近于无穷大，事实上，它的积分也会趋近于无穷大。

有一点需要注意：即使度规系数（此处的 G_{11} 和 G_{22}）趋近于无穷大，并不必然表示到边界的距离一定也会趋近于无穷大。但是在庞加莱度规的例子，情形确实如此。我们再仔细看看从原点往外移动时，这些度规系数的变化。当从原点开始时，$x=0$ 且 $y=0$，所以 G_{11} 和 G_{22} 都等于4。而如果愈接近圆盘的边缘，也就是 x 平方与 y 平方的和愈接近1时，度规系数就会变得愈大，因而以庞加莱度规测量的线段长度也就愈大。例如沿着直线朝 $y=x$ 或45度方向往圆盘边缘靠近时，当 $x=0.7$ 且 $y=0.7$ 时（半径大约0.99），G_{11} 和 G_{22} 约等于10000。当 $x=0.705$ 且 $y=0.705$ 时（半径约0.997），G_{11} 和 G_{22} 大约是100000；当 $x=0.7071$ 且 $y=0.7071$ 时（半径约0.99999），G_{11} 和 G_{22} 会超过100亿。

愈靠近庞加莱圆盘边界，这些系数不只是变大，而是接近无穷大，从原点到圆盘边界的距离也是如此。如果你是住在庞加莱圆盘上的一只往外爬的小虫子，我得告诉你一个坏消息：你永远爬不到圆盘的边界；好消息则是：其实你的损失也不大，因为以庞加莱圆盘这个空间而言，它其实是没有边界的。只有在我们把这个半径为1的开圆盘想成是平面上的普通圆盘，它才会以单位圆作为边界。但如果想成是以庞加莱度规来测量长度的庞加莱圆盘本身，这个圆盘并没有边界，任何想爬到边界的虫子，都只能抱憾而终。这个大家不熟悉，甚至有点违反直觉的事实，是来自于由庞加莱度规定义的单位圆盘所具有的负曲率。

预备知识 —— 凯勒流形的内在对称性

我们花了点时间来讨论度规，是为了要对凯勒度规和具备这种度规的凯勒流形能够稍微有点概念。一个度规是否为凯勒，和在空间上移动时，度规如何变化有关。凯勒流形是一组叫作"厄米特流形"（Hermitian manifold）的复流形的子类。在厄米特流形上，你可以把复数坐标的原点放在任何一点上，它在该点上的度规看起来像是标准的欧氏几何度规。但当你离开该点时，它的度规就愈来愈不像欧氏的。更明确地说，当移动到与原点的距离为 ε 时，度规系数本身的改变差异大致是 ε 倍。我们将这样的流形称为"一阶欧氏空间"。所以如果 ε 是 0.001 英寸（1 英寸 =2.54 厘米），当我们离开 ε 距离时，厄米特度规的系数与原先的差距会维持在约 0.001 英寸的误差内。至于凯勒流形则是"二阶欧氏空间"，这表示它的度规会更加稳定。当与原点的距离为 ε 时，凯勒流形的度规系数的改变大致是 ε^2 倍。沿用前面的例子，当 ε=0.001 英寸时，度规的变化误差只有 0.000001 英寸。

为何卡拉比要特别重视凯勒流形呢？要回答这个问题，我们得先考虑可能的选择范围。比方说，如果真的想要严格限制，你可以坚持流形必须是完全平坦的。但只要是二维以上的任何维度，唯一完全平坦的紧致流形就只有环面或它的近亲。就流形而言，环面其实相当简单，因而也相当受限。我们希望能够更多样，看到更多可能性。至于厄米特流形，则又嫌限制太少，它的可能性太多太多了。于是介于厄米特和平坦之间的凯勒流形，正具有几何学家经常寻找的那种特质：它们具有足够多的结构，因此不会难以操作，但是结构又不会多到限制过多，以至于根本找不到符合你的明确条件的流形。

关注凯勒流形的另一原因，是我们可以使用黎曼发明的工具来研究这些流形。早在爱因斯坦的时代，他就利用其中一些工具来研究物理问题。这些工具可以用于属于厄米特流形子类的凯勒流形，但并不适用于全部的厄米特流形。我们之所以想使用这些工具，是因为自黎曼发展之始，它们就已相当强大，而数学家又花了一个世纪继续加以磨砺。因此，既然我们已掌握了探索它们的工具，这就使得凯勒流形成为特别诱人的选择了。

不过原因尚不仅止于此。卡拉比还对这些流形所具有的几种对称性感兴趣，这些对称性和流形的切空间（tangent space）有关。切空间就像曲线各点的切线、曲面各点的切面一样，是由（切）向量所构成的。凯勒流形和所有厄米特流形一样，可以将流形上的向量乘以虚数单位 i，因此具有某种旋转对称性。在复一维时，切空间相当于复数平面，复数 $a+bi$ 可用点（a，b）来表示。假定（a，b）定义了一个以原点为起点的向量，当我们把这个向量乘以 i 时，它的长度不变，方向则旋转了 90 度。我们不妨以点（a，b）即 $a+bi$ 为例。$a+bi$ 乘以 i 得 [90] 到 $ai-b$，或写成 $-b+ai$，对应到复数平面上新的一点（$-b$，a），这点所定义的向量与原向量垂直且长度相同。如果把点（a，b）和（$-b$，a）画在普通的笛卡儿坐标上，然后测量连到这两点的向量的夹角，两向量确实垂直。这种把 x 坐标值换成 $-y$，并且把 y 坐标值换成 x 的运算，称为"J 变换"（J transformation），它就像是乘以 i 这个作用的实数版本。做两次 J 变换（可记成 J^2）和乘以 -1 的结果是相同的。在接下来的讨论，我们改用 J 变换来代替 i，因为不管是在脑海里或在纸上描绘时，用实坐标都比用复平面来得容易。再强调一次，请记得 J 变换在复一维时，是将 i 的复数乘法解释成二维空间的一种变换。

所有厄米特流形都有这种对称性；J 变换把向量旋转 90 度，但维持其长度不变。凯勒流形既然是一种厄米特流形，当然也具备这种对称性。除此之外，凯勒流形还具有一种"内在对称性"（internal symmetry），这是一种当你在空间中的两点移动时，仍须保持不变的微妙对称性，否则它就不是凯勒流形。我们在自然界中看到的对称，许多都和"旋转群"（rotation group）有关。以球面为例，有一种显然的对称性就是"旋转不变性"（rotational invariance），意思是，不管你把球面怎样旋转，它看起来总是一样不变的。这样的对称属于"整体对称性"（global symmetry），因为它同时作用在球面上的每一点。至于凯勒流形的内在对称则比较局部，因为它仅适用于度规的一阶导数。然而，运用微分几何的技巧，包括对整个流形做积分，我们可以看到凯勒条件及其相关的对称性确实指向了不同点之间有着特定的关系。如此一来，原先说是局部的对称性，借由微积分，就有了更广、更整体的适用范围，为流形上的各点之间建立联系。

这种对称的关键，在于 J 变换所造成的旋转，以及某种叫作"平行移动"（parallel translation 或 transport）的操作。平行移动就像 J 变换，也是一种线性变换：它将向量沿着曲面或流形上的路径移动，移动前后不但向量的长度不变，而且任两向量的夹角也维持不变。当遇到不容易画图观察平行移动的情形时，我们可以解微分方程，借由度规来精确决定向量平行移动的方式。

在平坦的欧氏平面做平行移动是很简单的：你只要维持每个向量的方向和长度不变即可。[1] 但在弯曲的曲面或一般的流形上，即使你想

---

1. 这就是我们普通说的平移，读者不要搞混平移和平行移动这两个概念，我们顶多只能说平行移动试图掌握平移的原则，应用在一般的曲面或流形上。——译者注

犹如欧氏空间一样，希望尽量维持向量的方向不变，但结果要远远复杂许多。

　　凯勒流形的特殊之处在于，如果在点P取一个向量V，把它沿着既定路径平行移动到点Q，在点Q会得到一个新向量W_1；接着对W_1做J变换，把它旋转90度，可得到另一向量JW_1。另一方面，我们也可以在点P就先对向量V做J变换，产生仍在P点上的新向量JV，然后沿着相同的路径把JV平行移动到点Q，从而得到W_2。如果这个流形是凯勒流形，那么不管你从点P到点Q采取什么路径来移动，分别依照这两种步骤平行移动后的向量JW_1和W_2永远都相等。换句话说，在凯勒流形上，J变换在经过平行移动后仍维持不变。这对一般的复流形并不一定成立。再换用另一种说法则是，在凯勒流形上，向量先平行移动再做J变换，或者先做J变换再平行移动，其结果相同。这两种作用是可交换的，先做哪个都无所谓，然而作用可交换这回事并不是在任何场合都成立的，正如罗勃·格林恩曾生动地比喻道："就像是先开门然后走到室外的动作，并不等同于走到室外（或试着如此做！）然后再开门。"[2]我们用图4.3来说明平行移动的基本观念。图中所示是实二维或复一维的例子，因为在纸面上只能呈现这种简单的维度。如此一来，使得这个例子相当乏味，因为旋转的方式很有限：只有向左转、向右转两种。[1]

　　但是在复二维或实四维上，与某一个向量垂直并具有给定长度的向量有无穷多个。如果用三维来类比，你可以想象有一片巨大的三夹

---

1. 恒等变换就是完全没有变化的变换，任何向量经过J作用四次，结果跟没有作用是一样的。所以说作用四次后，又回到恒等变换。——译者注

92　板平放在一个篮球上，板上各方向的向量都和圆心到切点的向量垂直。在此情形时，知道某一向量与现有的一个向量垂直，并不太能缩小可能性的范围，除非所在的刚好是凯勒流形。在这种情况下，如果你知道在某一点上做 J 变换的结果，就可以知道在远处的另一点做 J 变换时，会得到什么向量，因为你可以把在第一点的变换结果平行移动到第二点。

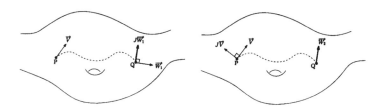

图4.3　在图左，我们把向量 V 从点 P 平行移动到点 Q，成为新向量 W_1。然后我们对 W_1 做 J 变换，把它旋转90度，得到的向量称为 JW_1。在图右，我们先在点 P 对向量 V 做 J 变换，得到一个转了90度的向量 JV。然后把 JV 平行移动到点 Q，成为新向量 W_2。这两种情形最终所得到的向量 JW_1 和 W_2 是相同的。这是凯勒流形的一个显著特征：不管先对向量做 J 变换再做平行移动，或是先做平行移动再做 J 变换，其结果相同。这两种运算的顺序可以交换

还有一种方式可以显示变换这种简单作用和对称性的关系。每做一次 J 变换可将向量旋转90度，因此如果执行四次，亦即旋转360度，向量正好转完一圈回到原位；这种情形称为"四阶对称"（fourfold symmetry）。或者换另一种方式来看，做两次 J 变换等于将向量乘以 -1，做四次 J 变换等于 $(-1) \times (-1) = 1$。这是我们所谓的回到恒等变换。

由于这种四阶对称性仅适用于一点的切空间，它若要能有用处，就必须能在空间中移动时表现出一致的行为。这种一致性是内部对称性的一个重要性质。我们不妨把它和指南针来比较。指南针只会指着

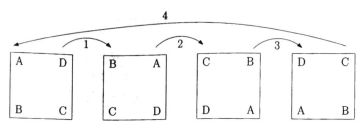

图4.4 正方形对于其中心点具有四阶对称性。也就是说，如果把正方形连续旋转四次，每次转90度，即可回到原始状态。因为J变换同样也是转90度，所以它也具有四阶对称性，操作四次即可回到原状。（技术上来说，J变换是施于切向量的，所以只是和旋转正方形之类的物体大致相似而已。）我们在正文中已说过，J变换是乘以虚数单位i的实数类比。乘以i四次等于乘以1，其情形如同做四次J变换，结果是回到原状

两个方向，北和南，就此而言，可以说它具有二阶对称性。假如你拿着指南针走动时，它竟然没道理地乱指方向，你只能认为你所在的空间并不是对称的，或者它的磁场弱得不起作用（也可能是你该买个新的指南针）。类似情形，如果J变换的结果视你在流形中的位置或移动方式而有不同，它就缺乏对称性通常赋予的秩序和可预测性。不仅如此，事实上你还知道这个空间根本不是凯勒流形。

以各种表现方式定义出凯勒流形的内部对称性，仅作用于流形的切空间。这算是一项优点，因为在切空间上，作用的结果不会受你所选的坐标系影响。一般来说，这正是我们在几何和物理上所寻求的特性，希望作用的结果与所选择的坐标系无关。简言之，我们不希望任意决定的坐标轴方向或是所选择的原点，会造成答案有所不同。

这个对称性为卡拉比所思考的数学世界加上了一组限制，大幅简化了问题，从而使得证明它的前景露出了一线曙光。然而，内部对称性也有卡拉比始料未及的其他影响，他所提出的这种对称其实是超对

称的一个特例，而日后发展证明，超对称对于弦论是极其重要的观念。

预备知识 —— 陈氏类

我们的最后两片拼图，陈氏类和黎奇曲率，是彼此相关的，它们是源自于几何学家尝试将黎曼面从复一维推广到多维，并从数学上刻画这些推广结果之间差别的努力。这把我们带到一个重要定理：高斯－博内定理，它适用于紧致黎曼曲面，以及其他任何无边界的紧致曲面。（"边界"在拓扑中的定义很直观：圆盘是有边界的，亦即有明确界定的边缘，而球面则没有。在球面上，不管你朝哪个方向走，而且不管走多远，都不会碰到或接近任何边缘。）这个定理是在 19 世纪时由高斯和法国数学家博内（Pierre Bonnet）所提出的，它建立了曲面的几何性质及其拓扑性质之间的关系。高斯－博内公式是说，上述曲面的总高斯曲率（或高斯曲率的积分）等于 2π 乘以该曲面的"欧拉示性数"（Euler characteristic）。而欧拉示性数 χ（希腊字母 chi）则又等于 $2-2g$，其中 g 是曲面的亏格（也就是曲面的"洞"数或"把手"数）。举例来说，二维球面没有洞，所以它的欧拉示性数是 2。在此之前，欧拉提出了另一条求任何多面体欧拉示性数的公式：$\chi = V - E + F$，其中 V 是顶点数，E 是边数，F 是面数。以四面体为例，$\chi = 4 - 6 + 4 = 2$，与球面的 χ 值相同。一个立方体有 8 个顶点、12 个边和 6 个面，所以 $\chi = 8 - 12 + 6 = 2$，再次和球面相同。因为欧拉示性数只和物体的拓扑，而非几何形状有关，那么这些几何相异，但拓扑相同的物体有着相同的 χ 值当然很合理。欧拉示性数 χ 是空间的第一个主要的"拓扑不变量"，也就是在拓扑等价但外观可能极为不同的各个空间上（例如球面、四面体和立方体），都能维持不变的性质。再回到高斯－博内公式。

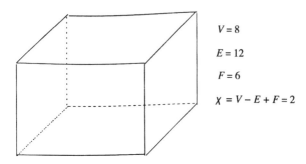

图4.5 一个可赋向（或是有两面）的曲面，拓扑上可由其欧拉示性数来描述。计算多面体的欧拉示性数有一条简单的公式（多面体即是由平坦的面和直线的边所构成的形体）。欧拉示性数χ等于顶点数减边数，再加上面数。对于本图所示的长方体，其值为2。四面体的欧拉示性数也是2（＝4-6+4），四角锥也同样是2（＝5-8+5）。因为这些物体都是拓扑等价的，所以它们理所当然有着相同的欧拉示性数2

由此，二维球面的总高斯曲率是$2\pi \times 2 = 4\pi$。至于二维环面，因为它的χ是0（$2-2g=2-2=0$），所以环面的总高斯曲率是0。把高斯－博内的原理推广到更高维，就会把我们带到陈氏类。

陈氏类是由我的指导老师陈省身所发展的理论，是一种在数学上刻画不同复流形的概略方法。简单来说，如果两个流形的陈氏类不同，它们就不可能相同；反之却不一定成立：两个不同的流形可能具有相同的陈氏类。

复一维的黎曼面只有一个陈氏类，即第一陈氏类，而对于这个情况，正好等于欧拉示性数。一个流形的陈氏类数目，视其维数而定，例如复二维的流形具有第一和第二陈氏类。至于弦论所关心的复三维（或实六维）流形，则有三个陈氏类。它的第一陈氏类为六维空间中的实二维子空间（子流形）各对应到一整数，其中所谓子空间是原空间的一部分形体，就像纸张（二维）可以摆在办公室（三维）里一样。

96　类似地，第二陈氏类为空间中的实四维子流形各对应一整数。第二陈
氏类则为这个复三维（或实六维）的流形本身指定一个数字，也就是
欧拉示性数 χ。事实上，对于任何复 n 维的流形，它的最后一个，亦即
第 n 个陈氏类必定对应到流形的欧拉示性数。

　　但陈氏类究竟告诉了我们什么？或者说，指定这些数字的目的何
在？其实这些数对于子流形本身并没提供多少信息，但是对于整个流
形，它们却透露出许多重要的讯息。这在拓扑学是很常见的：当要了
解复杂、高维的物体结构时，我们经常检视此物体中的子物体的数目
和类型。

　　打个比方，假设你给身在美国的每个人都编上不同编号。那么，
为个人指定的数字丝毫无助于理解他或她本人，但若把这些数字汇
总起来，就可以呈现出更大的"物体"——美国本身——的重要情报，
例如人口规模、人口成长率等。

　　我们还可以再举一个具体实例，来解释这个相当抽象的概念。让
我们依照惯例，从很简单的物体开始。球面是一个复一维或实二维
的曲面，它只有一个陈氏类，在这个情况等于欧拉示性数。回想一
下，我们在第 2 章讨论过，居住在球形行星上时，关于气象学和流体
力学的一些影响。例如风有没有可能在地表上的每一点都是由西向东
吹？在赤道以及赤道之外的任何纬度线，都很容易想象风如何向东吹。
但是在南极和北极的极点（这两点可以被视为奇点），却根本没有风，
这是球面几何的必然结果。对于这种有着明显例外的特殊点的曲面，

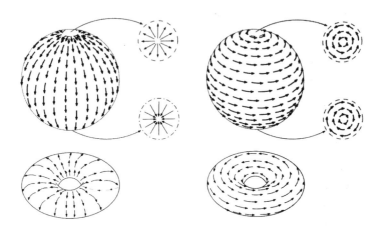

图4.6 第一陈氏类（对于本图中的二维曲面来说，正好等于欧拉示性数）与向量场中流动停滞的地方有关。在像地球的球面上，我们可以看到两个这样的点。如果流动是从北极往南极流（左上图），在两个极点上，所有表示流动的向量会彼此抵消，因此净流动为零。同理，如果流动是由西向东（右上图）还是会有两个根本没有流动的停滞点，同样又是出现在北极点和南极点，因为在此根本没有西向、东向可言。

如果是环面，情形就不同了。在此，流动可以是铅直的（左下图）或水平的（右下图），都不会遇到停滞点。由于环面上的流动没有奇点，所以它的第一陈氏类是零，而球面的则不是零

它的第一陈氏类不等于零。

接着再考虑环面。环面上的风可以往任何方向吹，不管是绕着中间的洞吹，由内环往外环吹，或是更复杂的螺旋模式，都不会碰到气流静止的地方，也就是没有奇点。风可以一直吹、一直吹，不会有所阻碍。像这样的曲面，它的第一陈氏类等于零。

再举一个例子。复二维（或实四维）的"K3曲面"的第一陈氏类等于零（第6章会进一步讨论K3曲面）。根据卡拉比猜想，这表示K3曲面就像环面一样，可以支持黎奇平坦度规。但是和欧拉示性

图4.7 判定一个物体的第一陈氏类，可以检视向量场的流动会停止的地方。例如像台风眼之类的气旋中心，风眼是一片风平浪静的圆形区域，直径可能在3～300千米之间，围绕在风眼之外的则是风暴最恶劣的地方。照片所示是1996年的飓风弗兰（Hurricane Fran）即将肆虐美国东部时的情景，它造成了数十亿美元的损失。（照片来源：NASA Goddard太空飞行中心大气实验室：由Hasler，Chesters，Griswold，Pierce,Palaniappan,Manyin，Summey，Starr，Kenitzer，de La Beaujardière等拍摄制作）

数为零的二维环面不同，K3曲面的欧拉示性数是24。这里的重点是，虽然在复一维时，欧拉示性数等于第一陈氏类，但在较高维度时，两者间可能有极大差异。

预备知识 —— 黎奇曲率

我们的最后一个关键词是黎奇曲率。要了解卡拉比猜想的意义何在，这是一个重要观念。黎奇曲率是一种更细致形式的曲率 ——"截面曲率"（sectional curvature）—— 的平均值。要知道截面曲率的意义，可以先看一个简单的例子：球面以及切于北极点的平面。这个平面垂直于从球心连到切点的直径，包含了所有以北极点为起点的切向量，因此称为该点的切平面。（同理，三维曲面上每一点会有三维的切空间，由所有通过切点的向量所构成；更高维的情形亦然。）北极点切平面上的每个向量，也会和通过南北极的大圆相切。假如把所有与切向量相切的大圆集合起来，就可以组成一个新的二维曲面。(在本例中，新曲面就是原来的球面，但是在更高维时，如此造出的曲面只是高维空间中的一个二维子流形。) 这个切平面所对应的截面曲率，就是这个新曲面的高斯曲率。

想求取流形上某一点的黎奇曲率，得先取该点上的一个切向量，然后找出包含该向量的所有二维切平面。每个切平面都有各自对应的截面曲率 (如上所述，就是该平面所产生的曲面的高斯曲率)，而黎奇曲率就是这些截面曲率的平均值。如果我们说一个流形是黎奇平坦的，意思是指对于任一点所取的任一个切向量，包含该向量的所有切平面的平均截面曲率都等于零，即使其中某些切平面的截面曲率可能不为零。

你大概已经猜到，这表示前面举例用的二维球面并不太有趣，因 [99] 为当我们在北极点取一个切向量时，包含该向量的切平面只有一个。如此一来，黎奇曲率就只是该平面的截面曲率，也就是球面的高斯曲率 (如果是单位球面，则其值为1)。但如果在高于复一维或实二维的更高维度上，可选取的切平面数就很多，结果就是，一个黎奇平坦的流形并不见得是整体平坦的，也就是说，未必是所有截面曲率 (高斯曲率) 皆为零。

截面曲率完全决定了黎曼曲率，而黎曼曲率又藏纳了流形的一切重要曲率信息。四维空间的黎曼曲率由20个数构成；若在更高维，则数字更多。"黎曼曲率张量"本身又可分成两项："黎奇曲率张量"和"外尔张量"(Weyl tensor)，后者在此不拟讨论。重点在于，在描述四维黎曼曲率所需的20个数或分量中，其中10个用于描述黎奇曲率，另10个描述外尔曲率。

黎奇曲率张量是爱因斯坦著名的场方程里的关键项，它显示物质和能量如何影响时空的几何。事实上，场方程式的左边所包含的是所谓的修整后的黎奇张量，而等式右边包含的是"应力能量张量"（stress energy tensor），用于描述时空中物质的密度和流动。换句话说，爱因斯坦场方程是把时空中某一点上的物质密度和动量的流动与黎奇张量等同起来。如上所述，黎奇张量只是整个黎曼曲率张量的一部分，单凭它并无法决定整个曲率。但如果能援引我们关于整体拓扑的知识，或许就能推导出时空的曲率。

在质量和能量为零的特例里，方程可化简成：修整后的黎奇张量等于 0 。这就是真空爱因斯坦方程，虽然它看来似乎很简单，但别忘了这是非线性偏微分方程组，这类方程几乎没有容易解的。非但如此，因为张量本身包含了10个独立项，所以真空爱因斯坦方程是由10条不同的非线性偏微分方程所组成。这个方程其实和将黎奇曲率设为零的卡拉比猜想很相像。

你大概不会讶异，我们可以为真空爱因斯坦方程找到一个平庸解，平庸的原因在于这是一个什么都没有的时空：没有物质、没有引力，也没发生任何事情。但除此之外，还有一个更引人入胜的可能，而这正是卡拉比猜想要问的：真空爱因斯坦方程是否还有不平庸的解？答案是"有的"，我们会在后文里解释。

卡拉比猜想的叙述

就在20世纪40年代中期，陈省身提出陈氏类的想法之后不久，他证明了：黎奇曲率为零的凯勒流形，它的第一陈氏类必定也是零。卡拉比把这个命题翻转过来，询问是否某些拓扑条件本身即足以决定几何性质，或者更准确地说，足以"允许"某种特定几何性质被决定。像这样的逆命题并不必然成立。例如我们知道，一个光滑且没有边缘的曲面，如果高斯曲率恒大于1，那它必定是有界或紧致的，不可能会跑到无穷远去。但是反过来，一般的紧致光滑曲面并不一定会有高斯曲率大于1的度规。举例来说，环面是完全光滑和紧致的，但它的高斯曲率并不能恒为正，更不消说大于1了。正如前文所述，在这样的曲面上，零高斯曲率的度规是完全可能的，然而处处都是正曲率的度规则必不存在。

所以，卡拉比猜想面临了两大挑战：其一，作为一个众所周知定理的逆命题，并不足以保证其为真。再者，即使猜想为真，证明存在有符合要求的度规，也会极其困难。就像在它之前的庞加莱猜想，卡拉比猜想（或者该说是这个猜想的一个重要特例）只需要一句话即可概括：第一陈氏类为零的紧致凯勒流形，必存在黎奇平坦的度规。然而要证明这句话成立，却花了二十年以上的时间。证明之后又过了数十年，我们仍然不清楚它的影响有多深远。

卡拉比回忆道："当时我正在研究凯勒几何，然后了解到一个空间若允许一个凯勒度规，就会允许其他的凯勒度规。只要看到其中一个，即可轻易得到所有其他的。我试着找出是否有一个较好的度规，不妨说，一个'比较圆'的度规，一个能提供最多讯息，而且最不弯扭的平滑度规。"他说，卡拉比猜想就是要找出"最佳"的度规。[3]

101　　　或者如罗勃·格林恩所云："你是要找出上帝赐予你的那个度规。"[4]

　　对几何而言，最佳度规往往意味着"齐同"（homogenous）的特性，也就是某种均匀性。当你知道曲面的一部分，差不多就可知道它的全貌。例如由于球面的曲率处处相同，也就是截面曲率是常数，所以球面就是这样的均匀空间。球面是规律性的极致，不管从哪个方向看都一样；不像，比方说，橄榄球的两端就尖得很明显。球面的这个性质虽然很吸引人，但是复维数大于一的卡拉比–丘流形的截面曲率，不可能是常数，除非它是完全平坦的（如此一来，它的截面曲率会处处等于零）。如果在要找的流形里排除这个性质，也就是说，不是完全平坦而无趣的，那么"次佳方案是使其曲率尽可能是常数"，卡拉比如此说道。[5] 而这个次佳方案就是黎奇曲率是常数的情况，或者更明确言之，是黎奇曲率为零。

　　完整的卡拉比猜想并不仅限于黎奇曲率为零。黎奇曲率为常数的情形同样也很重要，特别是在负曲率时，我最终用它解决了几个代数几何的著名问题（详见第6章）。尽管如此，黎奇曲率为零的情形仍有其特殊地位，因为它的曲率不仅是常数，而且不多不少恰恰是零。这就形成了一项重要挑战：找出一个或一整类流形的度规，使其不仅近乎完美，而且不会无趣。

一切听起来都很美妙，不过这儿有个陷阱：卡拉比真的对吗？在卡拉比提出猜想二十余年以来，除了他本人之外，没有几个数学家相信他的猜想是真的。其实，许多人反倒觉得它好到不可能是真的；我就是其中之一。但我不愿把怀疑藏在心里，只在场外指指点点而已。

恰恰相反，我下定决心要证明卡拉比猜想是错的。

第 5 章
103 证明卡拉比（是错？ 是对？ ）

> 每当我以为终于把证明搞定时，
>
> 论证总会在最后一刻崩溃，
>
> 一次又一次重演，令人愈发沮丧。
>
> 两周的煎熬下来，
>
> 我判断必定是我的推理出了差错。
>
> 唯一的办法是改弦易辙，改从反方向进攻。

数学证明有点像登山。第一步当然是需要找到值得攀登的山岳。试想象走到一片犹待探索的遥远蛮荒之地。单单要找到这样的所在就需要一点智慧，更不用说探知当地是否真有值得追寻之物。然后，登山者要设计攻顶的策略，他的计划至少在纸面上看来必须是完美的。等到筹集好必需的工具和装备，并且娴熟应有的技巧之后，登山者开始向上攀登了，但却可能因种种意外的困难而受阻。然而后来者踵继前人的足迹，运用更成功的策略，同时也试探不同的路径，因此又达到了新的高度。最后，总会有人不仅拟出了避开过去种种缺陷的完善计划，同时还具备决心和毅力，而终能登上山顶，或许还插上一面旗子作为标记。

做数学不必冒那么大的生命和肢体风险，探险历程在旁人看来也没那么明显。而且在一个漫长的证明终于完成时，数学家也不会插上旗子，而是打上句点，顶多是加上注释，或是补充技术性的附录。然而在我们的领域里，追寻的过程同样也有悲喜苦乐；那些能对大自然深藏之奥秘提供新视野的人，仍会被飨以功勋。

试图否证卡拉比猜想

卡拉比在数十年前就发现了他的山岳，但在20世纪70年代初，要让我和其他许多人相信它真的是一座高山而不是小土丘，还得花一点说服工夫。他提出的命题很引人遐思，但我并不信服。我觉得有太多地方值得怀疑。最起码，人们怀疑在无边界的紧致流形上，怎么可能容许一个不无聊的黎奇平坦度规（当然要先把平坦环面排除在外）。事实上，我们连一个例子都还没找到呢，而卡拉比居然宣称会有一大类，甚至可能无穷多的流形符合这个条件！

再者，就像罗勃·格林恩所说的，卡拉比选择了一个非常宽松的拓扑条件，却用它来找出一个非常特殊的几何结果，让整个空间有某种均匀齐整的性质。这项结果对于不存在复结构的实流形并不成立，但卡拉比却猜测对于复流形它或许成立。[1]把格林恩的论点再加解释，卡拉比猜想基本上是说，先以复一维或实二维的情形为例，如果有一个曲面容许曲率平均为零的条件曲面，那就真的可以找到一个度规（因此决定其几何性质），使得其曲率处处为零。

而在更高维的情况，卡拉比猜想明确限定在黎奇曲率（在实二维时等于高斯曲率，但在更高维则两者不同），而且曲率平均等于零的条件，被换成了第一陈氏类等于零。卡拉比断言，如果满足第一陈氏类等于零的拓扑条件，那么就存在有一个黎奇曲率为零的凯勒度规。如此一来，就把一个非常宽松、不特定的叙述，替换成一个强很多且限制明确的叙述。这就是为何格林恩（以及几乎所有人）会对这个猜想非常惊讶的原因。

除此之外，还有一些技术性因素令我感到疑虑。数学家普遍认为，没有人能写下卡拉比猜想的精确解，顶多只是少数一些特例。如果这个认定是对的（最终证明确实是如此），就会令人对于证明的可能性更感到绝望。这也是众人认为整个猜想"好到难以置信"的原因。

我们不妨举一个数论的例子来做个比较。虽然有很多数我们可以直接写下来，然而还有远远更多的数是无法明确写出来的。这些数称为"超越数"（transcendental number），其中包括 e（2.718 …）和 π（3.1415 …），即使我们写到小数点以下一兆位，写出的部分仍然不完整。用技术性的术语来解释，这是因为超越数不能用代数操作构造出来，而且也不是系数为有理数的多项式方程式的解。它们只能以某种规则来定义，这表示我们并不是以完整无误写出的方式来理解这些数。

卡拉比猜想所涉及的非线性方程也是类似的。我们并不期望能像写下精确的解答公式那样，以干净、明确的方式来解出这些方程 —— 在绝大多数情况下，这是不可能的。我们尝试以熟悉的函数来逼近它，例如用多项式函数、三角函数（正弦、余弦、正切函数等）以及另外一些函数。如果不能以我们知道如何处理的函数来逼近它们，那么麻烦就大了。

有了以上这些背景，我试着利用闲暇时间来寻找卡拉比猜想的反例。其中不乏令人兴奋的时刻：我会找到某个似乎能否定猜想的进攻路线，但稍后不免发现我那看似完美无瑕的推理总是有着缺陷。这样的情形屡屡发生。1973年时，我得到灵感，心中觉得这次真的大有可为。我采取的策略是归谬证法，和孙理察与我证明正质量猜想时的策略是类似的。在我来看，我的论证无懈可击。

很凑巧地，我这次的灵感也是在1973年斯坦福大学举办的国际几何研讨会上得到的，亦即格罗赫谈到正质量猜想的那场研讨会。一般来说，参加学术会议是得知你的领域内和领域外最新进展的好方法，而这次也不例外。它们是和难得见面的同行互相交换想法的绝佳场合。然而，难得会有一场研讨会就此改变了你的生涯历程，遑论改变两次！

与会期间，我不经意地和一些同行提到我或许找到了可以彻彻底底否证卡拉比的方法。虽然我已经排定了几场正式演讲，但在几番怂恿之后，我还是答应在某一天的晚饭后，非正式地谈谈我的想法。当晚大约来了二十人，气氛非常热烈。当我讲完后，大家似乎都同意这推理很扎实。当时卡拉比也在场，他也没有提出异议。他们说我这项研究成果是对本次会议的一大贡献，事后我也觉得很满意。   106

可是数月后，卡拉比跟我联络，因为他对论证里的某些细节感到困惑，因此要求我把论证写下来。于是我开始以更严格的方式来证明猜想是错的。由于收到卡拉比的信，我感觉非得提出证据，以支持我的大胆断言。因为这股压力，我努力工作了两个星期，几乎没怎么睡，把自己逼到几乎虚脱。但每当我以为终于把证明搞定时，论证总会在最后一刻崩溃，一次又一次重演，令人愈发沮丧。两周的煎熬下来，我判断必定是我的推理出了差错。唯一的办法是改弦易辙，改从反方向进攻。换句话说，我改而认定卡拉比猜想必定是对的！这令我的处境有点微妙：在如此努力否证猜想之后，我又倒过来要证明它成立。而如果猜想是对的，那么伴随它而来的一切，那些我们以为"好到难以置信"的一切，也必定都是对的。证明卡拉比猜想意味着证明存在黎奇平坦度规，也就意味着要解偏微分方程。这可不是普普通通的偏微分方程，而是某一种高度非线性的偏微分方程：复系数蒙日–安培方程。

蒙日–安培方程

蒙日–安培方程的名称得自于法国数学家蒙日（Gaspard Monge）以及法国物理学家兼数学家安培（André-Marie Ampère）。蒙日约在法国大革命之时开始研究此类方程，安培则在数十年后继续他的工作。这类方程可是出奇的难。

要了解蒙日–安培方程，卡拉比建议，或许我们能从现实世界中找到最简单的例子，是一片贴在固定钢圈上的平坦塑料布。假定这片塑料布既没有刻意拉紧，也不会太松，那么当我们推挤这片塑料布时，它所形成的曲面会怎么弯曲或变化呢？如果是在中央处拉开，它会造成正曲率的向上隆起，这种蒙日–安培方程的解是"椭圆"（elliptic）型的。反过来说，如果塑料布的中心向内弯扭，曲面会变成曲率处处为负的鞍形，而其解是"双曲"（hyperbolic）型的。最后，如果曲率处处为零，则其解为"抛物"（parabolic）型。不管哪一种情形，要解的原始蒙日－安培方程都是一样的，但是"必须用完全不同的技巧来解"，卡拉比说道。[2]

在上述三种微分方程里，我们分析椭圆型的技巧最为完备。椭圆型方程处理较简单的静止状况，物体不随时间或在空间中移动。这类方程用于描述不再随时间变化的物理系统，例如停止振动、回复平衡的鼓等。不仅如此，椭圆型方程的解也是三种里最容易理解的，因为当把它们绘成函数时，看来是光滑的，而且尽管在某些非线性椭圆型方程中会出现奇点，但我们几乎不会碰到棘手的奇点。

双曲型微分方程描述的是像永远不会达到平衡状态的波与振动。和椭圆型不同，这类方程的解通常有奇点，因此处理起来困难许多。如果是线性的双曲型方程，我们还可以处理得相当好（线性指的是当改变某一变数的值时，另一变数的值会成比例变化），但如果是非线性双曲型方程，我们就没有有效的工具来控制奇点。

抛物型方程则介于两者之间，描述的是最终会趋于平衡的稳定物理系统，例如振动中的鼓，但因还未到达平衡状态，因此必须考虑时间的变化。与双曲型相比，这类方程较少出现奇点，而且就算有，奇点也会慢慢趋于平滑，因此就处理的困难度而言，也介于椭圆型和双曲型之间。

然而，数学上的挑战还不仅止于此。虽然最简单的蒙日－安培方程只有两个变数，许多方程则有更多变数。有些方程已超出双曲的程度，有时称为超双曲型；关于这类方程的解，我们所知甚少。诚如卡拉比所说的："一旦超出了熟悉的三种类型，我们就对方程的解毫无头绪，因为在此并没有物理世界的现象可资援引。"[3] 由于这三类方程的难易度有所不同，迄今为止，绝大多数来自几何分析的贡献，都

108　是关于椭圆型和抛物型的情况。当然我们对三类方程都有兴趣，而且双曲型方程还有许多引人入胜的问题，像是完整的爱因斯坦方程。只要还有余裕，数学家当然是非常想要解决的。

幸运的是，卡拉比猜想的方程属于非线性椭圆型方程。那是因为，虽然它和属于双曲型的爱因斯坦方程有关，但卡拉比猜想根据的是一个稍有不同的几何架构。在此，我们冻结了时间，就好像童话故事《睡美人》的场景，百年之间没有人动弹一样。如此一来，排除掉时间因素后，卡拉比猜想就被置于比较简单的椭圆型类别。基于这个理由，我觉得几何分析的工具，包括某些前几章提过的方法，或许能够运用于解决这个问题。

先以闵可夫斯基问题试身手

但是即使已经具备了这些工具，仍然有许多准备工作要做。第一道难关，是在此之前，除了复一维的情形外，还没有任何人解过复系数蒙日－安培方程。就像登山者不断挑战更高的山岳，我则是向更高维挑战。为了培养攻克高维蒙日－安培方程的实力（它们有多么非线性是不消说的），我和我的朋友郑绍远开始研究某些高维的题目，先从实数的情况着手，然后再对付更难的复方程。

我们首先找上的是闵可夫斯基在19世纪与20世纪之交所提出的著名难题。闵可夫斯基问题涉及先取一些预设信息为条件，然后判定符合这些条件的结构是否存在。以一个简单多面体为例，当你检视这样的结构时，可以借由其面数、边数和尺寸来刻画它。而闵可夫斯基问题则是反过来问：如果被告知面的形状、面积、数目和方向，你能否判定有没有符合这些条件的多面体？若有的话，是否唯一？

实际的闵可夫斯基问题的范围更广，因为它适用于任意的凸面（convex surface），而不只是多面体。其中各面的方向条件，则改用曲面各点的指定曲率来取代，而这些曲率则是各点的法向量（normal vector）所对应的函数值，这相当于描述曲面各点所指的方向。然后你可以问，具有上述指定曲率的物体是否存在。将问题这样表述的一大好处，是问题不再以纯几何的形式来呈现，它也可以写成偏微分方 [109]程。纽约大学理工学院的鲁特维克（Erwin Lutwak）解释说："如果能解出这个几何问题，附带还可以得到一项大礼：你同时也解决了一个可怕的偏微分方程。几何和偏微分方程之间的交互关系，是这个问题如此重要的原因之一。"[4]

郑绍远和我找到一个方法来解这题，我们的论文在1976年发表。[不过后来发现，另一个独立的解答，已在数年前由俄罗斯数学家波戈列洛夫（Aleksei Pogorelov）发表在1971年的一篇论文里。论文是以俄文撰写的，所以郑绍远和我原先并不知道该篇论文存在。]总结起来，关键在于解一个先前无人解过的复非线性偏微分方程。

即使先前不曾有人解过这个问题（波戈列洛夫除外，但是当时我们并不知道他的研究），但是关于如何处理非线性偏微分方程，却已有一套明确的既定程序，称为"连续法"（continuity method），这是一种采取一连串估计的方法。方法本身并不新奇，诀窍在于能制定出一套对于手上问题特别有效的策略。连续法的基本想法是通过一次次愈来愈准确的估计来逐渐逼近解答。证明的本质在于论证经过足够多次的迭代之后，这个过程可以收敛到一个良好的解。如果一切顺利，最后你得到的，仍然不会是可以作为解而写下来的明确算式，而只是证明出该方程的解的确存在。就卡拉比猜想以及与它同性质的问题而言，证明某一偏微分方程有解，就等于几何里的存在性证明，说明给定某一"拓扑"条件，则合乎该条件的特定几何形体确实存在。不过这也并不表示你只证明了有解，却对解一无所知。因为你证明解存在的方案，可以转化成运用电脑计算来逼近答案的数值技巧。（我们在第 9 章还会谈到数值技巧。）

图 5.1 数学家郑绍远（George M. Bergman 拍摄）

连续法这个名称的由来,是因为它从已知如何解的方程的解开始,然后将这个解连续不断地变形,直到得出你想求解的方程的解才结束。这个用于卡拉比猜想证明的程序,通常分为两部分,其中之一只在已知解的附近才有用。

这一部分通常可称为牛顿勘根法,它大致是根据牛顿在三百年前发明的一种解题技巧。我们用一个例子来说明牛顿勘根法如何运作好了:函数 $y=x^3-3x+1$ 的函数图形,是一条与 x 轴交于三点(有三个根)的曲线。光看方程式并不容易看出这三个根落在哪里,但牛顿勘根法可帮助我们找出它们的位置。先假定我们无法直接解出这个方程式的根,但我们猜测有一个根在点 x_0 附近,如果我们取这个方程的曲线在点 $(x_0, x_0^3-3x_0+1)$ 的切线,这条切线会和 x 轴交于另一点 x_1,x_1 会比 x_0 更接近真正的根。接着我们再取曲线在点 x_1 的对应切线,则切线会和 x 轴交于更接近根的点 x_2。如果一开始的猜测误差不大,这个过程很快就会收敛到真正的根 x。

再举一个例子。假设我们有一系列的方程式 E_t,其中只有一个 [111] 方程 E_0(当 $t=0$ 时的情形)我们知道怎么解,但我们真正想解的是 E_1,也就是 $t=1$ 时的方程。当 t 很接近 0 时,因为我们知道 E_0 的答案,所以可以使用牛顿法,但牛顿法不见得可以把我们一路带到 $t=1$,因此我们需要使用另一个、应用范围更广的估计技巧。

该怎么做呢?假设有人朝太平洋发射了一枚飞弹,落在比基尼环礁半径100英里(1英里 = 1.6093千米)的范围内,这样我们大致知道了飞弹的落点,但如果还想知道更多,例如它飞行时的速度、加速

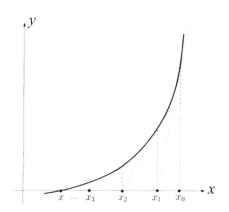

图5.2　图为牛顿勘根法的简单说明。要找出某一特定曲线（即函数）与 x 轴的交点，我们先从一个最佳估计 x 开始，然后取这条曲线在点 x_0 的对应切线，看看它会和 x 轴在哪里相交（我们把交点称为 x_1）。再对 x_1 做同样的操作，如此一直下去。假定初始估计误差不大，我们会逐渐逼近真正的解，点 x

度和加速度的变化率，那就得用微积分来对描述飞弹轨迹的方程求一、二、三阶导数。（我们还可以求更多阶导数，但对我所研究的二阶椭圆型方程，求到三阶导数通常就够了。）

　　在偏微分方程中，光是求这些导数可能就很难了，但是单单如此还不够。我们还必须能"控制"它们。"控制"指的是定出其上下界，确保它们不会太大或太小；换言之，确保我们所得的解答是"稳定"的，不会暴冲到无穷大以致失效，使得求解的过程徒劳无功。所以我们从零阶导数，即飞弹的位置开始，看看能否设定某个上下界，也就是做估计，至少提示出解存在的可能性。然后我们再对每个更高阶的导数都做估计，确认所有估计都不会太大或太小，而且描述这些估计的函数不变动得太剧烈。这涉及对速度、加速度和加速度变化率等做所谓的"先验估计"（a priori estimate）。如果我们能以此方式，从零阶一路到三阶导数都建立控制，一般而言，我们就对整个方程有了良好的控制，也很有机会解出方程式。这种估计过程，以及证明估计本身可以被控制的过程，通常是整个解题过程中最困难的一环。

所以，说到底一切都在于估计。我首次体认到估计对于解决这类问题的重要性的经验，其实是有点讽刺的。记得当我刚进研究所时，我在柏克莱数学系的大厅遇到两位意大利博士后研究员，他们正欢喜雀跃边叫边跳。我问他们发生了什么事，他们说刚得到一个估计。当我问他们估计是什么时，他们当下的反应就像是说：你是没资格走进数学系馆的无知者。有了这次经验，我下定决心要学会先验估计这门学问。比我早数十年，卡拉比也经历过类似的遭遇。他的教训来自他的朋友兼合作者尼伦柏格。尼伦柏格对他说："跟着我念一遍：没有先验估计，就解不了偏微分方程。"[5] 在20世纪50年代初，当卡拉比写信给威尔谈论他的猜想时，威尔觉得当时的"技术"还没成熟到可以求出解答，劈头问他的就是："你要怎么得到估计？"[6]

二十年后，当我涉身其中时，问题本身并没有改变，它仍是出奇的难，但是工具已经进步到有可能可以求出解答的地步。关键在于要设想出进击的路线，或至少构建出立足点。于是我挑选一个较简单的方程，试着证明其解最终可以"变形"成较困难方程的解。

假设你想求方程式 $f(x) = x^2 - x$ 的根（想象我们不会直接解这个方程）。一开始我们可以试试 $x=2$，得到的是 $f(2) = 2$，而不是 0。不管怎样，2 虽然不是 $x^2 - x = 0$ 的根，但至少 2 是类似方程 $x^2 - x = 2$ 的根。接下来，我写出一组以 t 为参数的方程 $x^2 - x = 2t$。我知道当 $t-1$ 时的解 [113]

是2，但我真正想解的是$t=0$的情形，也就是原始方程式$x^2-x=0$。所以我该怎么做？观察参数t。我已经知道$t=1$时方程式解是2，若把t稍微挪一下，使得它不是1但仍很接近1，会发生什么事呢？我们可以猜测当t接近1时，$x^2-x=2t$会有一个解在2附近。这个假定在大多数情形下都成立，这就表示，当t接近1时，我们可以解出这个方程。

现在我把t渐渐变小，往0靠近，使得我们接近原来的方程式。在过程中，我不但不断把t变小，而且还确定对于所送的每个t值，都可以找到一个解。所以对这一系列愈来愈小的参数t，相对应的就有一系列解，在此将其统称为x_i。这项操作的重点在于证明数列x_i最后会收敛到某一特定值。要做到这点，我们必须先论证x_i是有界的，不会跑到无穷大去，这是因为任何有界的数列至少其中某个部分数列必定会收敛。证明了x_i收敛，等价于证明我们可以从$t=1$一路减少至0，途中不会碰到任何阻碍。若能做到这点，就表示方程式在$t=0$是可解的，因此就证明了本来的方程式$x^2-x=0$必定有解。

这正是我用来证明卡拉比猜想的论证方法，关键之一在于能够证明x_i是个会收敛的数列。当然，在处理卡拉比猜想时，起始的方程式远比$x^2-x=0$复杂许多。在这个情况里，方程解x_i，并不是数而是函数，这大幅增加了证明的复杂度，因为函数的收敛性几无例外，总是非常难证明的。

我们再次把一个大题目分割成几个小问题。卡拉比猜想的方程是二阶椭圆型方程，要解这样的方程，我们必须先求出其零阶、一阶、二阶和三阶估计。一旦完成这些估计，并证明它们收敛到想要的解答，也就证明完了整个猜想。不过，事情总是说来容易做来难，因为求出这四个估计绝非易事，否则也就不叫研究了。

狄利克雷问题

但在郑绍远和我向复蒙日－安培方程进攻之前，仍有更多的前导研究得做。我们先从狄利克雷问题开始，这个问题因德国数学家狄利 [114] 克雷（Lejeune Dirichlet）而得名，属于所谓的"边界值"（boundary value）问题。当要解椭圆型微分方程时，第一步通常是处理边界值问题。我们在第3章讨论过的普拉托问题，就是边界值问题的一个例子。普拉托问题通常是以肥皂膜为例，说明对于任意的封闭曲线，必定能找到以其为边界的最小曲面。在这曲面上的点，同时也可以表示成一个特定微分方程的解。简而言之，狄利克雷问题是这样的：如果已经知道方程解的边界，是否能找到其内部曲面使其边界就是指定的边界，而且该曲面是这个方程的解？虽然卡拉比猜想本身并非边界值问题，但是郑绍远和我需要先试一试这个方法，然后再拿来处理卡拉比的复蒙日－安培方程。作为练习，我们先试着解复欧氏空间中某些区域上的狄利克雷问题。

要解狄利克雷问题，同样必须经过前面提过的程序，求出边界的零阶、一阶、二阶和三阶估计。但因为所考虑的"肥皂膜"可能会有不连续、奇点或其他不光滑的情形，所以我们也需要对曲线的内部做零至三阶的估计。这表示总共要做八个估计。

1974年年初，同样也在做狄利克雷问题的卡拉比和尼伦柏格得到了二阶估计；郑绍远和我也做到了。而零阶估计相对而言较为容易。一阶估计则可以从零阶和二阶导出。剩下来的三阶估计即是解开整个狄利克雷问题的关键。

　　求解的工具是在 20 世纪 50 年代晚期出现的，那时候我还在读小学呢。当时卡拉比解决了一个几何学的重大问题，后来证明对于理解如何获得实蒙日－安培方程的三阶内部估计非常重要。有趣的是，卡拉比对此估计的贡献，部分是无心插柳的结果。他所研究的是看似与此毫无关联的仿射几何问题 [仿射几何（affine geometry）是欧氏几何的推广，因篇幅有限，在此我们不拟讨论]，而那时候尼伦伯格和斯坦福大学的洛夫纳（Charles Loewner）则在做一个蒙日－安培方程的狄利克雷问题，其中边界条件是有奇点的（像是浪尖边缘），而不是光滑的。当卡拉比看到尼伦伯格和洛夫纳所研究的方程时，他发现这式子和他在仿射几何方面的研究有关。卡拉比和尼伦伯格两人找到方法，将卡拉比 20 世纪 50 年代的研究成果移用到 20 世纪 70 年代所面对的三阶内部估计问题上。卡拉比指出："许多数学发现是通过像这样的幸运意外得到的。进展往往在于把看似无关的想法联系起来，然后充分运用所发现的新关联。"[7]

　　1974 年稍晚，卡拉比和尼伦伯格发表了复蒙日－安培方程边界值问题的解答，但后来发现他们的证明里有错误：他们没有做出三阶边界估计。

　　之后不久，郑绍远和我求出我们自己的三阶边界估计的解答。陈省身知道后，便约了尼伦伯格吃饭，并邀我们列席，以便在席间说明

图5.3 数学家尼伦柏格

我们的证明。尼伦柏格当时已是学界巨擘,而郑绍远和我只是初出茅庐的新科博士;所以我们在前一晚仔细地检查证明,很不幸地找到了几个错误。我们只好熬通宵试图修正错误,以维持证明的正确性。第二天,我们在餐前向尼伦柏格说明我们的证明。他认为一切看来不错,我们也觉得没问题,于是大家都心情愉快地享受了一顿晚餐。但是在餐后,郑绍远和我再把证明检查一遍,又找到新的错误。一直到1974年年底,大约六个月以后,郑和我才解决了边界值问题。我们所研究的方程与尼伦柏格和洛夫纳所研究的类似,不过维度更高。而且我们所用的方法跳过了三阶边界值估计,并论证了没必要的原因。

开始攀登高峰

116 　　做完边界值问题后，我已准备好向卡拉比猜想本身进击。和位于复欧氏空间的狄利克雷问题不同，它是复流形里的问题。我急着想做卡拉比猜想，甚至把发表论文的事搁置下来，直到大约五年后的1979年，我们才发表狄利克雷问题的论文。

　　一旦打发掉狄利克雷问题，接下来大部分的工作在于把实蒙日－安培方程的估计推广或转译到复方程上。但因为郑绍远的兴趣在其他方向，此后的路就只有我一人单打独斗。

　　同样也在1974年，卡拉比、尼伦柏格以及普林斯顿大学的孔恩（Joseph J. Kohn）继续研究欧氏空间的狄利克雷问题的复数版本，并在三阶估计上有所进展，我把他们的结果推广到弯曲的空间上。同一年稍后，援引我在1972年对"史瓦兹引理"（Schwarz lemma）的研究成果，我对卡拉比猜想的二阶估计也有了些想法。这项引理是赫曼·史瓦兹（Hermann Schwarz）在19世纪提出的，它起初与几何学完全无关，但在20世纪前半叶，经过哈佛大学的阿尔弗斯（Lars Ahlfors）重新诠释后，才开始具有几何意义。阿尔弗斯的定理仅限于（复一维的）黎曼面，但我把它推广到任何复维度。

　　我在1975年夏天完成了卡拉比猜想二阶估计的初步工作。[一年后，我得知法国数学家奥邦（Thierry Aubin）已独立求出二阶问题的估计。]除了决定出二阶估计，我还论证了二阶估计是如何依赖于零阶估计，以及如何可从零阶导出二阶估计。在完成二阶估计的工作后，我知道整个猜想的证明，现在完全维系在一个问题上：零阶估计。一旦解决零阶估计，我不但能得到二阶，同时也能得到一阶，就像是免费赠品一样。因为当有了零阶和二阶估计后，我们就确切知道如何求出一阶估计。这是所谓的幸运时刻，各阶估计之间会有怎样的关系全凭天意，而这次，老天爷是很大方的。不只一阶估计，甚至连三阶估计也依赖于零阶和二阶估计，所以归结起来，成败端视零阶估计。只要求出零阶估计，其他各阶都会自动就位；没有零阶估计，一切都是空谈。

最后这一段研究，我是在纽约大学的库朗数学学院做的，尼伦柏 [117] 格帮我在那里找到访问学者的职位，而我的未婚妻友云当时则在普林斯顿。没多久，友云得到在洛杉矶的工作机会，为了和她待在同一地点，我也接受了加州大学洛杉矶分校的访问教职。1976年，我们开车横越美国，准备到加州之后结婚（后来也如愿结婚了）。那是一段难忘的旅程，路上风光旖旎，我们正在热恋之中，规划着如何共度人生。但我得承认，我可不只是有点分心，卡拉比猜想还在我的心里憋着，尤其是极难证出的零阶估计。我花了整整一年的时间，最后在1996年9月，婚礼刚过之后，才求出零阶估计，证明于是大功告成。看来，我需要的正是婚姻生活。

求零阶估计的问题和求其他估计类似：你有一个方程或函数，而你要定出其上界和下界。打个比方，就像是要把这个函数放进一个盒子里，并证明这函数不会大到"放不进去"。如果做到这点，便相当于定出函数的上界。而在另一头，你需要证明函数不会小到能从盒子里"漏出去"，这就是定出它的下界。

处理这类问题的一个方法是取函数的绝对值，它可以告诉我们函数值范围的大概规模，它在正负两端可以有多大。假设我们要控制某函数 u，就必须能够论证它在空间中任一点的绝对值都不会大于 c。因为 c 是界定清楚的数，于是我们就证明了 u 不会是任意大或任意小的。换句话说，我们要证明的是一条简单的不等式，u 的绝对值小于或等于 c，即 $|u| \leqslant c$。虽然乍见似乎不像很难，但如果 u 是非常棘手的函数时，这就绝非易事。

在此我也不打算解释证明的细节，但我要说的是它援引了我已经解出的二阶蒙日－安培问题。我也用到庞加莱一条著名的不等式，以及俄国数学家索柏列夫（Sergei Sobolev）的不等式。两条不等式都涉及了 u 的某次幂取绝对值后的积分和（各阶的）微分。前述最后涉及指数的部分，对做估计极为重要，因为如果你能论证 u 的各种形式，当取到 p 次幂时都不会太大或太小（即使 p 是非常大的数），那就完成任务，控制住这个函数。最后，借由使用这些不等式和各种定理，以及我一路发展出来的某些引理，我确实办到了。取得零阶估计后，问题就解决了 —— 至少看来如此。

当然，人们常说，验证布丁口味好坏最好的办法就是吃下去。意思是指，即使某物外表看来不错，也得真的经过测试才知道好坏。关于卡拉比的证明，这次我不愿冒任何风险。1973 年时，我已在斯坦福丢过一次脸，在众所瞩目的场合上宣称我知道如何证明卡拉比猜想是错的。我自以为能够否定卡拉比猜想的证明，结果却有瑕疵；如果我肯定卡拉比猜想的证明又有瑕疵，那我就真的名誉扫地了。我自忖，在未及而立之年的这个生涯阶段，我不能再承受一次错误 —— 至少不是在这么重要且受人关注的事情上犯错。

所以我检查再检查，用不同的方法，把证明从头到尾核对了四次。核对的工夫多到我发誓如果这次再出错，我就从此退出数学界。从任何角度看，我都找不出论证里有瑕疵，一切全都严丝合缝。当时还没有因特网，可以让我把初稿上传，向众人征询意见，我只能采用老法子：把证明的书面稿邮寄给卡拉比，然后到费城去和他及宾州大学的数学家卡兹当（Jerry Kazdan）等多位几何学家，面对面一起讨论。

卡拉比认为这个证明很扎实，但我们决定去找尼伦柏格，和他一起再逐步看过。因为要找到三人都有空的时间并不容易，我们终于约定在1976年的圣诞节见面，那时我们都没有其他要事缠身。那次的会面没发现任何错误，但真的要确定一切还需要更多时间。卡拉比回忆说："证明大致看起来很完美。但它毕竟是很困难的证明，要彻底检查大约需要一个月的时间。"[8]

这段彻底检查的时间结束时，卡拉比和尼伦柏格两人都认可了。看来卡拉比猜想终于被我证明了，而且此后三十余年，也没发现任何足以改变这项论断的疑问。如今，这个证明已被许多人用各种方法重复检验过许多次，很难想象其中还能藏有任何重大的瑕疵。 [119]

所以，我究竟完成什么了呢？首先，我一直相信，我们可以借由结合非线性偏微分方程和几何来解决重大的数学问题，证明卡拉比猜想确认了此项信念。更明确地说，我证明了在第一陈氏类为零的紧致凯勒空间里可以找到黎奇平坦度规，即使我写不出这个度规的实际式子。我可以说的是，度规确实存在，但并不能明确说出它是什么。

虽然听起来不像是多了不得的事，但我所证明"在那儿"的度规，其后续影响却很神奇。经由我的证明，确认了存在着许多奇妙、多维的形体（现在称为卡拉比－丘空间），满足没有物质情况下的爱因斯坦方程。我所求出的不只是爱因斯坦方程的"一个"解，而是我们所知最大一类的方程解。

我同样也论证了，只要连续地改变拓扑，即可产生无穷多类卡拉比猜想关键方程式的解（此方程是爱因斯坦方程的一个特例，现在称为卡拉比－丘方程）。方程式的解本身是一个拓扑空间，证明的威力在于它是最一般的情况。换句话说，我证明的不只是这种空间的一个或一特殊类的例子，而是非常多类的例子。我还能更进一步论证，如果固定某些拓扑条件，例如确定位于原流形中的某些复子流形，那就只可能有一个解。

在我的证明之前，已知能满足爱因斯坦方程所设定条件的紧致空间，只有"局部齐性"（locally homogeneous）的空间，也就是说，任何彼此靠近的两点看起来是一样的。不过我所得到的空间，既非齐性又不具对称性，至少没有整体的整体对称性，尽管它具有前一章讨论过、比较不明显的内部对称性。对我而言，这不啻是跨过了一道巨大的障碍，因为一旦挣脱整体对称的桎梏，便开启了数之不尽的各种可能性，让这个世界变得既有趣又更纷杂。

120　　起初，我只是沉醉于这些精致空间以及曲率本身的美，还不曾想过实际应用的可能性。但是要不了多久，种种应用相继出现，有的在数学内部，有的在数学之外。以前，我们一度认为卡拉比的想法"好到难以置信"，结果却发现它竟然比"好到难以置信"还要更好。

第6章
[121] 弦论的 DNA

弦论必须是十维的理由十分复杂，

主要的想法大致如下：

维度愈大，弦可以振动的方式愈多。

但为了制造出宇宙中的所有可能性，

弦论不只需要大数目的可能振动模式，

而且这个数目还必须是特定的数，

结果这个数只有十维时空才办得到。

寻找钻石的时候，幸运的话，你可能附带找到其他的宝石。我在1977年发表的一篇两页论文里，宣告完成了卡拉比猜想的证明。详细的证明则发表在1978年的73页论文中，在这篇文章里，我附带证明了另外五个相关的定理。总而言之，这些意外的收获，其实源自我思索卡拉比猜想时的非常境遇：我先是想证明他的猜想是错的，后来又掉头，试图证明它是对的。非常幸运，我所有努力都没有白费，每一着错步，每条看似不通的死路，后来都被我用上了。我号称的"反例"（从卡拉比猜想导出的结论，我想证明它们是错的），因为卡拉比猜想的成立，结果连带也是正确的。因此这些失败的反例，事实上是正确的典例，很快都成了数学定理，其中有些还颇为著名呢。

这些定理中最重要的一项，又带领我们推导出"赛佛利猜想"（Severi conjecture），这是庞加莱猜想的复数版本，数学家有二十多年无法证明其对或错。不过在进行这项证明之前，我得先证明一个关于复曲面拓扑分类的重要不等式。我之所以对这个不等式感兴趣，部分原因是听到哈佛大学数学家曼弗德（David Mumford）的演讲，他当时正路过加州。这个问题是荷兰雷登大学的安东尼斯·凡德文（Antonius van de Ven）首先提出的，讨论关于凯勒流形陈氏类的不等式，凡德文证明：凯勒流形第二陈氏类的8倍，不小于其第一陈氏类[122]的平方。当时许多人相信将不等式中的8换成3，将会得到更强的不等式，事实上，大家认为3是可能的最佳值。曼弗德问的，就是能不能证明这个更严格的不等式。

这个问题是1976年9月曼弗德在加州大学尔湾分校演讲时提出的，当时刚证明卡拉比猜想的我，正好听了这场演讲。他演讲到中途，我就相当确定曾经遇过相同的问题。在演讲之后的讨论中，我告诉曼弗德自己应该可以证明这个更困难的不等式。当天回家后，我检查做过的计算，果然不出所料，自己曾经在1973年试图用这个不等式来否证卡拉比猜想。而现在，我可以倒过来，用卡拉比–丘定理[1]来证明这个不等式。事实上我的收获更丰盛，因为运用其中的特殊情况，也就是一个"等式"——即第二陈氏类的3倍"等于"第一陈氏类的平方——来证明了赛佛利猜想。

赛佛利猜想与这个应用范围更广的不等式 [有些时候被称为"波

1.丘成桐证明了卡拉比猜想，原猜想因此成为卡拉比–丘定理。——译者注

格莫洛夫–宫冈–丘不等式"（Bogomolov-Miyaoka-Yau inequality），以表彰另两位数学家的贡献] 是卡拉比证明最初的主要副产品，此后还有其他应用接踵而至。事实上，卡拉比猜想涵盖的范围比我之前提到的更宽广，其中不只包含黎奇曲率为零的情况，也包括黎奇曲率为正常数与负常数的情形。到目前为止，还没有人能证明出正常数条件中最普遍的情况。事实上，正常数的情形，卡拉比原先的猜想并不成立，后来我提出一个新猜想，加上某个容许正常数黎奇曲率度规存在的特殊条件。过去二十年，许多数学家（包括多纳森）对这个猜想都有相当重要的贡献，但仍未能完全将它证明。虽然如此，我倒是证明了负曲率的情况，这是我整体论证的一环，法国数学家奥邦也独立证明了这个部分。负曲率的解决，则证实了存在着一类涵盖更广的流形，称为凯勒–爱因斯坦流形（Kähler-Einstein manifolds）。这门新建立的几何学，后来有出人意料的丰硕研究成果。

123

在思索卡拉比猜想的直接应用上，我可说是诸事顺遂，在短期间内解决了六七个问题。事实上一旦你知道存在某个度规，就会顺势得到许多结果。例如你可以反过来导出流形的拓扑性质，并不需要知道度规的确切表式。然后，又可以运用这些性质去指认出流形的唯一特色。这就好像你不需要知道星系中众星体的细节，就能辨识星系；或者，不需要知道整副牌的细节，就能推理出许多手中牌张的性质（牌数、大小、花色等）。对我来说，这就是数学的神奇之处，比起巨细靡遗的细节齐备之后才能做推论，这样反而更能彰显数学的威力。

见到我艰苦的努力终于获得回报，或者看着他人继续向我没想到的路径迈进，都让我觉得心满意足。但尽管拥有这些好运道，还是有个想法不时在心头扯咬着我。在我内心深处，我很确定这项研究除了数学之外，在物理学中也一定有其意义，虽然我并不知道究竟为何。就某个观点而言，这个信念其实十分显然，因为在卡拉比猜想中求解的微分方程（黎奇曲率为零的情况），基本上就是真空的爱因斯坦方程，对应到的是没有背景能量或宇宙常数为零的宇宙（目前，一般认为宇宙常数是正值，和推动宇宙扩张的暗能量同义）。而卡拉比－丘流形就是爱因斯坦方程的解，就像单位圆是 $x^2+y^2=1$ 的解一样。

当然，描述卡拉比－丘空间比圆需要更多的方程式，而且方程式本身也复杂得多，但是基本想法是相同的。卡拉比－丘方程不但满足爱因斯坦方程，而且形式格外优雅，至少我觉得有令人忘形之美。所以我认为它在物理学中必定占据着某个重要位置，只是不知道究竟在哪儿。

我能做的不多，只能不断告诉我的物理博士后研究员以及物理友人，为什么我认为卡拉比猜想以及从中出现的卡拉比－丘定理，也许对量子引力论很重要。主要的问题是我当时还不够了解量子引力，无法亲自将我的直觉付诸实践。这个念头经常出现在我脑海，但我往往只能在一旁枯坐，看看会有谁做出什么成果。[124]

第一次弦论革命

几年过去了，我和其他数学家继续研究卡拉比猜想，推动我们在几何分析想达到的宏大目标。此时，在物理学的幕后也发生了新一波的骚动，只是在短期间内，我丝毫不知情。那是 1984 年开始的，最后变成了里程碑的一年，在这一年里，弦论踏出重要的一大步，从泛泛的一般想法，变成真实且有血有肉的理论。

在谈到这些令人兴奋的发展之前，让我多谈谈这个野心勃勃的理论。弦论试图搭起广义相对论与量子力学之间的桥梁，它的核心概念认为：物质与能量的最小单位，不是点状的粒子，而是微小、振动的弦，弦的形式也许像闭圈，也许像绳段。而且就像吉他弦可以弹奏出许多不同的音符，这些基本弦也有许多振动模式。弦论认为这些弦的不同振动，对应到大自然的不同粒子与作用力。假设弦论成功了（这尚待验证），那么大统一理论便大功告成。因为这样一来，所有粒子和作用力都出自同一本源，它们都是基本弦的外在表现与激态。我们可以说，"弦"是最基本的零件，构成整个宇宙，当你下探到宇宙最底层时，一切都是弦。

弦论的想法借自卡鲁札－克莱因的模型（见第1章），认为想要实现不同理论的大综合，就需要额外的维度。其中有些部分的论证是相同的：想要把所有的作用力，包括引力、电磁力、弱核力与强核力，容纳在单一的四维空间理论里，硬是没有足够的空间。如果依照卡鲁札－克莱因的想法，自然会问，需要多少维度才能将四种作用力结合在单一的架构里？例如，五维足以涵盖引力和电磁力，也许再多几维就足以容纳弱核力，然后再加一些维度，又能结合强核力，最后的结果或许至少需要十一维等。结果这个想法并没有那么成功，这正是我们从物理学家威滕身上学到的诸多弦论观察之一。

125　　　幸好，弦论并不是以这种勉强拼凑的方式建立起来的，并不是任意选个大维度，扩大黎曼度规张量或度规矩阵的阶数，然后再随意试试，看看能否将某个作用力结合进来。相反的，弦论告诉我们：需要的确切维度是十，其中四个维度是通常人们用望远镜观测的"传统"时空，另外再加上额外的六个维度。

弦论必须是十维的理由十分复杂，主要是源自对称性（这是任何大自然候选理论的基本条件）以及与量子力学相容的考量（这当然也是必要的关键要素）。主要的想法大致如下：维度愈大，弦可以振动的方式就愈多。但为了制造出宇宙中的所有可能性，弦论不只需要大数目的可能振动模式，而且这个数目还必须是特定的数，结果这个数只有十维时空才办得到。（本章后面会谈到弦论的一种变体或"推广"，称为M理论，需要的是十一维，且待后头再谈。）

被限制在一维空间的弦，只能前后伸缩振动；在二维时，则多了垂直的方向可以振动；换到三维或更高的维度，独立的振动模式数目还会持续增加，到了依照数学限制的十维时空时，弦论将会有够多的振动模式，这是弦论必须至少是十维的原因。至于弦论不多不少、恰恰十维才能相容的原因，则和所谓的"反常对消"（anomaly cancellation）机制有关，这就把我们带回到1984年的故事。

一直到1984年为止，科学家所发展出来的大部分弦论，都饱受反常或不相容的问题之苦，让任何预测都没有意义。譬如这些理论可能有错误的左右对称性，以致和量子论无法相容。关键性的突破，来自伦敦玛丽王后学院的麦克·葛林（Michael Green）与加州理工学院的史瓦兹（John Schwarz），他们所克服的主要问题与"宇称破坏"

（parity violation，系指大自然的基本定律会分辨左手性与右手性，因此不是宇称对称的）有关，葛林与史瓦兹找到方法，构造符合宇称破坏的弦论。于是一直困扰理论学家的不相容量子效应，奇迹似地在十维时全部互相抵消了，这重新燃起弦论真的可以描述大自然的希望。葛林与史瓦兹的成就带动了弦论的第一次革命，在反常问题烟消云散后，终于可以开始检测弦论能否推导出实际的物理性质了。

其中的一道难关，是看看弦论如何解释目前宇宙的外观。弦论必须同时解释为何我们居住的时空是四维的，但是又坚持宇宙实际上是十维的。根据弦论，这个明显差别的理由，在于所谓"紧致化"（compactification）的机制。其实这并不是个新颖的想法，在卡鲁札－克莱因（尤其是克莱因）的五维理论中，已经指出额外的一维必须紧致化，卷曲到人们无法看到的地步。弦论面对的正是类似的处境，只是要解决的额外维度是六维，不是一维。

当然最后这句话有点误导，因为我们不是真的要丢弃这些维度，相反的，是要以精确的方法，将这些维度卷曲成一个几何空间，而且对于弦论接着即将揭示的神奇演出，这个空间的结构将扮演关键性的角色。只是这个空间有很多种选择，每一种都会导致不同的紧致化结果。

根据哈佛大学物理学家瓦法（Cumrun Vafa）的说法，这整套想法可以用一道简单的算式来总结：4+6 = 10。[1] 真的，这就是全部的事实了，当然你也可以把式子重写成 10−6＝4，表示如果隐藏（减掉）六维空间，真正的十维宇宙看起来就是四维了。同样的，紧致化也可以用一种有趣的乘法 [称为笛卡儿乘积（Cartesian product ）] 来理解。在这种空间的乘法里，维度是相加的，而不是相乘。上述的算式则表示十维"乘积流形"（product manifold ），是由四维和六维的空间结合产生的，因此意味着这个十维空间具有特殊的子结构。更简单地说，这个十维空间是四维空间和六维空间相乘的乘积，就像平面可以被想成两条直线的乘积；圆柱面可以想成直线和圆的乘积。

其中，圆柱面正是先前解释卡鲁札－克莱因模型时所做的比喻。你可以先将四维时空想象成向两端无限延伸的直线，如果把线剪断，放大端点时，将会发现这根线其实有点厚度，因此用圆柱面来描述会 [127] 更精确，只是底圆的半径非常微小。就是这个半径很小的圆，隐藏着卡鲁札－克莱因理论的第五个维度。

弦论则是将这个想法再往前推进了好几大步，宣称如果将这个细柱的截面用更强的倍数放大，你会看到里面潜藏的是六维空间，而非一维的圆。不论你置身四维空间何处，或者说，在这条无穷长的柱面上的任一点，每一点上都系附着非常微小的六维空间。而且不论你站在这个广袤无垠的空间的哪一个位置，隐藏在"隔壁"的六维紧致空间都完全一样。当然，这只是很粗略的图像，丝毫没有触及这个紧缩的六维空间的实际形貌。拿出一个普通的球，这是二维曲面，将它紧缩成一点，就得到零维的物体，这就是将二维紧致化成零维的想法。我们也可以想象，通过将六维球面压缩成一点，就能使十维空间变成四维。问题是，六维球面并不能描述弦论的余维空间。因为弦论方程要求这个六维空间必须具有特别的几何结构，六维球面并不符合。

很显然，弦论需要的是更复杂的几何形体，在葛林与史瓦兹成功化解宇称破坏的问题之后，寻找这个几何空间就变成当务之急。因为只要找到卷曲额外六维的适当流形，物理学家就可以放手做一些真正的物理学了。最初的尝试也是在1984年，葛林、史瓦兹，以及伦敦国王学院的魏斯特（Peter West）决定检视"K3曲面"，这是数学家已经研究超过一世纪的一大类复流形，更何况我证明的卡拉比猜想，显示这些曲面上存在黎奇曲率为零的度规，因此K3曲面当时更吸引物理学家的注意。史瓦兹回忆说："我理解的是，为了确定我们居住的较低维空间不具有正宇宙常数，这个紧致空间必须是黎奇平坦的，这是当时大家认定的宇宙事实。"[2]（后来由于暗能量的发现，意味着宇宙常数是一个非常小但却是正值的数，弦论学者设计了一个比较复杂的方法，从紧致黎奇平坦空间，推导出我们四维世界的微小宇宙常数，这是第10章讨论的主题。）

K3曲面的名称既暗示它犹如世界第二高峰K2峰那么崇高，又表示三位探讨这个空间的数学家：库默（Ernst Kummer）、前面提到的凯勒以及小平邦彦（Kunihiko Kodaira）。不过K3曲面只是实四维（复二维）的流形，和弦论需要的六维不合，葛林、史瓦兹、魏斯特之所以选择K3曲面作为初始的研究目标，部分原因是有位同事告诉他们，已经没有更高维的类似流形了。尽管如此，葛林说："我自己绝不认为我们可以厘清这个问题 …… 即使我们当时能得知正确的讯息（即存在类似黎奇平坦K3的六维流形）也一样。"[3] 史瓦兹补充说，拿已被研究透彻的K3曲面做尝试，"并不是真的是要进行紧致化，我们只是试试玩玩，看看能得到什么，看它和反常消除能怎么结合"。[4] 从此以后，K3曲面一直是弦论学者重要又常用的紧致化

"玩具模型"（K3曲面也是探讨弦论对偶理论的基本模型，我们将在第7章讨论）。

卡拉比－丘流形登场

大概是1984年相近的时间，普林斯顿高等研究院的物理学家史聪闵格（现任职于哈佛大学）与得州大学喜好数学的物理学家菲利普·坎德拉斯（Philip Candelas，现任职于牛津大学），开始合作研究哪种六维流形契合弦论所提出的确切条件，他们知道内空间的流形必须是紧致的（能从十维降到四维），并且曲率必须同时满足爱因斯坦引力方程，以及弦论的对称性条件。最后他们与另两位合作者赫罗维兹（Gary Horowitz，任职于加州大学圣塔芭芭拉分校）与威滕的探索，走到了我在卡拉比猜想中证明存在的空间（虽然当时威滕是依据他自己的想法做到的）。史聪闵格观察说："现代科学发展的优美之处，就是物理学家和数学家经常因不同的理由，却得到相同的结构。物理学家有时走在数学家的前头；有时候，则是数学家领先。这次的情况，[129]是数学家拔得头筹，他们比我们早理解其中的意义。"[5]

尽管史聪闵格所言不虚，但是像我这样的数学家，在一开始丝毫不知如何将卡拉比－丘流形和物理学连结起来的，也所在多有。我研究这些流形只是因为它们很优美，也因为这份慑人的美丽，让我觉得物理学家一定用得着它，因为其中藏着值得挖掘的秘密。但是最终，一切还是得靠物理学家自己去找到连结，才能在几何学和物理学之间搭起桥梁。这类合作的美事，绽放出繁花似锦，至今不已。

　　至于如何建立连结的过程，本身又是另一段有趣的故事。史聪闵格这样综述："超对称连接物理和绕异性，而绕异性则是跨越到卡拉比 - 丘空间的桥梁。"[6] 你也许还记得，我们曾经在第4章简短讨论过超对称。当时是说，超对称是卡拉比 - 丘流形（凯勒流形的一支）必须具备的内在限制对称性，和大家比较熟悉的更宽广、更整体的对称性不同（例如球的对称性）。这个内在对称性是超对称的其中一环，不过在厘清这个概念之前，让我先谈谈绕异性。

　　粗略地说，在曲面上沿着某条闭圈，将一个切向量平行移动一圈后，测量切向量在开始以及结束时的差异，就是"绕异性"（holonomy）。

　　举例来说，想象你站在北极，手执一根长矛，矛身平行于地面，矛尖指向身前。然后向赤道移动，在移动的过程中，长矛的拿法相对于你自己必须保持不变；到达赤道后，你左转90度沿着赤道而行，但是长矛仍然要保持原来的方向，因此矛尖沿路都指向南方；绕了赤道半圈之后，你又左转90度向北往北极移动，为了保持长矛不动的原则，现在矛尖指向你的身后；于是当你沿着这个闭圈，回到北极时，长矛的方向和出发时正好差了180度。这就是绕异性的效应。

　　我们可以重复以上的过程，但是改变在赤道上行走的距离，或短或长，你会发现回到北极时，矛尖偏移的角度也会跟着改变，有时小于180度，有时大于180度，端视我们在赤道上行走的距离来决定。要决定地球这个二维球面的绕异性，就得考虑地球上所有的可能闭圈。结果在二维球面上，光靠调整闭圈大小，就能得到任意的绕异旋

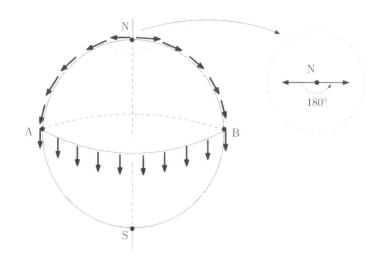

图6.1 "绕异性"是一种分类空间或曲面的方法：考虑切向量沿着一条闭圈做平行移动时，回到起点时所发生的变化。所谓平行移动是在移动时要尽可能保持向量的方向不变，即使足下的路径可能是弯曲甚至扭缠时也一样。

在本例中，我们从北极出发，切向量朝西，然后走向赤道。到达赤道时，切向量已经朝南；然后固定朝南的方向，我们由A点走到B点，绕了半个地球；接着我们往北走回北极，并保持切向量的方向。到达北极时，我们的切向量变成朝东，和出发时相比差了180度，尽管我们一路已经努力保持向量方向的一致不变。

只要改变在地球或球面上行进的路径，就可以得到所有可能的旋转角度。知道了所有可能旋转角度所成的集合，你就可以通过这个所谓的"绕异群"来分类曲面。譬如本例的球面就具有二维特殊正交群SO（2）的绕异群

转角度，从0度到360度皆可，而且只要多绕几圈，旋转角还能超过360度。因此我们就说，二维球面属于或具有绕异群SO（2）（special orthogonal group 2，"二维特殊正交群"），SO（2）就是二维的旋转群，可以用旋转角来表示。同理，可以推得n维球面属于绕异群SO（n），括号中的n表示维度。[131]

不过，卡拉比-丘流形则属于更特殊的SU（n）绕异群（special unitary group，"特殊么正群"，其中n表示复数维度n）。弦论主要感

兴趣的是复三维的卡拉比-丘流形,它具有SU(3)绕异群。当然,卡拉比-丘流形远比二维球面复杂,而且尽管维持长矛方向不动的原则依旧,但SU(3)绕异性也比先前切向量旋转的情况复杂得多。更麻烦的是,卡拉比-丘流形不像球面具有整体的对称性。(球面具有许多直径轴线,绕轴旋转,球面会保持不变;卡拉比-丘流形则没有像这样的轴线。)不过就像前面说的,卡拉比-丘流形依然具备限制性稍微严格的对称性,并且和绕异群与超对称都有关。

流形想拥有超对称性质,必须具备所谓的"共变常旋量"(covariantly constant spinor)。旋量不容易描述,但大致和向量类似。在一般的凯勒流形上,存在一个绕任何闭圈一圈平行移动后仍然不变的旋量。而卡拉比-丘流形因为具有SU(3)绕异群,另外又多了一个平行移动一圈不变的旋量。

具有这些不变的旋量,就保证流形符合超对称的条件。正是基于超对称的正确需求,让史聪闵格和坎德拉斯先注意到SU(3)绕异群。然而,具有SU(3)绕异群的紧致凯勒流形,第一陈氏类必定为零,因此具有黎奇曲率为零的度规。换句话说,具有SU(3)绕异群的流形必定是卡拉比-丘流形。如果你希望同时满足爱因斯坦方程与超对称方程:如果你希望持续隐藏额外维度的空间,让可观察的世界遵守超对称,那么卡拉比-丘流形就是唯一的答案,这些条件是等价的。就像约翰霍普金斯大学的物理学家桑德仑(Raman Sundrum)所描述的,卡拉比-丘流形"是优美的数学答案"。[7]

"当时我了解的数学不多,不过通过理论,由流形该有的绕异群,我和卡拉比－丘流形连结起来了。"史聪闵格解释说："我在图书馆中找到丘成桐的论文，但是大半都读不懂，不过从我理解的那一小部分，[132]我意识到这个流形正是我们需要的。"[8] 尽管阅读我的论文或许不是个值得回忆的经验，但大约二十年后，史聪闵格仍对《纽约时报》的记者提起，他第一次偶遇卡拉比猜想证明时的激动之情。[9] 当时，为了避免期待太高以致将来希望落空，史聪闵格先打电话给我，确定他对我文章的理解是正确的。我告诉他，他是对的。这一刻我领悟到，经过八年的守候，物理学家终于找到卡拉比－丘流形了。

因此，超对称就是带领物理学家进入这处晦涩的数学领域的原因。不过我还没有解释，除了一般人知道的，对称性对理解任何流形都有本质的重要性之外，为何物理学家认为超对称如此重要。普林斯顿大学物理学家马尔达西纳（Juan Maldacena）解释说："超对称不只让计算变得简单，根本是让这些计算变得有可能进行。为什么？因为比起描述橄榄球东摇西晃滚下山的复杂运动，描述圆球的滚动当然要简单得多。"[10]

事实上，对称性的存在让各种问题都变得比较容易解决。假设你想找出方程式 $xy=4$ 的所有解，这可得花一点时间，因为解有无穷多个。但如果你加入对称性的条件 $x=y$，就只剩下两个解：2和 -2。类似的，如果你在 x–y 平面上定义了一个以原点为圆心的圆，就不用再去烦恼两个变数 x 和 y，你只需要知道一个变数——圆的半径，就拥有精确产生这条曲线的足够信息。类似的过程，让超对称可以减少变数的数目，简化了大部分你想求解的问题，这是因为超对称对内在六维空间的几何形式给出了限制的条件。得州大学的数学家佛立德（Dan

Freed）指出，这个条件"给你的就是卡拉比－丘空间"。[11]

　　当然，我们不能只为了简化计算，强将超对称套在我们的宇宙上。除了单纯的方便之外，应该还有更多的理由。是的，真的如此。超对称理论的优点是，它自动让广义相对论的基态（也就是真空）得以稳定，于是宇宙不会持续下落到愈来愈低的能阶。这个想法和第3章讨论的正质量猜想有关，事实上，超对称正是威滕以物理观点证明这个
133　猜想的工具之一（而孙理察和我用的是更为数学与非线性的论证，并未用到超对称）。

　　不过，大部分物理学家之所以对超对称感兴趣，起因于另一个理由，事实上，这才是超对称概念的起源。对物理学家而言，超对称概念最卓越的一面，是它帮助建立了两大类基本粒子之间的对称性。两大类基本粒子也就是物质粒子，如夸克、电子这样的"费米子"（fermion），以及作用力粒子如光子、胶子这样的"玻色子"（boson）。超对称在物质和作用力之间，在这两大类粒子之间，建立了某种紧密的关系，某种数学等价性。事实上超对称宣称，每个费米子都有一个相对应的玻色子同伴，称为"超伴子"（superpartner）；反过来，每个玻色子也都有个对应的费米超伴子。因此这个理论预测了一整类新粒子，个个有着奇怪的名字，像"超夸克"（squark）、"超电子"（selectron）、"超光子"（photino）、"超胶子"（gluino）等，这些超伴子比原来的粒子重，并且差了半个奇数的自旋。人们从来没有见过超伴子，研究人员目前正在用世界上最高能量的粒子加速器寻找它们的踪迹（见第12章）。

我们居住的世界（物理学家以"低能量"来刻画）显然不是超对称的。相反的，目前大家的想法认为，超对称充斥于高能的情况，这时，粒子和其超伴子看起来是同一的。不过，当降低到某个能量尺度后，超对称会受到"破坏"，而我们居住的正是超对称破缺的世界（对称破缺的概念可参考第9章的讨论），其中粒子和其超伴子的质量，以及其他性质都不一样（对称破缺之后，对称并未彻底消失，只是隐藏起来了）。

霍华大学（Howard University）的物理学家贺布胥（Tristan Hubsch，我以前的博士后研究员）说明，想要理解质量的差异，我们可以想象超对称就像以一支朝上的圆珠笔为轴的旋转对称。当我们固定圆珠笔的两端，然后从两个垂直于笔身的方向推动笔时，只要垂直的条件不变，那么不管从哪个方向推，都需要耗费相同的能量。贺布胥解释说："因为这些动作彼此有旋转对称的关系，因此可以互相调换。"利用这样的推移，可以制造两个旋转对称的笔振波。然而，这两种振动各自对应到两个不同的粒子，振动能量则决定了这些粒子的质量。由于存在着旋转对称（在弦论中则是超对称），于是这两种粒子 [134]（粒子与其超伴子）具有相同的质量，而且无从分辨。

但是如果在圆珠笔的两端用力施压，使得笔杆产生弯曲，旋转对称（记得这是超对称的类比）就会遭到破坏。我们愈用力，笔杆弯得愈厉害，对称破缺就愈严重。"在对称破缺之后，我们仍然有两种推移的方式，但是它们彼此不再有旋转对称的关系。"贺布胥说。一种推移是向着弯成弧形的方向推，它仍然很耗能量，而且笔愈弯，需要的能量愈大。但是如果推移的方向既垂直于笔身而且从弧形的侧面推，不需要耗费任何能量，就能轻易让圆珠笔转来转去（假设圆珠笔两头的固定端没有摩擦力）。换句话说，这两种推移方式出现能量差异或落差，一者需要能量，另一者则否。这就相当于超对称破缺时，在无质量粒子与它具质量的超伴子出现了能量或质量落差。[12] 物理学家现在正试图在“大型强子对撞机”（LHC，Large Hadron Collider）的高能物理实验中，寻找这个能量落差的信号，希望证明存在着更重的超对称伴子。

虽然，原则上超对称以美丽的数学结构连结了作用力与物质，但是弦论学者之所以偏爱它，还有其他超越美学意义的理由。因为如果缺乏超对称，有些弦论版本就没有太大的意义，可能会出现不可能存在的粒子，如“迅子”（tachyon），不但速度超过光速，而且质量的平方还是负值（也就是说，它的质量是以 i 为单位的虚数）。要让物理理论容纳这些奇特的东西并不容易。虽然超对称概念的发展颇受惠于弦论，但超对称的理论本身并不依赖弦论，反而是某些型式的弦论从超对称获益良多。而且正如前述，超对称是将物理学家带到卡拉比－丘家门口的领路人呢。

到处都是卡拉比－丘

一旦史聪闵格与坎德拉斯掌握了卡拉比－丘流形，他们随即进行下个步骤，看看这是不是可以解释日常物理世界的正确流形。1984年，他们共同到圣塔芭芭拉，急着进行这项计划，并且很快联系上赫罗维兹，他是早一年从高等研究院迁到加州大学圣塔芭芭拉分校的。非但如此，他们还知道赫罗维兹曾经是我的博士后研究员，可能很熟悉卡拉比猜想。而当赫罗维兹发现史聪闵格与坎德拉斯的目标，是要决定弦论内在空间的数学条件时，他也看出这些条件和卡拉比－丘流形正好契合。由于赫罗维兹对任何名字沾上"卡拉比－丘"的东西比两人都熟，史聪闵格与坎德拉斯当然欢迎他的加入。

不久之后，史聪闵格回普林斯顿拜访威滕，告诉他到当时为止所知道的一切。结果，当时威滕已经沿着另一条不同的思路，也独立得到了大致相同的结论。坎德拉斯和史聪闵格是从弦论十维的想法开始，再从十维时空必须将某个六维流形紧致化，于是推敲出怎样的六维空间才能满足正确的超对称条件。而另一方面，威滕的切入点则是观察闭弦在时空中传播时所扫出的曲面，这个实二维（复一维）的曲面通常称为黎曼面。就像一般微分几何中的曲面，黎曼面上也具备能够测量长度与角度的度规，但是比较特别的是，除了少数例外，黎曼面上具有唯一的度规，让每一点的曲率都是－1。

威滕的计算和他的合作者十分不同，他是架构在一种量子论的二维版本上（称为保角场论），对于背景时空做了较少的假设。但是他和其他人获得同样的结论，也就是内在空间必须是卡拉比－丘流形，其他流形都不行。"从两个不同的方向思考同一个问题，加强了我们所获得的结论。"赫罗维兹解释说："同时，这也暗示了这是进行紧致化最自然的方法，因为从两个不同的起点，都推导出相同的条件。"[13] 他们四人在1984年完成研究，随即以预印本的论文形式，告知物理界同行这项结果，正式的论文则到隔年才发表。这篇论文创造了"卡拉比－丘空间"这个名词，并向物理学界介绍了这个奇特的六维领域。

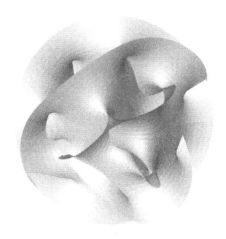

图6.2　一个六维卡拉比－丘流形的二维截面图。（图片提供：印第安纳大学
Andrew J.Hanson）

卡拉比说："在这篇1985年的论文发表之前，我从未想过这个流形会有物理意义，它本来纯粹只有几何学上的意义。"但这篇论文改变了一切，顿时就将这个数学结构送到理论物理学的核心，这篇文章也让背后的两位数学家受到意料之外的瞩目。卡拉比回忆说："我们被摆到媒体版图上，这样的事总令人受宠若惊，不断有人谈到卡拉比－丘空间，让我们徒增虚名，但这些其实不是我们的研究结果。"[14]

至少有一段时间，卡拉比和我的研究成为物理学界的时尚风潮，而它的"媒体版图"甚至延伸到更广的领域。纽约有一出非主流的百老汇剧叫作《卡拉比－丘》；"多普勒效应"乐团（DopplerEffekt）有一张电子合成流行音乐专辑，名字叫作《卡拉比－丘空间》；意大利画家马丁（Francesco Martin）画了一幅名为《卡拉比－丘蒙娜丽莎》的画；还有伍迪·艾伦在《纽约客》的短篇故事中带到的笑点（"我的荣幸！"

图6.3 "真人版"的卡拉比－丘：卡拉比（左），丘成桐（右）。（卡拉比照片由E.Calabi提供；丘成桐照片由Susan Towne Gilbert提供）

她说，然后带着娇媚的微笑蜷缩到一个卡拉比－丘空间中）。[15] 对如此深奥的概念来说，这些真是令人意外的结果，因为这些流形不但难以用文字形容，更难以用视觉表现。就像某个物理学家说的，一个六维的空间"比我能自由自在想象的空间还多了三维"。事实上，真正的图像还要更复杂，因为在这些空间中，还有许多扭曲交缠的多维洞孔，洞孔的数目也许不多，但也可能像上等的瑞士起司一样，多达五百多个。

卡拉比－丘空间最简单的特性，也许是"紧致性"（compactness）。它并不像一张往所有方向无尽延伸的白纸，反而像是被揉起来的纸团会往内弯曲，但是卷缩的方式有非常精确的规定。一个紧致空间中没有无穷长或宽的区域，只要有个够大的行李箱，就能将它装在里面。康奈尔大学的麦卡利斯特（Liam McAllister）提供另一种解释：紧致空间"可以用有限块花布缝制成的被子来覆盖",当然每块花布都是有限大小。[16] 如果你站在紧致空间的表面上,朝固定方向一路往前走,有可能会走回出发点。就算你不能刚好回到起点,但不论你走多远,永远都不会距离出发点太远。说卡拉比–丘空间是紧致的,一点也不夸张。虽然在弦论中,卡拉比–丘流形的大小还有待确定,但一般认为是非常小,直径的数量级大概是 10^{-30} 厘米(比电子的十万兆分之一还小)。我们这些四维世界的居民,根本看不到这个六维空间。但是它却无处不在,系附在我们空间中的每一点上,只是我们的身材太硕大,没办法走到里面逛逛。

但是,这并不表示我们和这些不可见的六维空间之间没有互动,当我们四处散步或只是甩甩肩膀时,都会经过这些隐蔽的空间而不自觉。就某种意义而言,这些运动是互相抵消掉了。想象有一大群驯鹿,足足有十万头,同时朝相同的方向前进,从阿拉斯加沿海平原,走向内陆的布鲁克斯山脉,准备找个舒适的山谷过冬。麻省理工学院的亚当斯(Allan Adams)解释说,在这趟 800 英里的旅程中,每只驯鹿走的路径都有点不同,但是整体来看,每只驯鹿的个别迂回走法会相互抵消,结果是整群都走在一条路径上。[17] 类似地,我们行进时,那些对卡拉比–丘流形的短暂侵扰也会互相抵消,比起我们在四维领域中的行动路径,显得无足轻重。

另外还有一种理解的方法。虽然我们居住在无边无际的空间,有着宏远辽阔的视野,可我们一生能走访的范围与之相比真是微不足道。但是在这个宽广的空间里,不论走到何处,这个微小、不可见的内在空间,却总是如影随形,与我们无比靠近。打个比方,我们可以想象

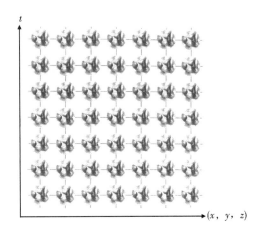

图6.4 如果弦论是正确的，在四维时空的任一点，都会存在一个隐蔽的六维卡
拉比－丘流形

一组不太一样的 x 轴与 y 轴，x 方向代表无垠的四维时空，而 y 方向则表示内在的卡拉比－丘空间。在 x 轴上的任何一点，都有一个隐藏的六维空间；反过来说，在 y 轴上的每一点，则都有一个我们可以探索的额外四维空间或方向。

令人最惊讶的是，我们宇宙中这个隐蔽的，内在的，不可视、触、嗅、觉的空间，竟然对我们所经验的物理世界有着深刻的影响，远远超出具体生活中的砖、石、车、火箭，甚至万万个星系。加州大学圣塔芭芭拉分校的物理学家波钦斯基（Joe Polchinski）解释说，弦论声称"所有大自然中我们所测量的数值，所有我们认为基本的数值如夸克或电子的质量，这一切都能从卡拉比－丘流形的几何性质推导出来。原则上，只要我们知道其确切的形状，我们就知道一切了"。[18] 或者，像布莱恩·格林恩说的："宇宙密码可能写在卡拉比－丘空间的几何性

质中。"[19] 如果爱因斯坦的相对论证明了几何是引力，那么弦论学者
希望将这个想法再往前推进一大步，也许通过卡拉比－丘流形的形貌，
他们能证明几何不只是引力，而是物理世界本身！

比基本粒子更基本？！

在这些来势汹汹的断言之前，我显然不是应该提出质疑的人。不
过有识之士可能不免纳闷，如果之前人们怀疑卡拉比猜想似乎太过美
好，那么类似的，现在又该怎么说呢？真正的解释可能让某些人不能
满意，甚至认为有循环论证之嫌：卡拉比－丘流形之所以能有这些奇
迹般的伟业，只不过是因为打一开始，一切就已经置入弦论的基本机
制之中。但即便如此，我们仍然能提供线索，说明这台"机器"的运
作方式，如何从十维流形中，轰然变出四维时空的物理学。

以下是一个经过简化的说明，说明如何从卡拉比－丘流形得
出粒子及其质量，其中我们得假设流形是"非单连通"（nonsimply
connected）的。一个非单连通的流形就像甜甜圈的表面，有着一个
或更多的洞，因此在面上的某些闭圈不能收缩到一点。这和球面正好
形成对比，球面是单连通的曲面，上面任何闭圈都可以收缩到一点，
就像紧绷在赤道的橡皮圈可收缩到北极一样。给定一个复杂的六维
流形，上面有一些洞，我们可以找出弦缠绕这个流形的各种方式，这
些弦会一次或多次穿绕过多个洞。这是一个很复杂的问题，因为缠绕
的可能方式很多，而且每条闭圈的长度不一，依穿绕的洞孔大小而变。
从所有这些可能性，你可以列出一张可能的粒子表，其中粒子质量则
是弦的长度和张力（或称"线性能量密度"）的乘积，另外还可以讨论

振动的动能。可以运用以上方式造出的物件，从零维到六维不等，其中有些是理论容许的，有些则必须排除。如果能列出所有容许的物件及运动方式，就能得到一张粒子与质量的清单。

另一种观点则是运用量子力学的标准理论。根据波粒二象性的核心主张，粒子可以被想象成波，波也可以被想象成粒子。因此，弦论中的粒子如前所述，对应到弦的特定振动模式。而弦用典型、给定的方式振动，也和波很相像。于是问题就变成要厘清空间的几何性质如何影响波的形成。

让我们假设空间是太平洋，我们漂流在洋面上，距离最近的陆地有千里之遥，同时也远离深海底下的海床。由于海床有数千米深，可以想见，海床的形状或地形，相对来说，很难影响洋面上形成的波。但如果换成局限的空间（例如浅窄的海湾），情况就大大不同，这时外海一些微小的波动，在靠岸的浅水区也可能变成海啸巨浪。就算是比较不极端的情况，海面下的暗礁端沉石，也足以影响海面波浪生成或断裂的样式与位置。在以上的例子里，宽阔的大洋就像非紧致、可延伸的空间；海岸浅水区则像弦论里微小紧致的内空间，这时，空间的几何形状将主宰形成的波，于是也决定了可能形成的粒子。

另一个例子是乐器，例如小提琴，就是一个能够产生独特振动[141]模式或波的紧致空间，差别在于，它对应的是音高而不是粒子。拨弦所发出的声音，不只和琴弦的长短与粗细有关，也和乐器内部共鸣箱的形状有关，某些波频会以最大振幅共鸣。琴上每根弦以基频来命名，例如小提琴上的四条弦定音为G、D、A、E。于是，就像制琴名匠努力寻找正确的乐器形状以发出所求的声音，物理学家也在寻找具有适当几何性质的卡拉比－丘流形，据以得到大自然中的波与粒子。

通常物理学家解决这类问题时，是去求出某个波动方程的解，这个方程的正式名称是"狄拉克方程"（Dirac equation）。当然，波动方程的解就是波以及对应的粒子。不过这是很困难的方程，对于大自然中可能存在的粒子，通常是解不出来的。一般只有所谓的"无质量粒子"才能解，它所对应的是某特殊弦的最低或基本频率。这些无质量粒子包括了所有日常世界能见到或感知的粒子，也包括在高能物理加速器中惊鸿一瞥的粒子。其中一些粒子如电子、μ 子（muon）、中微子等其实是有质量的。这里用词的混淆，是因为它们取得质量的机制，与所谓的"质量粒子"完全不同，这些质量粒子只有在很高能量的"弦尺度"才会形成。像电子这些正常粒子的质量，比那些更重的粒子要轻上许多，大概小上千兆倍或更多，因此相对来说，也差不多可以把这些正常粒子看成是无质量的。

不过就算狄拉克方程在无质量粒子的情况下比较容易处理，要解出这个方程仍非易事。幸好，卡拉比－丘流形的某些特质改善了这个困境。首先，超对称可以减少变数的数目，并且将二阶微分方程（某些量要做二阶导数）转成一阶的微分方程（只要做一阶导数）；而且，超对称让所有费米子对应到自己的玻色子，如果你能知道所有费米子，就同时掌握了所有玻色子，反之亦然。因此你只要针对一类粒子来研究即可，这时你可以挑选比较容易解的方程来着手。

卡拉比－丘流形几何性质内禀的另一特色，是狄拉克方程的无

142

质量粒子解和另一种数学架构 —— 称为"拉普拉斯方程"（Laplace equation）的解相同，一般认为这是比较容易处理的情形。其中最大的优点是，我们可以直接得到拉普拉斯方程的解（无质量粒子），完全不需要再去解微分方程，甚至不需要知道卡拉比－丘流形上的度规或其确切形状。所有我们该知道的，是卡拉比－丘流形的拓扑"资料"，一切都埋藏在称为"赫吉菱形"（Hodge diamond）的 4 × 4 矩阵中。由于第 7 章将讨论这个课题，我暂时不多言，各位只要知道，这个巧妙的拓扑手法，轻易地解决了无质量粒子的情形。

不过，得到这些粒子还只是第一步，物理世界并不只是一堆粒子，还包括粒子彼此之间的作用力。在弦论中，弦圈在时空中移动，可能会结合在一起或者分开，至于到底会不会发生，取决于度量弦间作用力的"弦耦合"（string coupling）效应。

粒子相互作用强度的计算，是非常耗神费力的工作，即使用上弦论已具备的所有工具，依现在的状况，大概也得耗上一年的时间，才能算出一个模型。再者，超对称可以让计算稍微轻松一点，而且数学家也帮得上忙，因为几何学家很熟悉这类问题，我们口袋中有很多工具可以提供支援。取一个闭圈，让它在卡拉比－丘流形中移行并振动，它有可能先变成 8 字形的模样，然后变成两个分开的闭圈。反过来说，两个闭圈也有可能先接触变成 8 字形的样子，然后再结合成一个闭圈。这些闭圈在时空中的移动，扫出一个黎曼面，这正是弦互动的图像，只是在弦论登场之前，数学家没有将它和物理学连结起来。

弦论的初步理论验证

有了这些工具，物理学家所提出的预测，到底能够多符合现实世界呢？这是第9章才要集中讨论的课题。这里，只先讨论1985年，坎德拉斯、赫罗维兹、史聪闵格、威滕联合发表的论文。这是弦论第一次严格的尝试，通过卡拉比－丘紧致化，检证弦论与现实世界的相符程度。[20] 即使在当年，物理学家已经可以正确解释出其中许多部分。例如他们的模型可以在四维时空中找到足够的超对称（这个模型称为 $N=1$，表示空间在四种对称作用下保持不变，大致可以想成四种不同的旋转）。这是一个很大的成就，因为如果他们得到的是最大的超对称（$N=8$ 的意思是，空间必须在32种不同的对称作用下不变），就会对物理性质给出太大的限制，例如我们的宇宙必须是平的，没有我们认为应该存在的曲率，也不会有任何像黑洞这样的复杂结构，生活会无聊得多（至少对理论学家来说）。如果坎德拉斯等人在这个关口失败了，证明这个六维空间不可能产生合宜的超对称性质，那么至少以这个例子而言，弦论的紧致化想法就失败了。

因此这篇论文是个大跃进，现在被公认是弦论第一次革命中的一环。不过这篇论文在其他方面仍有闪失，像是粒子的族数就是一个大问题。粒子物理学中的标准模型已经主宰这个领域近数十年，成功结合了电磁力、弱核力、强核力。在这个模型中，组成物质的基本粒子被分成三族（family）或三代（generation）。每一族包括两种夸克，一个电子或其亲戚（渺子 μ^-、陶子 τ^-），以及电子中微子或其亲戚（渺子中微子 γ_μ、陶子中微子 γ_τ）。第一族是我们世界中最熟悉的粒子，最稳定也最轻，第三族最不稳定也最重，第二族则介于其间。不幸的是，坎德拉斯等人所选择的卡拉比-丘流形，得到的是四族粒子。虽然只差一，不过在这个层次，三和四之间的差距可是天壤之别。

1984年，史聪闵格和威滕就开始探索族数的问题，最后他们问我是否能找到族数为三的卡拉比–丘流形。赫罗维兹也敲边鼓，告诉我这个问题十分重要。他们需要的是欧拉示性数为6或–6的卡拉比–丘流形，因为威滕在数年前就证明了，对某一类卡拉比–丘流形 [144]（其中包括非单连通的条件），粒子族数等于欧拉示性数绝对值的一半。在1985年那篇广被引用的四人论文中，也写着这个公式的一种版本。

同一年稍晚，我在圣地亚哥飞往芝加哥的飞机上，找到思考这个问题的时间。那时我正在去美国阿贡国家实验室（Argonne National Laboratory）的途中，那里正要举办有史以来第一次的大型弦论学术会议，我要在会议中发表演讲，因此抽出时间在飞机上准备。我想到我的物理界友人都认为三族问题十分重要，因此也许该对这个问题谈谈我的想法。很幸运的，我在飞机上，找到一个欧拉示性数–6的卡拉比–丘流形，结果成为第一个能够得到标准模型三族粒子的流形。虽然这不是什么了不得的进展，不过诚如威滕所云，仍是"一项小突破"。[21]

我用来构造这个流形的技术有点复杂，不过后来证明很有用。首先我取的是两个三次超曲面的笛卡儿乘积。所谓"超曲面"是比背景空间低一维的子流形，像是球面上的赤道。不过我们所考虑的维度是复数维度，复三维空间中的超曲面的维度是复二维。因此两个这种超曲面的乘积，复数维度是2+2＝4。这比所需的复三维多了一维，因此我需要将它剖开，取它的复三维（也就是实六维）截面（或切片），这才是弦论需要的流形。

不过这个程序还没构造出我们需要的流形，因为它会产生九族的基本粒子，而不是三族。但这流形具有三阶对称，因此可以造出所谓的"商流形"（quotient manifold），其中每一点都对应到原流形中的三个点。在这里的取商，就像是把原流形切成三等份，如此一来，流形的点数减为原来的三分之一，粒子族数也从九族除以三，变成三族。

据我所知，这个流形不但是史上第一个能够得到三族粒子、欧拉示性数为 6 或 –6 的卡拉比–丘流形，而且有很长一段时间，这也是唯一的一个。事实上，我不曾听说有任何其他能够满足这个条件的卡拉比–丘流形。直到 2009 年，坎德拉斯和两位同事，都柏林高等研究院的布朗恩（Volker Braun）与牛津大学的戴维斯（Rhys Davies），才构造出类似的流形。他们先找出欧拉示性数为 -72 的卡拉比–丘流形，然后从它得出欧拉示性数为 -6 的商流形。讽刺的是，坎德拉斯早在 20 世纪 80 年代末和两位学生构造出约 8000 个卡拉比–丘流形时，就已经找到那个欧拉示性数 –72 的流形，却要等到 20 多年后才领会到它的用处。[22]

我之所以提到这些事，是因为早在 1986 年，当布莱恩·格林恩试图从卡拉比–丘流形推导出实际物理性质时，当时并没有多少卡拉比–丘流形可供选择。而为了让族数正确，格林恩运用了我 1984 年到阿贡实验室途中构想出来的流形。他还在牛津大学当研究生的时候就开始探讨这个问题，后来到哈佛大学成为我的博士后研究员之后仍继

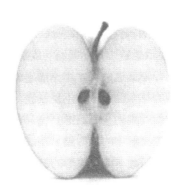

图6.5 在几何学中，我们可以只取物体的切片来降低维度，探讨截面的性质。例如你切开一个三维的苹果，可以看到它的二维截面，至于截面的模样，就要看你下刀的位置与刀法；如果你对着截面再切一刀，就可以看到二维截面上的一维截线；如果对着线再切一刀，就露出单一的"零维的点"，因此每切一刀，就让手上的物体降低一个维度，直到零维为止

续研究。格林恩与他在牛津大学的指导教授罗斯（Graham Ross），以及科克林（Kelley Kirklin），米隆（Paul Miron）共四人，得到了比坎德 [146] 拉斯等四人早一年论文更接近标准模型的成果，格林恩的模型提供了更多的细节，包括从卡拉比－丘流形求得物理性质的一步步过程。他们得到正确的超对称、正确的族数、质量非常小的中微子，几乎任何你希望的都有，只除了多了少数不该存在的粒子。因此这个卡拉比－丘流形很接近了，比以前任何研究成果都更好，但仍然不是正确的空间。不过，这绝不是对这项研究的批评，毕竟在过了25年后，大家还是没找到正确的空间。

早期的物理学家希望只需要烦恼一个卡拉比－丘流形，它是唯一的解，可以计算出所有的物理性质。或者稍退一步，也许只有一些卡拉比－丘流形，这样物理学家也可以很快淘汰掉不适合的例子，找出正确的流形。在史聪闵格和威滕第一次问起我，有多少已知或已构造的卡拉比－丘流形时，我确定知道的只有两个，一个是"五次三维形"（quintic threefold），这大概是最简单的卡拉比－丘流形，其中"五次"是因为描述它的是五次多项式：$z_1^5 + z_2^5 + z_3^5 + z_4^5 + z_5^5 = z_1 \times z_2 \times z_3 \times z_4 \times z_5$；而"三维形"则是复三维流形的意思。第二个卡拉比-丘流形，则是先取三个复一维环面的乘积，再加以改造的结果。

差不多同一时间，史聪闵格也问我所有卡拉比－丘流形的可能数目，我告诉他或许有上万个，每个具有不同的拓扑形态，而且是弦论方程的不同解。而在每一拓扑形态的类别里，又有无穷多种可能的几何形状。在1984年的阿贡会议中，我把这个结果报告给更多物理学家知道，当我丢出大约一万这个数字时，许多在场的学者都感到沮丧，不过这项估计到今天仍然屹立不倒。

最初，物理学家并不打算自己构造卡拉比－丘流形，因为他们对其中的数学太陌生，因此得依赖像我这样的数学家来告诉他们。不过一旦开始熟悉相关文献，物理学家的脚步就变得飞快，不需要数学家就能构造出很多例子。在我的阿贡演讲之后不久，坎德拉斯与他的学生采取我用于造出第一个能产生三族粒子的卡拉比－丘流形的策略，将技术电脑化，构造出几千种卡拉比－丘流形（就是刚刚提到的故事）。我自己只能构造出其中几个，而且对于电脑计算也不在行。不过借由坎德拉斯的成就与电脑的计算成果，世上有很多卡拉比－丘流形的讲法就不再抽象，也不仅只是一位狂热数学家的估计而已。这是一个事实，如果你还有任何怀疑，只消去看看坎德拉斯发表的资料库即可。

重点是弦论比当初大家预期的要复杂得多。它不再只是拿出一个卡拉比－丘流形，然后尽量拧出最后一滴物理性质的理论。而是在做这些事之前，必须先回答"哪一个卡拉比－丘流形"的问题。而且在第10章，我们将会看到几十年下来，卡拉比－丘流形数量过多的问题只有更严重，而不是更有改善。事实上，这个问题在1984年就很清楚了，当时史聪闵格就说："弦论的唯一性已经显得可疑。"[23]

这或许还不是最坏的消息，在早期还有另一个关于数目的问题造成弦论的困扰，这一次惹祸的是弦论本身的数目。弦论不止一种，而是五种不同的理论："Ⅰ型弦论"、"ⅡA型弦论"、"ⅡB型弦论"、"SO（32）杂弦论"以及"Es×Es杂弦论"，其中的差异，举例来说，包括所讨论的弦必须是封闭的弦圈，还是也可以是打开的弦线。每种弦论对应到不同的对称群，每种弦论都有自己唯一的一组假设（像是费米子的手征性等）。五种弦论彼此竞争，不知鹿死谁手，不知道谁才是真正的万有理论。这不只令人难堪，更诡吊的是，号称"唯一"的大自然理论竟然有五种之多！

威滕的M理论

1995年，威滕借由他惊人的天才巧思，证明这五种弦论，其实各自呈现出同一个万有理论的一隅，他称之为"M理论"。好玩的是，威滕从来没解释M的意思，众人的猜测包括"主上"（master）、"神奇"（magical）、"崇高"（mejestic）、"神秘"（mysterious）、"母亲"（mother）、"母体"（matrix）、"薄膜"（membrane）。其中最后一个词具有特殊的意义，因为M理论的基本要素不再是弦，而是更一般的薄 [148]

膜或简称"膜"（brane），这些膜的维度从零维到九维不等。其中一维膜就是我们熟悉的弦，而二维膜大致就像薄膜一样，三维膜则是三维的空间。这些多维的膜通常记为"p膜"（p-brane），其中一大类膜称为"D膜"（D-brane），是高维空间中开弦（相对于封闭的弦圈）端点可以驻足的子空间。加入膜的概念，让弦论更丰富，也能探讨更繁多的现象（后面将会讨论）。而且，威滕证明这五个弦论以更基本的方式彼此相通，表示在解决特殊问题时，可以挑选让问题显得最容易解的弦论版本。

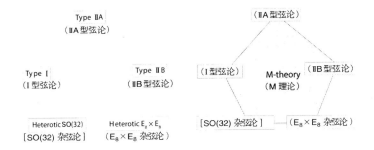

图6.6　刚开始，大家认为这五种弦论相互竞争，它们被分开研究，而且彼此也不同。然后，威滕和其他人缔造了"第二次弦论革命"，证明这五种弦论彼此相关，通过一个称为M理论的共同架构互相连结，虽然看来没有人知道M代表什么

M理论还有一个和弦论泾渭分明的特色：这是一个十一维的理论，不是十维。"物理学家号称拥有优美又一致的量子引力论，但是他们不能在维度上取得共识，"马尔达西纳指出："有人说十，有人说十一。事实上，我们的宇宙可能同时具有十和十一个维度。"[24]

史聪闵格同意"维度的概念不是绝对的"。他将弦论和M理论与水的三态做比较："如果低于冰点，水是固态；比冰点高是液态；比沸

点高，就成了气态。相态不同，水看起来非常不一样。但是，我们并 149
不知道自己真正住在哪个相态里面。"[25]

即使是M理论的构造者威滕自己也让步承认，大自然的十维或
十一维描述"可能都正确。我不认为有哪一个比较基本，不过针对某
些目的，也许某一个会比较有用"。[26]

就现实来看，从十维理论出发，物理学家在推导四维世界的性质
时比较成功。不过也有研究者想从十一维空间，直接紧致化七维空
间（称为"G_2空间"）以得到四维时空。第一个七维紧致版本是1994
年由牛津大学的数学家乔埃斯（Dominic Joyce）构造的。读者也许以
为，我们到目前所讨论的一切，也就是从十维时空紧致化六维卡拉
比－丘流形，然后得到四维时空（4+6＝10）的想法，在威滕的灵光闪
现下，可能突然过气淘汰。幸运的是，至少针对我们现在讨论的目的
来说，全然不是这么回事。

加州大学柏克莱分校的物理学家侯拉瓦（Petr Horava）是威滕的 150
合作者，也是M理论的主要贡献者。他解释G_2理论的缺点：我们不能
从"光滑"七维流形的紧致化，推导出正确的物理性质；另一个问题
是七维流形和卡拉比－丘流形不同，它不是复流形，因为复流形的实
数维度一定是偶数。侯拉瓦补充说，这或许是最重要的差别，"因为
复流形具有更好的性质，更容易理解，也更容易处理。"[27] 而且，关
于七维G_2流形的存在性、唯一性以及其他数学性质，还有很多大家不
了解的地方。我们既没有系统性的方法可以寻找G_2流形，又没有一般
的法则作为研究的依据，这都和卡拉比－丘流形不同。威滕和我曾经

图6.7 威滕，摄于高等研究院。（照片提供：Cliff Moore）

为 G_2 流形寻找类似卡拉比猜想的理论，不过到目前为止，威滕、我或者别人都没有什么斩获。这是 M 理论不能像弦论那样充分发展的原因之一，毕竟其中的数学不但更加复杂，而且几乎都还未妥善建立。

基于 G_2 流形的这些困难，大部分 M 理论的研究，都用间接的方式来紧致化七维流形。首先，十一维时空被想成是十维时空和一维圆圈的乘积，接着先紧致化这个圆圈，让它的半径非常微小，变成十维的时空后，再依正常程序，通过紧致化卡拉比－丘流形下降到四维世界。侯拉瓦说："因此即使在 M 理论里，卡拉比－丘流形依旧是事物的核心。"[28] 这条思路是由威滕、侯拉瓦、欧夫路特（Burt Ovrut）与其他人发展出来的，通称为"杂 M 理论"（heterotic M-Theory）。它影响了"膜宇宙"概念（我们的宇宙存在于膜上）的引入，也催生了许多早期宇宙的理论。

因此至少就目前而言，条条道路都通往卡拉比－丘流形。想要从弦论或M理论，得出真正的物理性质，甚至某些宇宙学理论，卡拉比－丘流形仍然是掌控着"宇宙密码"的几何空间，里面存放着宇宙的宏大蓝图。这就是为什么弦论的创建者之一，斯坦福大学的物理学家萨斯金（Leonard Susskind）要宣称，卡拉比－丘流形不只是理论的支撑结构或构架，"而是弦论的DNA"了！[29]

第 7 章
151 **穿越魔镜**

事后证明，这是镜对称的重要时刻。

许多本来认为镜对称是垃圾的数学家，

开始意识到终究还是能从物理学家那里学点东西。

数学家莫理森就是很好的例子，

他在柏克莱会议上是最直言不讳的批评者，

但后来其想法完全改变，

不久之后就完成许多镜对称、弦论、

卡拉比－丘流形拓扑转换等的重大贡献。

　　虽然卡拉比－丘流形踏入物理学的时候气势非凡，可是这些迷人的几何形体很快就遭逢"雷声大雨点小"的危机，原因与同时出现太多弦论的窘境倒并不相干（太多种理论的问题，最终由威滕将之解决）。卡拉比－丘流形吸引物理学家的原因很明显，就像杜克大学物理学家普列瑟（Ronen Pelesser）所描述的："我们希望能将这些空间分类，找出它们导出的各种物理性质，淘汰掉其中一些，最后得到例如'第476号空间可以描述我们宇宙'的结论，然后我们可以从它再推导出所有的事情。"[1]

可是即使到了今天，这个单纯的愿景也尚未实现。事实是，二十多年前理论进展的脚步停滞下来了，热情消退，怀疑悄悄滋生蔓延。20世纪80年代末，许多物理学家认为，卡拉比−丘流形在物理学所扮演的角色已经死亡。目前在杜克大学的物理学家亚斯平沃（Paul Aspinwall）当时刚拿到牛津大学的博士学位，却发现找不到工作和学术补助以继续研究卡拉比−丘流形与弦论。有些不再抱着幻想的弦论学生，包括布莱恩·格林恩在牛津大学的两位同学与论文合作者，则开始放弃物理，陆续踏入金融界。留下来的人如格林恩，则必须抵挡类似这样的指控："他们做计算只是为了自己的目的，想要学习数学，再将结果伪装成物理学。"[2]

也许这些说法不无道理，不过基于格林恩与普列瑟随后将对"镜 152 对称"（mirror symmetry）做出关键性的贡献，不仅让卡拉比−丘流形的议题重获新生，也让几何学中一门垂老的分支得以回春，我不得不承认，很高兴他们选择的是坚持这个特殊的研究方向，而不是去买卖股票、期货。不过直到这道复兴的浪潮来临之前，当时卡拉比−丘流形的物理研究正陷入低潮，至少一度看来已是回天乏术。

保角不变性的挑战

麻烦的征兆，出现在弦论研究中所谓"保角不变性"（conformal invariance）的概念。当弦在时空中移动时，会扫出一个实二维（复一维）的曲面或黎曼面，称为"世界面"（World sheet），其中一个维度是空间，另一个是时间。如果是闭圈状的闭弦，世界面看起来就像是持续延伸的水管面；如果是像一截线段的开弦，世界面则像一条不断延伸的带子。弦论研究的是弦的所有可能振动，而振动则受到"作用量原理"（action principle）的支配，这项物理原理又和世界面上的保角结构有关，这是黎曼面的内禀性质。因此打一开始，弦论就有内建的保角不变性质。想了解保角不变性，可以用较简单的"伸缩不变性"（scale invariant，或称"换标不变性"）为例，这表示系统的距离如果都乘上一个常数，系统性质不会改变。因此将世界面像灌气般放大，或放气般缩小，都不会改变弦论的性质。注意：在放大或缩小时，角度并不会改变，所以事实上，伸缩不变性是保角不变性的一个特例。

　　但想在量子架构下维持保角不变性时，问题就发生了。就像古典粒子会在测地线上移动一样（记得吗？测地线是距离最短的路径，见第 3 章讨论最小作用量原理的部分），古典弦也会在极短路径上移动，于是弦移动所造成的世界面是某种面积极小的特殊曲面。二维世界面的面积可以用一组方程，亦即一种二维场论来描述，这个二维场论告诉我们弦移动的精确方式。这是因为在场论里，所有作用力都是遍布于时空各点的场，弦的移动是作用力作用在弦上的结果，因此才会造153成世界面会有极小面积的结果。也就是说，在弦的所有可能移动方式所造成的所有可能世界面中，场论会选出极小面积的世界面。

　　不过，这个场论的量子版本不但必须掌握弦在时空中移动的特性以及其世界面的性质，还必须能掌握弦移动时因振动所造成的更多细节，因此世界面也将具备能够反映这些振动的小尺度特性。在量子力学里，粒子或弦会在时空中所有可能的路径上移动，量子场论不是只选择具有极小面积的世界面，而是对所有的世界面采取加权平均，而在方程式中赋予愈小面积的世界面愈大的权数。

但是在做完加权平均后（也就是在所有世界面所构成的空间上做完积分后），得到的二维量子场论是不是仍保持保角不变性呢？结果是答案和所有世界面所构成空间的度规选取有关，有些可以得到期望中的保角场论结果，但有些则否。

想知道某个度规是否保持伸缩或保角不变性，要计算所谓的 β 函数，这个函数测量保角性的偏差程度。如果 β 函数的值是零，那么将世界面放大或缩小时，物理性质并不会改变，如果你希望得到能保角的理论，这当然是好消息。我们一般假设 β 函数在黎奇曲率是零的情况会等于零（就像卡拉比–丘流形的情况）。不幸的是，就像我们曾经讨论过的许多复杂方程式一样，β 函数并无法明确计算。取代的方法是利用称为幂级数的无穷级数来逼近，当计算的级数项愈多，结果就愈精确。

想象下述的例子，应会让你更明白这个过程。假设我们想计算一个球的表面积，可以利用一张铁丝网格将球包覆起来，来帮助我们计算。如果你的网格只有一个闭圈，当然没有什么大用，但是如果你像正四面体一样，用了四个三角形闭圈，显然会得到好很多的逼近值。假如将闭圈数增加到12（例如正12面体中的五边形闭圈），或者20个（例如正20面体中的三角形闭圈），就会得到更佳的逼近值。β 函数的幂级数和这个例子很类似，它的级数项也称为闭圈。如果你只计算一项，称为一闭圈 β 函数；如果计算前两项，则称为二闭圈 β 函数，以此类推。[154]

麻烦发生在加入更多闭圈的时候。打一开始，β 函数的计算就很困难，随着闭圈数的增加，难度更大，计算更冗杂。然而计算的结果显示，幂级数的前三项都是零，这和预测的零相同，让物理学家信心大增。不过，目前在加拿大麦吉尔大学的物理学家格利沙鲁（Marcus Grisaru）与他的两位合作伙伴安东·凡德文（Anton van de Ven）与查侬（Daniela Zanon）在1986年发表了一篇论文，他们计算出四闭圈 β 函数并不等于零；而且格利沙鲁和其他人的后续计算得到五闭圈 β 函数也不等于零。对卡拉比－丘流形在物理学中的地位，这犹如是一拳重击，因为这表示其度规并不容许保角不变性。

"身为弦论与超对称的信仰者，我们的发现值得忧心。"格利沙鲁说："虽然一方面很高兴这项结果让我们更声名狼藉，但你通常并不希望这份恶名得自于损毁一栋美丽的建筑。尽管如此，我对科学的态度依旧，我们得接受自己得到的结果。"[3]

不过，情况也许还不到全盘皆输的地步。1986年，当时都在普林斯顿的大卫·格罗斯（David Gross）与威滕在另一篇论文中辩称，即使卡拉比－丘流形上黎奇曲率为零的度规失败了，但是仍然有可能只需要对度规做微幅修整，就可以让 β 函数如愿等于零。问题是，将度规稍微变动，并不等于只对单一项做修正，而是要修正无穷多项（所谓"量子修正"）。然而一旦遇到这种对无穷级数做修正的情况，问题就会变成修正后，级数是否还能收敛到解的难题。普列瑟问："会不会所有项都修正后，结果根本没有解？"

在最好的情况，稍微改变度规，解本身也只会稍做改变。普列瑟解释说，例如穿越魔镜 $2x=0$ 的解是 $x=0$，"而一旦要解的方程变

成 $2x=0.100$，则解变成 $x=0.050$，只改变一些，这是我们期待的情况"。解 $x^2=0$ 也很容易，解还是 0。"但是如果要去解 $x^2=-0.100$，至少在实数的情况是没有解的，"普列瑟说，"所以小小的改变，可能使得解只 [155] 改变一些，也可能让解根本不存在。"[4]

不过在卡拉比－丘流形的修正版，格罗斯和威滕证明了整个级数会收敛。我们可以逐项修正卡拉比－丘度规，而在整个程序结束时，剩下一个虽然很复杂但可以解的方程式，其结果就是 β 函数的所有闭圈项都等于零。

斯坦福大学的卡屈卢说："结论是大家不用放弃卡拉比－丘流形，只需要做很轻微的修正。由于我们从一开始就写不出卡拉比－丘度规，因此度规的微小修正，实在没什么大不了。"[5]

对于卡拉比－丘度规必须做微小修正的彻底洞识，出现在同一年涅默商斯基（Dennis Nemeschansky）与森恩（Ashoke Sen）的研究论文里，他们当时都在斯坦福大学。我们知道修正过的流形在拓扑上与卡拉比－丘流形仍然相同，而且修正后的度规也几乎是黎奇平坦的。涅默商斯基和森恩提出一个精确的公式，显示修正度规和黎奇平坦之间的差异。森恩说，他们的研究再配合格罗斯与威滕的研究，"将卡拉比－丘流形在物理学中保留下来，不然的话，大家就必须放弃整套想法"。森恩还说，如果不是先假设弦论中卡拉比－丘流形是黎奇平坦的，我们也不可能得到这个结果，"因为如果不从黎奇平坦度规开始，根本无法想象有哪一种程序，可以指引我们得到正确的度规"。[6]

我同意森恩的结论，但这并不表示黎奇平坦的假设从此就无用武之地。其中一种看法是，具备黎奇平坦度规的卡拉比－丘流形就像 $x^2=2$ 的解，就算你真正想解的方程是 $x^2=2.000000001$（这好比流形几乎是黎奇平坦，但不真的是黎奇平坦），但唯一得到修正解的方法，仍然得从 $x^2=2$ 的解开始，然后再取得近似修正。但是就大部分的应用来说，$x^2=2$ 的解已经够好了。一般而言，黎奇平坦度规也是最好用的，而且足以掌握大部分有趣的现象。

盖普纳模型与卡拉比－丘流形

让卡拉比－丘流形复活的下一大步，来自盖普纳（Doron Gepner）从1986年开始连续好几年的研究贡献，当时他在普林斯顿大学做物理博士后研究。盖普纳构造了一系列保角场论，它们的物理性质和单一卡拉比－丘流形因不同大小与形状的变形所对应的物理性质，有着惊人的相似度。刚开始，盖普纳发现他的场论的相关物理性质，如对称性、场、粒子，居然和某个特殊卡拉比－丘流形上的"弦传播"（string propagating）看起来很相似，感到十分惊讶。这项研究赢得众人的瞩目，因为这表示表面上毫不相干的保角场论与卡拉比－丘理论，似乎有着神秘的连结。

被挑起好奇心的人当中包括了格林恩，他当时在哈佛大学跟我做博士后研究，格林恩对卡拉比－丘流形的数学非常专精，这是他的博士论文主题，另外他也习有保角场论的坚实基础。于是格林恩开始和哈佛物理系中做保角理论研究的人讨论，其中包括两位研究生，普列瑟和迪斯特勒（Jacques Distler）。迪斯特勒和格林恩开始检视场论的关联函数（correlation function）在卡拉比－丘理论中的对应。这里的关联函数包括了支配粒子相互作用的"汤川耦合"（Yukawa coupling），其中又包含了能赋予粒子质量的相互作用。在1988年春天送交审阅的论文里，迪斯特勒和格林恩发现两者的关联函数（或汤川耦合）在数值上是一样的，这提供了另一个证据，显示就算场论和卡拉比－丘理论彼此不同，仍然具备某种关联性[7]。之后不久，盖普纳在送审的论文里也得到汤川耦合互相一致的类似结果。[8]

说得更清楚一点，迪斯特勒和格林恩，还有盖普纳的结果表示，明确给定流形的形状与大小，他们可以计算所有的关联函数，从这一组数学函数整体来看，就可以完全刻画保角场论。换句话说，这个结果是用完全明确的方式，将一个保角场论对应于所有关联函数，并且能决定卡拉比－丘流形的确切形状和大小。对迄今所知的某类卡拉比－丘流形，都有一个对应的盖普纳模型。

这项在20世纪80年代末所坚实建立的连结，开始改变人们对卡拉比－丘流形是否有用的看法。就像卡屈卢说的："你不能怀疑他（即 157 盖普纳）的保角场论的存在性，因为这些是完全可解可算的。如果你不怀疑这些理论，而它们和相对应的卡拉比－丘空间的性质又一样，你当然也不能怀疑这些空间。"[9]

亚斯平沃说："盖普纳的论文真的救了卡拉比－丘理论。"至少这对物理学或弦论来说是如此。[10] 更甚者，盖普纳模型与卡拉比－丘空间之间的连结，为镜对称的发现布置了舞台。这将是一项令人信服的发现，足以对卡拉比－丘流形是否值得研究的疑问，抹除最后一丝怀疑。

镜对称的诞生

镜对称最早的提示出现于1987年，当时斯坦福大学物理学家狄克森（Lance Dixon）与盖普纳观察到，有些不同的K3曲面连结到相同的量子场论，因此意味着这些不同的空间之间存在某种对称性。不过狄克森或盖普纳都不曾发表论文讨论这个主题（虽然狄克森曾经在一些演讲中提到过）。因此关于镜对称的第一次文字叙述，可能出自1989年勒契（Wolfgang Lerche，加州理工学院）、瓦法、华纳（Nicholas Warner，麻省理工学院）三人合写的论文。他们宣称，两个拓扑形态不同的卡拉比－丘流形（六维的卡拉比－丘流形，不是四维的K3曲面）可以得到相同的保角场论，因此共享相同的物理性质。[11]这项叙述比狄克森－盖普纳的说法更强，因为他们三人谈的是不同拓扑形态的卡拉比－丘流形，而狄克森和盖普纳的发现只用在拓扑形态相同但几何性质不同的曲面（毕竟所有K3曲面的拓扑形态都相同）。问题是，没有人知道如何构造这一对以奇怪方式连结起来的流形。事后证明，盖普纳模型是解开谜题的关键之一，而且正是这些模型将格林恩和普列瑟第一次聚在一起。

1988年秋天，格林恩与瓦法在研究室里聊天时（两人的研究室同样位于著名的哈佛物理系"理论"楼层里），得知这个"各种不同卡拉比－丘流形之间可能互有关系"的想法。格林恩当下就意识到，如果真能证明这层关系，将会是个非常重要的观念，于是他加入瓦法和华纳的小组，试图理解卡拉比－丘流形与盖普纳模型之间更明确的关系。结果格林恩、瓦法，以及华纳详述了如何由盖普纳模型得到某个特殊卡拉比－丘流形的步骤。[12]格林恩解释说："我们提出算则去说明，它

158

们为何有关联、如何关联。当你给我一个盖普纳模型，我立刻就可以告诉你它对应到哪一个卡拉比－丘流形。"[13] 他们三人合写的论文，解释了从每一个盖普纳模型都会得到一个卡拉比－丘紧致流形的原因。他们的分析让两者之间的对应不再依赖猜测，而先前的盖普纳却必须靠查表，才能找到对应特定物理性质的卡拉比－丘流形。

既然盖普纳模型与卡拉比－丘流形间的关系确定了，1989年格林恩和普列瑟就一起开始探讨更深层的问题。格林恩说他们意识到的第一件事，"是我们现在拥有一套威力强大的工具，可以运用我们完全能控制、事实上是完全能理解的场论，去分析非常复杂的卡拉比－丘几何性质"。[14] 他们很想知道，如果对盖普纳模型做一些转变会产生什么影响。格林恩和普列瑟认为改变后的模型，也许会对应到稍微不同的卡拉比－丘流形。所以他们就着手尝试，对盖普纳模型做了旋转对称的作用（就像把正方形转90度一样），结果场论这一头虽然没有任何改变，但是相对应的另一端，却产生了拓扑和几何很不相同的卡拉比－丘流形。

也就是说，这个对称作用改变了卡拉比－丘流形的拓扑形态，而原来的保角场论却原封不动。因此结论就是有两个拓扑形态不同的卡拉比－丘流形，对应到相同的物理理论。盖普纳说："概括地讲，这就是镜对称了。"[15] 用更普遍的说法，这是所谓的"对偶性"（duality），也就是两个看似毫无关系的物件（在这个情况是卡拉比－丘流形），却拥有相同的物理性质。

在格林恩和普列瑟的第一篇镜对称的论文里，列出了十组所谓的

"镜伴"（mirror partner）或"镜流形"，它们都不是无聊的完全平坦卡拉比－丘流形，从最简单的开始，第一个是五次三维形（见第6章）。除了这些例子之外，在论文中他们还给出公式，解说如何从一个盖普纳模型得到一对镜流形。当时已知的盖普纳模型数目如果不是上千，也有数百个之多。[16]

159/160　　将两个原先似乎毫无关系的镜流形对并排比较，一些美妙的特质出现了。格林恩与普列瑟发现，譬如其中一个卡拉比－丘流形有101种可能形状与20种可能大小，则另一个就有20种可能形状与101种可能大小。另外，已知卡拉比－丘流形有不同维度的洞，格林恩与普列瑟发现镜流形有着奇怪的模式，一个流形奇数维的洞数和另一个流形的偶数维洞数相等，反之亦然。格林恩说："这表示两个流形的总洞数相等，尽管洞数奇偶交换的事实，表示两者的形状以及基本几何结构截然不同。"[17]

　　不过这还不足以解释这个对称性的"镜"层面，也许以拓扑的角度来思考比较能领略。例如，卡拉比－丘镜伴有着正负相反的欧拉示性数，尽管稍显粗糙，但已经意味着两者的拓扑形态很不同。

　　欧拉示性数只能传达少数空间结构的信息，相同拓扑形态的空间如球、正方体、正四面体的表面，固然有相同的欧拉示性数，但161拓扑形态不同的空间，欧拉示性数也可能相等。然而如果对粗糙的欧拉示性数详加分析，它其实可以再分成一些称为"贝堤数"（Betti number）的整数的加减总和，这些贝堤数可以提供空间结构更细节的信息。

图7.1 布莱恩·格林恩（图片提供：@Andrea Cross）

一个 n 维流形共有 $n+1$ 个贝堤数。零维的点有一个贝堤数；一维的圆圈共有两个贝堤数，二维曲面如球面则有三个贝堤数等。我们用 b_k 表示 k 维贝堤数，代表独立 k 维"闭链"（cycle，亦称闭圈）的数目，[162]其中闭链是能缠绕流形或被穿越的高维闭圈（想想甜甜圈的例子，本章后面还会谈到闭链。）

在二维曲面的情形，一维贝堤数表示你切割曲面，却不会将曲面分成两半的切割方法数。例如球面，我们找不到让球面不分成两半的割法，因此球面的一维贝堤数等于零。

现在取一个甜甜圈面（空心的甜甜圈），如果把它的外围"赤道"

图7.2 普列瑟（图片提供：Duke Photography）

切开，结果仍然是一块点心（只是没有内馅）；或者换一个方向，向洞直切进去，结果是一个断掉但仍然还是一整块的点心（你可能嫌它不够对称美观）。因此，我们有两种切割甜甜圈却不会分成两块的方法，这表示它的一维贝堤数等于二。

接下来考虑两个洞的甜甜圈，我们可以直切两洞之一，也可以从一个洞往另一个洞切，还可以沿着最外围的一圈"赤道"切开，切完后这个甜甜圈仍然是一个点心。于是我们找到四种独立不同的方法切开双洞甜甜圈，每一种都不会将它切成两部分，所以双洞甜甜圈面的一维贝堤数等于四。相同的模式可以用到18洞的甜甜圈，它的一维贝堤数等于36。

不过事实上，还有更细致的方法可以区分流形的拓扑形态。苏格

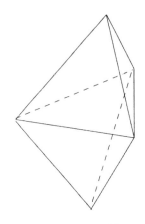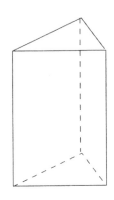

图7.3 双四面体（double tetrahedron）有五个顶点和六个面。三角柱有六个顶点和五个面，它们是镜流形的简单例子。利用这两种熟悉的多面体，可以构造出卡拉比–丘流形与其镜流形，其中顶点数和面数与卡拉比–丘流形的内在结构有关。不过"构造"的细节非常繁琐，不适合在这里讨论

兰数学家赫吉（W. V. D. Hodge）发现，每一个贝堤数还可以再写成一些数的和，这些数称为赫吉数（Hodge number）。赫吉数可以让我们以更清晰的方式窥见流形子结构。这些赫吉数的整体信息被包裹成所谓的"赫吉菱形"。

由赫吉菱形的结构，可以在视觉上看到镜对称中的"镜"层面。一个六维卡拉比–丘流形的赫吉菱形 M，是一个16个赫吉数的网格。想知道镜流形的赫吉菱形 M'，你只要从左下边的中点画一条线，通过右上边的中点，然后对正这条线将 M 中的赫吉数翻转过来即可。这个刻画镜流形的新赫吉菱形 M'，是原来的赫吉菱形 M 做线对称之后的镜像。

镜流形的赫吉数会对称翻转并不是镜对称的解释，而是结论，因 [163]

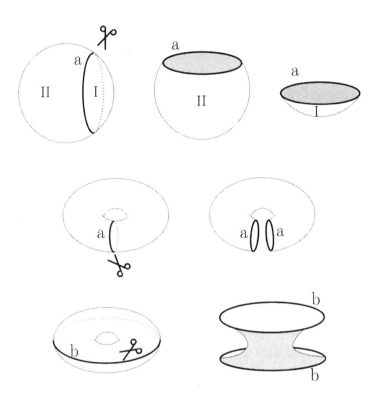

图7.4 可赋向（或两面）的曲面可以用贝堤数来区分它们的拓扑形态。一般来说，一维贝堤数 b_1 表示沿闭圈割开曲面，却不会让曲面分成两块的不同方法数。例如沿着球面上任一闭圈剪开，一定会将球面分成两块，因此球面的一维贝堤数等于零，但是甜甜圈圈上却能找到两条闭圈，剪开后并不会将曲面分割成两半，所以甜甜圈面的一维贝堤数是二

为这也可能发生在没有镜对称关系的一组流形上。格林恩与普列瑟所看到的赫吉数对称，只表示他们已初见某种有趣新对称性的端倪，但这并不是证明。普列瑟说，要更令人信服，就要确定镜流形对的物理（保角场论）性质是"实实在在的等同"。[18]

$$
\begin{array}{ccccccc}
 & & & 1 & & & \\
 & & 0 & & 0 & & \\
 & 0 & & h^{1,1}(V) & & 0 & \\
1 & & h^{2,1}(V) & & h^{2,1}(V) & & 1 \\
 & 0 & & h^{1,1}(V) & & 0 & \\
 & & 0 & & 0 & & \\
 & & & 1 & & &
\end{array}
\qquad\qquad
\begin{array}{ccccccc}
 & & & 1 & & & \\
 & & 0 & & 0 & & \\
 & 0 & & h^{2,1}(V) & & 0 & \\
1 & & h^{1,1}(V) & & h^{1,1}(V) & & 1 \\
 & 0 & & h^{2,1}(V) & & 0 & \\
 & & 0 & & 0 & & \\
 & & & 1 & & &
\end{array}
$$

图7.5 复三维卡拉比－丘流形的更详细的拓扑讯息，记载在称为赫吉菱形的
4×4数字方阵中。虽然刻画某个卡拉比－丘流形的赫吉菱形并非独一无二，但是赫
吉菱形不同的两个卡拉比－丘流形，拓扑形态也一定不同。图中的两个赫吉菱形互为
镜像，分别对应到一个卡拉比－丘流形以及其镜流形

　　1989年，在格林恩与普列瑟将他们的论文送审之后数天，来自外部的证据出现了。坎德拉斯通知格林恩，他和两位学生在检视许多他们以电脑构造的卡拉比－丘流形后，发现非常惊人的模式。他们注意到这些流形似乎会成对出现，一个流形奇数维的洞数和另一流形偶数维的洞数相等，反之亦然。这些观察到的事实，如两流形彼此之间洞数、形状大小的配置、赫吉数都能互换等，当然会引人遐想，但这也可能只是数学上的偶然。格林恩说："这些有可能对物理学并没有意义，只是像在一家超级商场，牛奶卖两美元，果汁一美元，而另一家则是牛奶卖一美元，果汁两美元一样。真能拍板定案的是我和普列瑟的论点，证明这对卡拉比－丘流形必须拥有相同的物理性质，这才是镜对称的真正定义，可以推出全部有趣的结论，这远比将两数互换要 [164]丰富得多。"[19]

　　依照格林恩的看法，他们两组人的研究并不是平行，而是互补的。他和普列瑟挖掘得更深入，想要知道镜对称对应的物理意涵，而坎德拉斯和他的学生则通过电脑程式，发现了非常多卡拉比－丘流形赫吉

数呈现镜对称现象。以这两篇1990年发表的论文为基础，格林恩宣称："弦论的镜对称"终于正式建立了。[20]

虽然瓦法一直相信有他参与的镜对称猜想是正确的，但他还是很高兴看到这些结果。瓦法开玩笑说："有时想想，在没有任何例子的情况下，我们还敢提出这个猜想，实在需要相当大的勇气。"[21]

镜对称的证据

刚开始我对瓦法和格林恩的这整套计划持保留态度，我告诉他们当时找到的卡拉比－丘流形，欧拉示性数大部分都是负的，如果他们说得正确，由于一对镜流形的欧拉示性数正负刚好相反，照理说我们应该早已发现数量大致相同的两组卡拉比－丘流形，一组欧拉示性数是负的，另一组是正的。幸运的是，我的忧心并没有让瓦法、格林恩、普列瑟等人却步，放弃寻找这个新可能对称性的念头（所以这件事的教训就是，最好是往前继续追寻，不要一开头就遽下结论说东西找不到。）结果不久之后，我们就开始找到许多正欧拉示性数的卡拉比－丘流形，多到足以弭平我当初的疑虑。

我很快就安排格林恩向数学家做镜对称的演讲，几位大人物包括麻省理工学院的辛格（I. M. Singer）都会到场。由于格林恩接受的是物理学的训练，当时他因为要面对一群数学家而十分紧张，我告诉他在讲演中尽量多用"量子"这个词，因为数学家对这个字眼的印象比较深刻。我也建议他或许该用"量子上同调群"（quantum cohomology）来描述镜对称，这是我当时灵机一动发明的新词。

"上同调群"是讨论流形闭链（可以想成高维的闭圈）以及它们彼此相交的理论，闭链与流形之中没有边界的子流形有关。想理解子流形的意思，可以想象一个切成球状的瑞士起司，整个球状的起司块可以想成一个三维空间，而它的内部则可能有上百个洞孔，这些洞的壁面就是子流形，某些可以从外包覆，有些可以用橡皮筋在里面绕一圈。子流形是有精确形状和大小的几何形体，但对物理学家来说，闭链则是一种基于拓扑考虑，不需要那么明确定义的物件，大部分几何学家将闭链视为广义的子流形。虽然如此，我们可以将闭链想成类似绕甜甜圈一圈的闭圈，借以得到流形的拓扑信息。

物理学家有一套方法，为给定的流形指定一个量子场论。流形通常有无穷多个闭链，物理学家用一种逼近法将闭链数降到有限个、因此也比较容易处理的值。这样的过程称为"量子化"（quantization），将本来有无穷多可能的设定变成只有几个容许值（就好像广播电台的频率）。这个过程必须对原来的方程式做量子修正，又因为这是一组关于闭链的方程，因此是关于上同调群的方程，所以我才为它取名为量子上同调群。

不过做量子修正的方法并不是只有一种，幸好有镜对称，对于给定的卡拉比－丘流形，可以得到与它物理性质相同的镜伴流形。这个镜伴流形有两种描述方式，来自两个看起来很不同但基本上等价的弦论版本：ⅡA理论和ⅡB理论，它们所描述的量子场论是相同的。在B模型时，做量子修正的计算相对简单，而且量子修正为零；而A模型实质上是不可能计算的，量子修正也不是零。

　　大概在格林恩与普列瑟的论文发表一年后，镜对称的下一步发展攫取了数学社群的注目。坎德拉斯、德拉欧萨（Xenia de la Ossa）、保罗·葛林（Paul Green，马里兰大学）、帕克斯（Linda Parks）四人证明了，镜对称可以帮忙解决一个代数几何学与"枚举几何学"（enumerative geometry）中的难题，这是超过数十年未解的问题。坎德拉斯团队所研究的是五次三维形的问题，这个问题也称为舒伯特问题，舒伯特（Hermann Schubert）是 19 世纪的德国数学家，他解决了这个难题的第一部分。所谓舒伯特问题是计数在五次卡拉比－丘流形上"有理曲线"（rational curve）的数目，其中有理曲线是像球面一样，亏格为零或没有洞的曲线（实二维曲面）。

　　计数这些东西听起来像是种古怪的消遣，但如果你是个枚举几何学家，那么这就是你每天的主要工作。不过这个工作丝毫不简单，绝不像把罐子中的太妃糖倒到桌上数一数而已。如何计数流形上的物件；如何为问题找到正确架构，使得计数所得到的值有用，百余年来一直是数学家的挑战。举例来说，如果想让最后计数出来的数值是有限而不是无限的话，我们能计数的对象就必须是紧致空间，而不能像是平面那样的空间。又例如要计数的是曲线的交点数，这时相切（轻触彼此）的情形就会造成麻烦。枚举几何学家发展了许多技术来处理这些情况，希望最终的结果是离散的数。

　　这类问题最早的例子出现于公元前 200 年左右，希腊数学家阿波罗尼斯（Apollonius of Perga）曾经提问说："给定三个圆，有多少圆可以同时和这三个圆相切？"这个问题的一般答案是八，并且可以用直尺与圆规来解答。但是要解决舒伯特问题，则需要更精密的计算技巧。

　　数学家处理这个难题的方式是逐步处理，每一步只处理一个固定的"次数"（degree）。这里所谓次数，指的是描述曲线的多项式中各项的最高次数。例如$4x^2-5y^3$是三次多项式，$6x^3y^2+4x$是五次（x和y的次数要加起来），$2x+3y-4$是一次。如果令$2x+3y-4$等于零（$2x+3y-4=0$），就可以定义一条线。因此这个问题是先取出五次三维形，指定有理曲线的次数，然后问说有多少这样的曲线。

　　舒伯特解出了次数是一的情况，他证明五次三维形有2875条线。大概一个世纪之后的1986年，现在任职于伊利诺斯大学的卡兹（Sheldon Katz）解出二次的情况，二次有理曲线数等于609250。坎德拉斯、德拉欧萨、葛林、帕克斯解决的是三次的情形。不过他们的解法运用了镜对称的想法，因为想要直接在五次卡拉比－丘流形上解这个问题极端困难，但格林恩与普列瑟所构造的镜伴流形，提供了容易得多的解题框架。 167/168

　　事实上，在格林恩与普列瑟关于镜对称的原来论文中，就已经指出这个基本的思路。他们说明汤川耦合这个物理量，可以用两种差异很大的数学公式来表示，一种来自原来的流形，另一种来自镜流形。一个公式牵涉流形中不同次数的有理曲线数，根据格林恩的说法，计算起来绝对是很"恐怖"的事情；另一个公式则牵涉流形的形状，相较起来要简单得多。然而因为这一对镜流形描述的是相同的物理性质，因此结果必须相等。这就像"狗"和"犬"两字看起来不同，描述的却是同一种覆毛的动物。格林恩与普列瑟的论文中有一个方程式，明确说明这两组看起来长相各异的公式其实是相等的。格林恩说："你可以有一个抽象上已知正确的公式，但是想把方程式计算到适当的精确

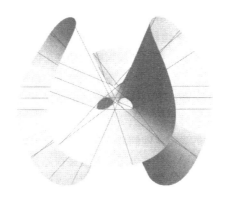

图7.6 19世纪几何学的重要结果之一是凯利（Arthur Cayley）与赛尔曼（George Salmon）的研究，它们证明在所谓的"三次曲面"上共有27条直线。舒伯特后来推广了这个凯利－赛尔曼定理。（图片提供：3D-XplorMath Consortium）

度以得出数值，却是很大的挑战。我们有方程式，却没有从它提炼出数值的工具。而坎德拉斯和他的合作者发明出这项工具，这是很大的成就，对几何学也有很大的影响。"[22]

这个想法阐明了镜对称的潜力。我们或许不需要再去烦恼卡拉比－丘空间中曲线数量的计数，因为另外有一种和计数这种苦差事比起来很不一样的计算方式，也可以获得相同的答案。坎德拉斯团队运用这个想法，计算了五次三维形中三次有理曲线的数目，结果答案是317206375。

计数这些有理曲线的目的，并不仅止于该数值，而是放眼于整个流形的结构。因为在计数的同时，基本上我们是以成熟的数学技巧在移动这些曲线，直到过程涵盖整个空间。在这样的过程中，我们其实是利用这些曲线来定义这个空间，不管它是五次三维形或其他空间都适用。

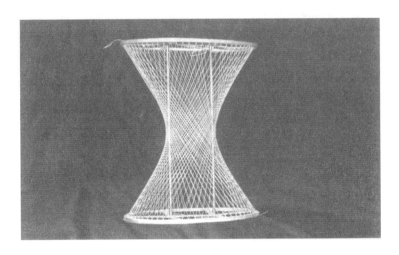

图7.7 计数曲面上的直线或曲线数，是代数几何学与枚举几何学中的常见问题。想知道曲面上的直线的样子，可看看图中这个双直纹双曲面（double ruoed hyperboloid），它是由一系列的直线所完全构成的，而它之所以称为双直纹，是因为曲面上每一点都有两条直线通过。不过对于枚举几何学来说，这样的曲面并不是好例子，因为上面的直线数是无穷多。（照片提供：亚利桑那大学数学系Karen Schaffner）

　　这些结果的整体效果，让一个垂死的几何学分支乍然苏醒。根据美国加州大学圣地亚哥分校的数学家马克·格罗斯（Mark Gross）的看法，坎德拉斯团队领先运用镜对称的想法，解决了这个枚举几何学的难题，导致整个领域获得重生。"当时这个领域基本上已经死了，"格罗斯说，"当旧问题解决之后，人们有时回头用数学的新技术来计算舒伯特数，但是这些方法并无新意。"然后完全出乎意料的，"坎德拉斯带来了新方法，是远远超出舒伯特所能想象的方法。"[23] 物理学家曾经迫切地从数学借用许多材料，然而当数学家倒过来要跟物理借用资源时，他们却要求先看到坎德拉斯方法严格性的更多证明。

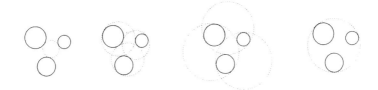

图7.8 阿波罗尼斯问题是几何学最知名的问题之一：给定平面上三圆，有多少个圆会同时切于这三圆。这个问题的提出与原先的解答，据说都出自希腊几何学家阿波罗尼斯（约公元前200年）。上图显示八个解答的切圆图形。舒伯特在两千年后推广了这个结果，证明了：给定四个球共会有16个切球

镜对称 vs 传统数学，镜对称胜

大概就在这个时候，精确地说是在1991年5月，我偶然获得一个机会，安排一场让数学家与物理学家讨论镜对称的会议，地点在柏克莱的"数学科学研究院"（MSRI）。辛格是MSRI的创办人之一[1]，他本来为会议选择的是另一个主题，不过恰好我跟他提到镜对称令人兴奋的最新发展，由于辛格先前参加过格林恩的演讲，他同意并邀请我作为这一周会议的主要负责人。

170　　我的希望是借由这次会议，克服来自不同领域中语言差异与预设知识有别的问题。坎德拉斯在会议中报告了他们在舒伯特问题上的结果，但是他的数目和挪威数学家艾林斯路得（Geir Ellingsrud）与司聪默（Stein Arild Strømme）所得出的结果不同，他们是运用表面上更严格的数学技术所计算出来的，得到的是2682549425。当时出席的代数几何学者态度比较傲慢，认为错的一定是物理学家。德国凯瑟斯劳

---

1. 陈省身也是MSRI的创办人之一，并担任多年的院长职。——译者注

腾大学的数学家贾特曼（Andreas Gathmann）解释说："数学家并不知道物理学家在做什么，因为他们（即物理学家）使用的是全然不同的技术，这些技术不但在数学上前所未见，而且看起来也不像是证明过的。"[24]

坎德拉斯和格林恩很担心他们犯了什么错，但就是找不出来。当时我跟他们（尤其是格林恩）说，会不会是在无穷维空间做积分以简化成有限维时出错了，因为在这个过程中必须有所选择，偏偏这些选择看起来并不完美。虽然这让坎德拉斯和格林恩有点忧心，但我们还是找不出他们推理过程中的弱点，不过他们推理的基础是物理学，而不是直接的数学证明。同时，尽管有来自数学家的批评，但他们对镜对称仍然满怀信心。

事情在大约一个月后得到厘清，艾林斯路得与司聪默发现他们的电脑程式有错，修改程式后，他们得到和坎德拉斯等人相同的答案。挪威数学家展现了十分正直诚实的人格，不但重跑程式，检视结果，而且公开承认自己的疏失。许多人在这种情况下可能会试图掩盖错误，希望能瞒多久就瞒多久。但是艾林斯路得与司聪默不一样，他们尽快通知他们的社群，报告自己的错误与后续的修正。

事后证明，这是镜对称的重要时刻。艾林斯路得与司聪默的宣告，不但促进镜对称领域的发展，而且改变了研究者对待这项主题的态度。许多本来认为镜对称是垃圾的数学家，开始意识到终究还是能从物理学家那里学点东西。当时在杜克大学的数学家莫理森（David Morrison）就是很好的例子。他在柏克莱会议时是最直言不讳的批评

171　者，但后来想法完全改变，不久之后就完成许多镜对称、弦论、卡拉
比-丘流形拓扑转换等的重大贡献。

　　除了三次的舒伯特问题外，坎德拉斯团队利用镜对称方法，还计
算了从一次到十次的情况，并且发展出一般公式，可以预测五次三
维形上任何次数有理曲线的数目。因此他们为一个百年难题，提出了
往前跨一大步的答案。德国数学家希尔伯特（David Hilbert）在1900
年提出23个数学上的大问题，其中第15个问题就是建立"舒伯特枚
举计算的严格基础"，最终可以"预测最后方程的次数以及解的重数
（multiplicity）"。[25] 坎德拉斯的公式让我们许多人都觉得惊讶。因为
舒伯特问题的计算数值结果看起来只是一串数字，既看不出规律，又
看不出这些数字彼此的明显关系，但坎德拉斯团队的研究显示，这些
并不是随机的数值，而是隶属于某个精美结构的其中一部分。

　　坎德拉斯团队借由观察这个结构而导出的公式，已经通过大量
的数学计算，验证一次到四次多项式的部分。我们已经谈过前面三
次的部分，四次的问题则是1995年，由目前在法国高等科学研究院
（IHES）的数学家孔策维奇（Maxim Kontsevich）解决的，他计算出的
数值是242467530000。虽然坎德拉斯团队的公式符合所有已知的
计算结果，但是我们真的能证明这个性质吗？包括孔策维奇在内的
许多数学家，将这个方程式修整为一个形式完备的猜想，其中主要是
为方程式的某些项给出清楚的定义。这个最后的叙述称为"镜猜想"
（mirror conjecture），终于可以接受数学证明的严酷考验。如果能够证
明镜猜想，就可以为镜对称概念提供数学上的确认。

镜猜想的证明

在这里，我们踏入了数学史上经常出现的学术争执地盘。我认为之所以会产生这些纷争，是因为我们生存在充斥着不完美人类的不完 [172] 美世界；也因为数学并不像公众形象所描述的，它并不全然只是遗世独立的学术探索，也不是与政治、野心、竞争、情绪两不相涉。像这么重要的猜想，通常都会造成粥少僧多的纷扰与争执。

我和我的合作者从1991年起，就开始研究镜对称以及它的推广，大致就是在坎德拉斯宣告他们的结果时。1996年3月，加州大学柏克莱分校的吉文塔（Alexander Givental）在数理论文档案网站arXiv的一篇论文中，宣称他证明了镜猜想。我们很小心地详加检视这篇文章，结果和一些人一样都觉得难以理解。在那一年，我还私下邀请麻省理工学院一位该领域的专家（他希望保持匿名），到我们的研讨班演讲吉文塔的证明。不过他很礼貌地拒绝了，因为他对该文章的论证有严重的疑虑。我和合作者无法重建吉文塔的整个论证，我们也曾试图联络他，希望能将我们最感疑惑的步骤拼凑起来。最后我们放弃了这段努力，重新找出我们自己对镜猜想的证明，一年之后我们将结果发表。

包括贾特曼在内的一些数学家，认为我们的论文是镜猜想"第一个完整又严格的证明"，他们认为"吉文塔的证明很难索解，在有些地方又写不完整"。[26] 和卡兹一起合写《镜对称与代数几何》的考克斯（David Cox）是安默斯特学院的数学家，他也认为是我们给出了镜猜想的"第一个完整证明"。[27] 但另一方面，也有人看法不同，认为吉文塔比我们早一年发表的论文是完整的，并没有什么严重的缺漏。

虽然大家有继续辩论的自由，但我相信目前最好的结论是这两篇论文构成镜对称的证明，然后应该暂时放下争执。因为再为证明荣耀谁属而争，并没有什么意思，尤其现在数学尚未解决的问题还那么多，我们该把精力摆在这上头才是。

先将争论摆一边，那么，这两篇论文到底证明了什么？首先，镜猜想的证明显示坎德拉斯的曲线数预测公式是正确的。不过我们所证明的结果还多很多，结论可以应用到更多类型的卡拉比－丘流形（包括物理学家感兴趣的部分），也可以应用到"向量丛"（vector bundle）的情况（第 9 章会谈到更多向量丛）。而且在我们的推广里，镜猜想并不只可以计数曲线而已，还可以计数其他类型的几何物件。

我的观点是，证明镜猜想提供了弦论中某些概念的相容性检测，这项检测是以严格的数学为基础，因此为理论建立更坚实的数学立足点。而来自弦论的回报更是丰厚，镜对称为代数几何学创造了许多研究课题，其中枚举几何学是最主要的受益者之一，因为弦论为这些领域中历时已久的难题提供了解答。事实上，很多代数几何领域的同行告诉过我，过去十五年来，除了源自镜对称的研究之外，他们其余的研究都不是太有趣。弦论为数学带来的意外财富显示，物理学家的直觉一定有某种意义。就算大自然的运作方式并不完全如弦论所述，但弦论中一定有某种真理存在，因为运用这些概念可以解决数学的经典问题，这是光用数学家自己的工具办不到的。如果没有弦论，就算是在多年之后的现在，仍然很难想象有另一个独立的方法，可以推导出类似坎德拉斯他们所得到的公式。

讽刺的是，镜猜想的证明并没有说明镜对称本身。从很多方面来说，这个由物理学家发现、然后被数学家倾力应用的现象依然神秘难解。然而现在已经有两个主要的理路正积极地寻求镜对称的解释，一个想法称为"同调镜对称"（homological mirror symmetry），另一个则简称为"SYZ"。SYZ的想法提供镜对称的几何解释，而同调镜对称则使用比较代数的取向。

镜对称的解释一：SYZ猜想

我想先讨论我涉入较多的SYZ猜想，SYZ是1996年一篇论文的三位作者的姓名缩写，S是史聪闵格，Y是我，Z是西北大学的札斯洛（Eric Zaslow）。像这样的学术合作很少有个正式起点，我们的合作大致起于一次我和史聪闵格的闲谈，那是1995年我们参加意大利的学术会议的时候。当时，史聪闵格谈起他和凯特琳·贝蔻（Katrin Becker）、梅兰妮·贝蔻（Melanie Becker）合写的论文（这对物理姊妹花如今在得州农工大学任教），由于当时D膜的概念才风光赫赫地[174]进入弦论，几乎席卷了整个弦论，而他们正在研究如何将D膜和卡拉比－丘流形相结合。一般想法是D膜可以包覆卡拉比－丘流形中的子流形，而他们研究的是一类可以保持超对称的子流形，因为超对称可确保这类子流形拥有令人十分满意的性质。史聪闵格和我很好奇，这些子流形在镜对称中扮演的角色。

我对这个可能性跃跃欲试，回到哈佛后就马上找札斯洛开始进行研究。札斯洛当时是我的博士后研究员，是由物理学转到数学的学者。史聪闵格随后也从加州大学圣塔芭芭拉分校到哈佛访问，哈佛当时正极力想网罗他（不过还要再过一年多后，他才正式由西岸转到东岸）。我们三人在同一所大学内经常一起讨论，最后在1996年6月，当我们将文章送审出版时，这三个字母S、Y、Z终于出现在同一个页面上。

如果SYZ的猜想是正确的，将会提供卡拉比–丘空间几何结构的深刻洞识，同时也确认卡拉比–丘空间中特定子结构的存在性。SYZ认为卡拉比–丘流形基本上可以分成两个三维的部分，彼此以类似笛卡儿乘积的方式纠缠在一起。其中一个空间是三维环面，如果你将这个空间分离出来，并将它"倒转"后（将半径r变成半径$1/r$）再重组回去，就又可以得到原来卡拉比–丘流形的镜流形。史聪闵格断言，SYZ"提供了镜对称所对应的简单几何与物理图像"。[28]

根据SYZ猜想，理解镜对称的关键在于卡拉比–丘流形中的子流形，以及它们组成的方式。回想一下本章前面曾经讨论过的，将流形想成瑞士起司，那内部的孔洞就是子流形的例子，这些孔洞可以个别被包覆或者被穿绕。与此类似，卡拉比–丘流形中被SYZ猜想所考虑的子流形，也能被D膜包覆。（这边物理学家和数学家的用词有所不同，物理学家喜欢用D膜来思考，对数学家而言，D膜其实也是一种子流形，希望你不会被搞混。）像这样可以满足超对称的子流形称为"特殊拉格朗日子流形"（special Lagrangian submanifold），这些子流形名符其实地具有特殊的性质：维度是原空间维度的一半，而且依其维度，其长度、面积或体积是极小的。

让我们检视最简单的卡拉比–丘流形：二维环面（亦即甜甜圈面）。其特殊拉格朗日子流形就是穿进洞再绕出来的闭圈，但是因为这个闭圈的长度要最短，因此必须是真正的圆，而不是其他曲曲折折的闭圈。在SYZ猜想最初提出之后，对此贡献可能比别人都多的马克·格罗斯解释说："这个二维情况的卡拉比－丘流形，整个就是这些圆的联集。此外，我们可以构造一个辅助性的空间，姑且称之为 B，B 被定义为这些圆所成的集合，它本身也是一个圆圈。"[1][29] B 是这个圆集合的"参数"，B 上每一点会各自对应到一个不同的圆。也就是说，每个绕着甜甜圈洞一圈的圆都会对应到 B 上的一点。B 也称为"模空间"（moduli space），有时我们也说，模空间里面包含了各个子流形的标记。B 并不只是一份洋洋洒洒的清单，它还显示了这些子流形组织的方式。格罗斯宣称，B 事实上可能是整个SYZ猜想的关键。也因此，我们底下要花点时间来理解这个辅助空间。

如果我们往上增加一个复数维度，从实二维变成实四维，这时卡拉比－丘流形便成为K3曲面。前述的特殊拉格朗日子流形则从圆变成二维环面，也就是说，有一堆环面可以巧妙地构成K3曲面。"我画不出四维的图形，"格罗斯说，"不过我可以描述 B，也就是告诉我们所有环面该在哪里的架构空间。"[30]在四维的情形，B 是二维球面，在球面 B 上的每一点都对应一个不同的环面，但 B 上有24个坏点，它们所对应的是包含奇点的"捏缩的甜甜圈"，这些退化环面的意义等一下将会解释。

接着再往上增加一个复数维度，因此流形就是卡拉比－丘流形，其中特殊拉格朗日子流形变成三维环面，而 B 则是一个三维球面（这

1."这些圆的联集"和"这些圆所成的集合"意义不同，请参阅图7.9的说明。——译者注

下是我们画得出来的），其中对应到退化三维环面的坏点，构成一个由线段构成的网格模式。格罗斯说："其中线段上每一点都是'坏点'（即奇点），但是这个网格的顶点，也就是三条线段的交点，则是坏中之尤的坏点。"这些点所对应的，是变形得最厉害的环面。[31]

　　这就是镜对称所需要的架构。根据最初SYZ猜想的点子，后来牛津大学的几何学家希沁（Nigel Hitchin）、马克·格罗斯，以及我以前的一些研究生（梁迺聪、阮卫东等）协助建立以下的梗概图像：我们有流形X，它是由一些子流形所组成，组成方式则记录在模空间B上。然后将这些子流形拿出来，如果它的半径是r，就将它反转成半径$1/r$，这样就得到镜对称流形。弦论里有一个奇怪但美妙的性质，在古典力学不曾发生，就是像上述将圆柱或球面的半径取倒数，并不会影响其物理性质。

　　假设在半径r的圆上有一个点粒子，则其运动可以用量子化的动

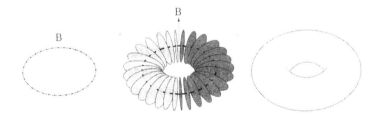

图7.9 SYZ猜想得名于它的发明者，S是史聪闵格，Y是作者丘成桐，Z是札斯洛。这个猜想提供一种方法，将较复杂的空间 —— 如卡拉比-丘流形 —— 分解成其组成的部分，有时称为"子流形"。虽然我们画不出六维的卡拉比-丘图形，但是可以画出唯一的二维卡拉比-丘流形，也就是环面（其实其度规是平坦的），构成环面的子流形是一圈圈的圆，而这些圆的组成方式则是由辅助空间B来配置。在本例中，B也是一个圆。B上每一点各自对应到一个不同的圆，而整个空间（也就是环面）则是这些圆的联集

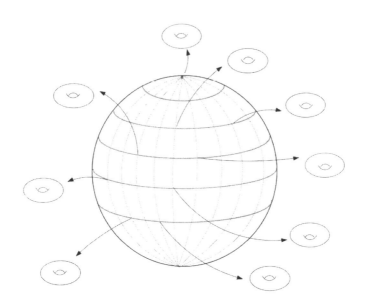

图7.10　四维的卡拉比-丘流形是K3曲面，SYZ猜想提供思考K3曲面的新方法。根据SYZ猜想，取一个二维球面（辅助空间B），然后在球面上每一点各自对应一个二维环面，就可以构造一个K3曲面

量来完全描述，也就是说，动量只能取某些整数值。类似情形，一条弦在圆上移动时也有动量，但除此之外，弦也具有可以缠绕圆多次的特性，这个次数称为"绕数"（winding number）。因此弦的运动和粒子不同，必须用到动量和绕数两个数来描述，当然这两个数都已经量子化。

假设在半径r的圆上，有一条绕数2、动量0的弦，另外，在半径$1/r$的圆上，有一条绕数0、动量2的弦。虽然这两种情况似乎很不一样，脑海里浮现的是不同的情景，但在数学上却是等价的，对应到的物理性质是相同的。这个特性称为"T对偶性"（T duality）。札斯

洛说："这种等价性还可以推广到圆的乘积，也就是环面。"[32] 事实上，
T对偶性的T，指的就是环面英文"Torus"的首字母T。史聪闵格、札
斯洛和我都认为T对偶性对镜对称太重要了，所以我们的SYZ论文名
称就是《镜对称就是T对偶性》（*Mirror Symmetry Is T Duality*）。[33]

镜对称就是T对偶性

　　以下是一个简单的说明，让你知道T对偶性与镜对称如何形影
相随。假设M是一个环面，是两个半径r的圆乘积；而它的镜流形M'，
也是环面，是两个半径$1/r$的圆乘积。我们假设r很小。由于M很小，
如果想知道M所对应的物理性质，势必考虑其量子效应，这绝对会让
计算变得更困难。但是如果要从M'建立物理性质就简单多了，这是
因为r很小时，表示$1/r$很大，因此我们可以很安全地忽略量子效应。
于是在T对偶性的解释下，镜对称可以让你的计算（还有生活）大为
简化。

　　现在，让我们来看看这些概念如何编织在一起。先看看上述的二
维环面例子，如果将所有子流形（也就是圆）的半径取倒数，所得到
的"大"流形仍然是由圆所组成，只是半径和原先不同，结果这个镜
流形仍然是一个环面。我们将这种情形称为无聊的例子，因为原来的
流形与镜流形的拓扑类型是相同的。至于四维K3曲面的例子也是无
聊的，因为我们知道所有K3曲面的拓扑形态都一样。但是六维卡拉
比-丘流形的例子就有趣得多了，其中的子流形是个三维环面，运用
T对偶性则必须将这些环面的半径取倒数。对于正常的环面，这个过
程的结果还是环面，拓扑并没有改变。但是格罗斯说："就算原先的所

有子流形都是'好'的环面，改变半径仍然有可能让大流形的拓扑改变，因为这些子流形 …… 重组的方式可能很不寻常。"[34]

也许用比喻来解释比较容易理解。拿出一堆牙签，在软木垫上依圆形模式，插入一根根的牙签，结果像是一个圆柱面。但是如果在过程中做了一个翻转，则得到的结果就不再是两面的圆柱面，而是单面的莫比乌斯带。你用的是一样的子流形，但是造出来的结果却有不同的拓扑形态。[35]

关键是在做完T对偶性的变动，并以不同的方式将这些子流形组合起来后，结果是两种拓扑形态不同的流形，而它们从物理观点是无法区分的。这是我们所谓的镜对称，但这还不是故事的全貌，因为这个对偶性还有一个有趣的性质，也就是流形及其镜流形的欧拉示性数的正负号必须相反。问题是到目前为止，我们所谈论的特殊拉格朗日子流形都是正常的环面，它们的欧拉示性数都是零，将半径倒过来欧拉示性数并不会改变，仍然是零。

不过，我刚刚谈的是"好"子流形的情况，在"坏"子流形时并不成立。T对偶性将这些坏子流形的欧拉示性数从+1变成−1，反之亦然。所以如果原来的流形有35个坏子流形，其中25个的欧拉示性数是+1，10个是−1。格罗斯证明将这些欧拉示性数加起来，就会得到整个流形的欧拉示性数，因此就是+15。但是在镜流形中一切都倒过来了，这35个坏子流形中，有25个的欧拉示性数是−1，10个是+1，因此镜流形的欧拉示性数是−15，正好和原流形的欧拉示性数差一个负号，而这正是我们期待的结果。

179

前面讨论过，坏流形对应到模空间 B 上的坏点。格罗斯解释说："镜对称中所有好玩的事情，所有拓扑的改变，都发生在 B 的顶点上。"因此整个理论慢慢演变之后，已经将模空间 B 摆在镜对称理论的核心位置。格罗斯补充说："以前我们面对两个似乎有所关联的流形 X 和 X'，但是却看不出它们的共通之处。"结果共通之处竟然就是这个意料外的 B，开始的时候没有人看出这一点。[36]

格罗斯将 B 看成蓝图之类的东西。从一个角度看，从蓝图可以造出一种结构（流形）；如果换个角度，又可以造出不同的结构。而这些差异来自 B 上的那些怪点，在这些点上 T 对偶性不能正常运作，结果就造成镜对称的差异。

通过 SYZ 的透镜，以上所述大概就是镜对称的今日面貌。史聪闵格说，SYZ 的主要优点就是让"镜对称比较没那么神秘了，数学家喜欢这个想法，是因为它提供了镜对称的几何描述，因此他们不需要再提及弦论"。[37] 札斯洛说，SYZ 除了提供镜对称的几何解释外，"也提供了构造镜对称对的方法"。[38]

但是我们务必要记住，SYZ 仍然只是一个猜想，只在某些特定情况才已经被证明，但并非一般的普遍情况。虽然这个猜想的原始叙述或许不能证明，但通过新洞识所做的琢磨修改，SYZ 猜想已经逐渐变成今日镜对称研究的典型，就像札斯洛所说的："它正慢慢吸收涵纳所有镜对称的想法。"[39]

有些人可能觉得最后这句话颇有可议，或许认为是言过其实。但是，孔策维奇以及堪萨斯州立大学的梭伊贝曼（Yan Soibelman）已经运用SYZ去证明同调镜对称的特殊情况，这是另一个为镜对称提供基本数学描述的主要尝试。[180]

镜对称的解释二：同调镜对称

同调镜对称是孔策维奇在1993年提出来的理论，自发展以来激发了许多数学与物理的研究活动。镜对称原来是描述具有相同物理性质的两个不同流形，这种叙述对数学家并没有太大的意义。梭伊贝曼解释说："在数学里，并没对应到流形X和X'的物理性质的概念，因此孔策维奇试着让整个叙述在数学上变明确"，用与物理毫不相涉的方式来表达镜对称。[40]

虽然孔策维奇的想法比D膜的发现还要早个一两年，但最容易描述同调镜对称的方式是通过D膜的语言。物理学家将D膜想成是开弦端点所在的子流形，在二次弦论革命之后，D膜已经变成弦论与M理论的最基本的要素之一。同调镜对称为D膜的存在预做准备，只是提供了更细致的描述。这是各位读者已经很熟悉的情节：物理学（通过发现镜对称）促成数学的演变，然后数学也大方地回馈这份恩情。

同调镜对称背后的主要想法，是将这些现象里所涉及的D膜分成两类，用威滕发明的用语就是A膜和B膜。假如X和X'互为镜对称流形，那么X上的A膜会等于X'上的B膜。根据亚斯平沃的看法，这个简明的说法，"让数学家有可能清楚描述镜对称，而且从这个叙述可以得出其他一切"。[41]

纽约州石溪大学的麦可·道格拉斯打了一个比喻：想象我们有两盒形状不同的积木，"但是把它们堆起来后，却可以造出完全相同的结构"。[42] 这就像同调镜对称中 A 膜和 B 膜的对应一样。

181　A 膜是通过"辛几何"（symplectic geometry）来定义的，而 B 膜则属于"代数几何"。我们多少已经触及代数几何的内容，知道它是以代数方法来描述几何的曲线，或以代数方程来解决几何问题。辛几何则涵盖了对卡拉比－丘流形很重要的凯勒几何，但范围更宽广。微分几何讨论的空间，通常上面会有沿着对角线左右对称的度规，但是辛几何的度规是反对称的，对角线两边的正负号相反。

"这两门几何学分支，通常被认为是完全不相干的。所以当有人说一个空间上的代数几何会等于另一空间的辛几何，这真是太令人惊讶了。"亚斯平沃说，"将两门分开的领域结合在一起，发现它们基本上是通过镜对称而发生关联，这真是数学上最美好的事，因为你可以运用一个领域的方法到另一个领域上。通常，这就像打开水库闸门，许多菲尔兹奖得主就是因为像这样的成就而获奖的。"[43]

同时，同调镜对称的想法还影响了其他数学分支，也影响了 SYZ 的发展。不过到目前为止，"这两者之间还没有建立起严格的数学等价关系，但互相支持补足"，格罗斯说，"而且如果两者都正确，我们终究能找出它们在某个层次上的等价性"。[44]

这是一个尚在展开的故事，我们仍然通过 SYZ 猜想、同调镜对称及其他想法来理解镜对称的意义。同时也开始开枝散叶，导引出完全不涉及镜对称的数学研究新方向。没有人知道这趟探险的旅程会走多远、终点何在。不过我们倒是很清楚它的出发点，当时人们在以卡拉比-丘为名的凯勒流形上发现了不寻常的性质。谁会想到，二十年前这个流形还差点被遗弃，面临死亡呢！

第8章
[183] 时空中的扭缠

用两种截然不同的方式计算熵，

竟然得到相符的结果，这固然值得高兴，

但是从另一个角度来说，却也很令人惊讶。

布朗大学物理学家西蒙斯说：

"没想到回答这个问题的关键步骤，

是去计数卡拉比-丘空间中的数学物件。"

依据弗洛伊德的讲法，研究人类心灵的关键方法，是研究具有异常行为或诡奇强迫症的人。他有两个知名的病例："鼠人"的病症牵涉对亲人与一罐老鼠之间的疯狂幻想；"狼人"则幻想自己被一群栖身于卧室窗外大树上的白狼给生剥活吞。弗洛伊德理论的前提是，想要认识典型行为的最好方法，就是研究最异常或病态的个案。他认为通过这样的检视，人们最终可以理解何谓常规、何谓脱轨的偏差。

在数学与物理学里，我们也常常采取类似的想法。哈佛天文物理学家罗伯（Avi Loeb）这样说明："我们之所以寻找古典理论描述失败的地方，是因为在那儿最有可能学习到新东西。"不管我们谈的空间，指的究竟是几何学的抽象空间，还是感受得到的自然宇宙，罗伯所谓的"在空间中发生怪事，事情总会出错"之处，就是通常称为奇点（singularity）的位置。[1]

　　其实在大自然中，有非常繁多的奇点现象，这可能和一般人认为的正好相反。在人们生活周遭就有许多例子，譬如家里水龙头漏水时，管口的水滴会突然断掉再落下；冲浪者熟知的海浪突然截断崩落的刹那；阅读书报时标示阅读重点的页角折痕；用长条气球拗折出贵宾狗造型时出现的那些拗折点。哈佛大学退休数学教授、也是几何学家的广中平祐（Heisuke Hironaka）说："没有奇点就没有造型。"他以签字的笔迹为证，"如果没有交叉或尖点，签名就只是一团曲线。奇点可以是交叉的交点，也可以是笔势突然转向的点。就是因为有许多这样的奇点，世界才显得有趣"。[2]

　　在物理学与宇宙学的众多可能奇点里，有两类奇点脱颖而出。一种是称为"大爆炸"（big bang）的时间奇点，身为一个几何学家，我不知道该如何说明大爆炸。事实上，包括物理学家在内，没有人真的知道大爆炸是什么。就算是古斯（Alan Guth）自己也承认这一点，他发明了整套宇宙暴胀论，还曾经用"在大爆炸中再加上猛然一爆"来形容自己的理论。但古斯说"大爆炸"这个用词的处境经常都很尴尬，"因为它隐晦不明，可能是因为我们不真的理解发生过什么，而且或许永远也不会知道。"[3] 所以对这一类奇点，我还是谦虚一点，保持缄默好了。

　　虽然对于如何运用几何学去探讨宇宙初始的时刻，我们毫无头绪。不过，几何学家在处理黑洞的问题时就成功得多。当巨大的星体在引

184

力效应下塌缩到一点时，就会形成黑洞。由于黑洞是在极小的范围内塞进非常多的质量，因此会形成超紧密的结构，你甚至必须要具备超过光速的速度才能够逃离黑洞，换句话说，黑洞会将所有东西（包括光线）都囚禁在黑洞之内。

尽管黑洞是爱因斯坦广义相对论的推论结果，但是由于它实在太奇特了，所以连爱因斯坦自己，在1930年之前都拒绝相信黑洞真的存在 —— 即使在此15年前，德国物理学家史瓦兹柴德（Karl Schwarzschild）就已经计算出黑洞是爱因斯坦方程的解；但同时，连史瓦兹柴德自己也不相信有黑洞这回事。时至今日，大家都已经坦然接受黑洞的存在了。"现在谈到发现黑洞，已经变成很普通的事了。"史聪闵格说："每次只要美国太空总署有人需要新计划的经费，黑洞的数目就会增加。"[4]

不过即使天文学家已经发现大量据说是黑洞的天体，也搜集了许多支持黑洞理论的耀眼资料，但是黑洞至今仍然躲藏在神秘的帷幕之后。虽然广义相对论提供了完美描述大黑洞的适当架构，不过如果我们走向涡流的中心，只考虑黑洞之中曲率达到无穷大的那微小一点，整个理论的图像就会四分五裂。

另外，广义相对论也不能处理比微尘还小的极小型黑洞，因为此时还必须考虑量子力学的作用。对于这种质量大、距离短、时空曲率又飙到看不到顶的小型黑洞，广义相对论的理论架构显得心屈力绌。而这正是弦论和卡拉比-丘空间可以着力之处，弦论很适合处理这类问题，因为发明这个理论的初衷，就是要处理广义相对论和量子力学彼此强烈抵触的情境。

连信息都吞掉的黑洞

在这两个重要物理领域之间，最鲜明的一项论战就是黑洞是否消灭了信息。1997年，剑桥大学的霍金与加州理工学院的索恩两人，跟 [186] 加州理工学院的普列斯克尔（John Preskill）打了一个赌，内容牵涉霍金在20世纪70年代初的一项理论：黑洞并非全"黑"。霍金发现黑洞的温度虽然很低，但并不是零，还保存了一些热能。因此黑洞跟其他"热"体一样，会将能量辐射出来，直到一切完全耗尽，此时整个黑洞就会全部蒸发掉了。如果黑洞的辐射是严格的热辐射，不包含任何信息内容，那么原先在黑洞中所储存的信息，例如它所吞没的星球结构、组成、历史等，在黑洞蒸发的过程中也会跟着消失。但是这个推论违反了量子论的信条——信息永存。于是霍金辩称，尽管量子力学的理论是如此认定，但是在黑洞这个特殊情况，信息就会完全消失。索恩认同霍金的想法，然而普列斯克尔则坚持信息仍然会保存下来。

针对这个争论，史聪闵格这样解释："我们相信如果周一将两颗冰块丢到一壶沸水里，周二只要检视这壶水的原子状态，就可以确定前一天发生的事件。"当然这个过程实际上做不到，但是理论上、原则上是可行的[5]。另外再举个例子，假设我们把布莱伯利（Ray Bradbury）的科幻名著《华氏451度》（Fahrenheit451）丢到火里，加州理工学院的大栗博司（Hirosi Ooguri）说："你或许认为书上所有的信息将会消失，但是如果有无穷厉害的观察和计算能力，也就是说，如果你能够完整地测量这堆火，记录所有的灰烬，召唤'马克士威幽

图8.1 天文学家相信距我们一千两百万光年之遥，有一个是太阳七百多倍重的
超重黑洞坐落于螺旋星系M81的中心。（图片提供：NASA）

灵'前来协助（嗯，这个情况应该叫'拉普拉斯幽灵'）[1]，那么你就可
以重建这本书原来的状态。"[6] 但是一旦将这本书丢到黑洞去，按照
霍金的说法，这本书的所有信息都会灰飞烟灭。

在争论的另一方，普列斯克尔以及在他之前的胡夫特（Gerard 't
Hooft）、萨斯金则不认为这两种情况有什么根本的区别，他们认为黑
洞辐射一定是以某种精妙的方式，携带了布莱伯利这本名著的信息，
也就是那些理论上可以重建这本小说的信息。

---

1. 马克士威幽灵是马克士威为了厘清热力学第二定律时所提出的思想实验，他想象某个隔成两部
分的容器，中间有位控制门阀的幽灵，可以将容器内的分子分成冷热两区，借以降低系统的熵。
拉普拉斯曾经说过，只要能知道所有大自然组成物的起始位置与彼此间的作用力，我们就能清楚
知道宇宙的过去与未来。所以此处作者借用微观幽灵的意象，说明如果存在拉普拉斯幽灵能完整
记录系统的信息状态，就能逆向恢复原本的信息。——译者注

这项争论背后的意义非常重大，它关系到科学基石之一的科学决定论是否能确保其地位。决定论认为，如果能够在某个时刻掌握了描述系统的所有资料，再加上物理定律，原则上就可以决定未来的事件，而且反过来，也能够推定过去的事件。但是如果信息会遗失或消灭，决定论就不再正确，既不能预测未来，也不能推演过去。换句话说，如果信息遗失了，你也就遗失了。所以这项争论大有擂台上双方[187]最后一决的态势。"这也是测试弦论的重要时刻，毕竟弦论号称可以毫无矛盾地调和量子力学和引力论。"史聪闵格说，"所以，弦论可以解决霍金的悖论吗？"[7]

1996年，史聪闵格和瓦法在一篇开创性的论文里，合力对付了这个难题[8]。他们运用黑洞熵（black hole entropy）的概念作为解题的工具。熵是一种量度系统混乱度或失序程度的概念，同时也标示了系统的信息储量。举例来说，想象有一间卧房，里面充斥各式各样的隔板、抽屉、台子；墙上挂着各种画作；天花板上还吊着一些饰品。这个房间的熵，与整理或弄乱这个房间里所有东西的所有可能方式有关，包括所有的家具、衣服、书籍、海报、小摆设等。又因为在某种程度上，整理这个房间内物品的所有可能摆置方式，和房间的大小或体积有关，因此计算熵会牵涉长、宽、高的因素，大多数系统的熵都和体积成比例。

黑洞熵的贝肯斯坦－霍金公式

不过在20世纪70年代初期，当时还是普林斯顿大学研究生的物理学家贝肯斯坦（Jacob Bekenstein）却提出，黑洞熵和包围它的事件视界的面积成正比，而不是事件视界所包覆的内部体积。事件视界在英文里经常以" point of no return "，也就是" 不归点 "来形容，因为只要跨过时空中的这道界线，任何东西都会被引力给拉住并压垮，无法抗拒地掉入黑洞之内。不过称事件视界为" 不归面 "也许更贴切，因为它其实是一个二维的曲面。我们知道" 不旋转黑洞 "（或称为" 史瓦兹柴德黑洞 "）的事件视界面积，是由黑洞的质量所唯一决定的，质量愈大，视界面积就愈大。既然黑洞熵反映了黑洞内所有可能的配置方式，而黑洞熵又由视界面积决定，这就表示黑洞内的所有配置只存在于视界表面上，同时关于黑洞的所有信息也都储存在这个曲面上。如果用上述卧房的例子来类比，就是说所有房中的东西配置都只和房间的表面有关，包括墙壁、天花板与地板，因为房间里的东西并不是漂浮在空气中。

188　　从贝肯斯坦的研究，加上霍金黑洞辐射的概念，可以推得计算黑洞熵的公式。根据贝肯斯坦-霍金公式，黑洞熵和视界面积除以四倍的牛顿引力常数（G）成正比。从这个公式可以计算出，一个质量是太阳三倍重的黑洞具有非常大的熵，数量级大约是 10^{78} 焦耳／开。换句话说，黑洞是极端欠缺秩序的。

黑洞的熵竟然高到这种地步，令大家非常震惊。因为根据广义相对论，我们知道想要完全描述黑洞，只需要质量、电荷、角动量三个参数。另一方面，大到天文数字的熵却意味着黑洞的内在结构有非常大的变动性，这将远远超过三个参数所能决定的范围。问题是这么多的变动可能性到底从何而来？而黑洞内部又是什么东西在变动？

思考这个问题的窍门，与19世纪70年代奥地利物理学家波兹曼（Ludwig Boltzmann）处理气体的想法有着异曲同工之妙，也就是说，我们得要将黑洞拆解成微观的构成物才行。当年波兹曼认为，气体的热力学性质可以从许多构成气体的微小分子的综合行为推导出来。这些分子的数量非常多，典型的气体在正常条件下大概一升有10^{24}个。波兹曼的想法非同凡响，首先他超越了时代，看出分子概念的重要性，因为分子存在的坚实证据还要再等几十年才会出现。其次，虽然气体中有极大量的分子，但是波兹曼认为将这些个别分子的运动或行为做平均，可得到气体的整体性质，例如体积、温度、压力。因此他提供了更精确理解系统的新观点，不再将气体视为单一物体，而是极多微小部分的组合。波兹曼的洞识也导致熵的新定义：使得宏观特性不变的所有可能微观状态的排列组合数目。如果用比较定量的方式来描述就是：熵（S）等于这些微观态总数的自然对数，或者说，这些微观态总数等于e^s。

波兹曼所倡议的理路称为"统计力学"，而过了大约一个世纪之后，人们试图为黑洞找出统计力学观点的解释。自从贝肯斯坦和霍 [189] 金把这个问题带到聚光灯下，二十年来并没有什么进展。史聪阅格说，想要解决这个问题，"需要一个黑洞的微观理论，一些从基本原理推导出来的黑洞定律，就像当年波兹曼推导气体热力学一样"，打从19世纪之后，我们知道每一个系统都有对应的熵，而从波兹曼的理论知道，系统的熵由其中的微观态数目所决定。史聪阅格再带上一句："如果熵和微观态的关系对大自然中的所有系统都正确，却独独只有黑洞例外，这将会是很令人坐立难安的深刻失衡。"[9]

　　而根据大栗博司的看法，这些微观态必须要"量子化"，因为这是能得到有限数目的唯一可能性。不然光是书桌上圆珠笔的摆法，就有无穷多种可能性，电磁波的光谱也是如此。但就像第7章提到的，犹如广播电台只以有限数目的频率来播放，无线电波也必须量子化。类似的，氢原子的能级也是量子化的，只允许某些能级值出现，不能任意指定。"波兹曼之所以很难说服当代人士明白他的理论，部分原因出自于他走在时代的前端，"大栗博司说，"出现在发明量子力学的半世纪之前。"[10]

　　以上就是史聪闵格和瓦法所面临的挑战。因为其中涉及黑洞的量子态，而黑洞又是史聪闵格所谓的"最精纯的引力物体"，所以这个问题是弦论的真正考验。他认为"针对计算黑洞熵的问题，弦论义不容辞必须提出解答，不然弦论就不是正确的理论"。[11]

黑洞熵的弦论解释

　　史聪闵格和瓦法的想法，是先计算量子微观态的熵，然后再和贝肯斯坦与霍金从广义相对论得出的面积公式做比较。虽然这是一个旧问题，但是他们两人引入了新方法，其中不只有弦论，还有波钦斯基的D膜理论以及刚出现的M理论，这两个理论都是在1995年出现的，比他们解决黑洞熵问题的论文只早了一年。

　　"波钦斯基指出D膜和黑洞具有相似的电荷，也有一样的质量和
190 张力，所以两者有相同的外观和气味。"哈佛大学物理学家尹希这样说，"不过如果你可以用其中之一来计算另一个的性质如熵，那就绝

非表面偶然的相似。"[12] 这正是史聪闵格和瓦法的研究取径,他们在弦论与M理论的指引下,用这些D膜构造出新的黑洞。

我们可以用D膜与弦(将弦视为一维的D膜)构造出黑洞的可能性,源自D膜具有"对偶"的描述方式。当作用在D膜与弦的力很微弱时(称为"弱耦合"),D膜就像一张很薄的膜状物,与周围的时空不起作用,因此和黑洞毫无相似之处。但是在强耦合,也就是相互作用很强的情况时,D膜会变成十分稠密而沉重的物体,具有事件视界以及很强的引力效应。换句话说,此时的D膜根本和黑洞没有分别。

虽然如此,光靠一张或一堆很重的膜还不足以构造出黑洞,因为另外还需要可以让膜稳定的机制。其中最简单的方法(至少理论上)是将膜包覆在一个稳定、不会收缩消失的物体之外。因为如果缺乏某种基础结构来支撑住,一张高张力的膜就会收缩到几乎消失不见,这就像强力橡皮圈如果不圈盘住其他的东西,就会纠结成一小团一样,其中的关键要素是超对称,正如在第6章谈过的,超对称可以保证真空态不会降到愈来愈低的能级。而在弦论中只要一谈到超对称,经常就会牵涉卡拉比-丘流形,因为这类流形内建有满足超对称的机制。因此问题就转变成:在卡拉比-丘空间中寻找D膜要包覆的稳定子曲面。

子曲面的维度比流形本身的维度小,有时物理学家称它为闭链,我们曾经在前面讨论过这个概念。我们不妨把闭链看成流形中不能收缩到一点的闭圈,只是闭圈的维度是一维的,然而闭链的维度可能比较大,可以想象成不能收缩到一点的高维"闭圈"。闭链包绕着流形

191 中的"洞"，这些洞的几何性质并不相干，重点是它的拓扑类型，所以闭链是一个拓扑的概念。尹希解释说："如果你改变流形的形状，虽然子曲面的形状大小会跟着改变了，但闭链并没有改变。"由于闭链是拓扑概念，因此和黑洞没有直接关系，尹希说："只有当你用一个或多个膜去包住一个闭链时，才能用黑洞的语言来思考。"[13]

为了确保稳定性，用于包覆的膜、弦或橡皮圈必须处于最紧的状态，上面不能有任何多余的皱褶，而且被包覆的闭链长度或面积也必须是最小。这就像把橡皮圈套在直圆柱上并不稳定，因为你可以把它往两旁任意推动。但如果这个柱体的宽窄不一，截面有大有小，那么最窄处就会是稳定的闭链（在本例中闭链是一个圆），橡皮圈套在那里就很难再推动。卡拉比-丘流形就像一个充满凹槽的甜甜圈，宽窄不一，而最小闭链出现在最窄的地方。

膜可以包覆的闭链有各式各样的可能性：一维的圆圈；二维球面、环面、高亏格的黎曼面；还有更高维度的球、高维环面等子流形。给定带有质量和电荷的膜，将它们放到卡拉比-丘流形内可以构成各种稳定的包覆结构，并且总质量和总电荷必须等于黑洞本身的质量和电荷。现在的任务是去计算总共有多少种可能性。尹希解释说："虽然这192 些膜是各自包覆的，但却全部一起放在内在卡拉比-丘空间中，因此可以想成是稍大的黑洞的一部分。"[14]

我们可以用以下的比喻来说明，我得承认这个比喻有点恶心，这得归罪于告诉我这个比喻的某位不愿具名的哈佛物理教授（我很确定他为了卸责，也会说是从别处听来的）。许多各自包覆的膜纠合在一起形成更大物体的样子，很像沾黏了很多头发的湿浴帘，每根头发是独立的膜，然后再黏附在本身也很像膜的浴帘上。虽然每根头发可以想成是各自分开的黑洞，但是它们却纠缠在一起，全部黏附在同一张膜上，因此变成这个大黑洞的一部分。

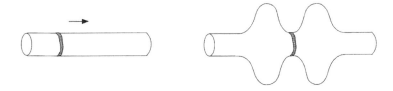

图8.2 如果想用膜包覆物件的方式来制造黑洞，这个物件必须是稳定的。打个比方，我们可以想成把橡皮团缠在木柱上，右图的情况比较稳定，因为橡皮圈缠住的是木柱最窄的地方，可以将橡皮圈固定住而不会滑动

计算闭链的数目，或者说计算D膜配置的可能性，是一个微分几何的问题，就像计算微分方程解的数目一样。于是史聪闵格和瓦法将计算黑洞熵，也就是计算黑洞微观态的问题，转换成一个几何问题：有多少种将D膜配置在卡拉比－丘流形中，而且还具有指定质量和电荷的方法？而这个问题，又可以改用闭链的语言来描述：在卡拉比－丘流形中，有多少可以被膜包覆的球或其他最小体积的子流形？这个问题的答案显然和给定的卡拉比－丘流形的几何形态有关，不同的卡拉比－丘流形当然有不同的配置方式或不同的闭链。

以上就是史聪闵格和瓦法大致的想法，不过真的要付诸计算还是很困难，因此他们花了一些时间，去寻找可以将问题框架厘清的特别方法。在第一回合里，他们解决了一个很特殊的情况，也就是一个由四维K3曲面与圆圈相乘得到的五维内空间。他们同时也构造了一个五维平坦空间中的五维黑洞，以便和他们由D膜构造出来的结构做比较。这并不是老式的黑洞，而是精心构造出来让问题可以处理的特例：一个超对称和"极值状态"（extremal）的黑洞，后者的意思是在给定电荷的条件下质量最小的黑洞。我们曾经多次谈到超对称，不过 193 所谓超对称黑洞，一定要背景真空同时也是超对称的才有意义。这和我们居住的低能量领域的情形并不相同，我们周遭的粒子并没有超对称性质，天文学家观测到的黑洞也没有这种特性。

当史聪闵格和瓦法找到这个特别定制的黑洞后，就可以利用贝肯斯坦−霍金公式，由事件视界的面积来计算黑洞熵。他们的下一步，就是去计数内空间中能够配合黑洞质量与电荷的 D 膜的配置数目，再以这个方式计算熵（微观态数的自然对数），并与事件视界面积计算出来的熵做比较，结果这两个数字完美符合。"他们的结果真是精确得不能再精确了，连 4 的因子、牛顿常数等都完全符合。"哈佛物理学家丹涅夫（Frederik Denef）又补上一句说："经过二十年的尝试，我们终于第一次可以从统计力学的观点推导出黑洞熵。"[15]

这不但是史聪闵格与瓦法的成功，也是弦论的一大成就。他们让 D 膜与黑洞之间的连结有了意义更深远的依据，而且也证明了 D 膜本身是基本的。尹希解释说："你可能会怀疑，D 膜也许还可以再拆成更小的组成物体。但是我们现在知道膜上不可能再有其他结构了，因为他们光计数 D 膜就已经算出正确的熵，而熵依照定义就是要计数'所有'可能的状态。"[16] 一旦 D 膜还有不同的组成要素，就会增添新的自由度，使得计算熵时还需要考虑更多的组合可能，但是 1996 年的这篇论文告诉我们情况并非如此，基本要素就只有膜而已。虽然不同维度的膜看起来不一样，但它们任何一种都不能再分割成更小的部分。

相同的，弦论也认为弦（用 M 理论的措辞就是一维膜）就是一切，不可能再分割下去。

黑洞信息悖论与卡拉比－丘流形

用两种截然不同的方式计算熵，竟然得到相符的结果，这固然值得高兴，但是从另一个角度来说，却也很令人惊讶。"乍见之下，任谁都不会认为黑洞信息悖论与卡拉比－丘流形之间会有任何的牵连，"布朗大学物理学家西蒙斯（Aaron Simons）说，"没想到回答这个问[194]题的关键步骤，是去计数卡拉比－丘空间中的数学物件。"[17]

史聪闵格和瓦法的结果并没有真的解决黑洞信息悖论，不过他们通过弦论所获得的黑洞细节描述，的确展示了信息如何储存的明确方式。大栗博司认为他们踏出了很基本的一步，"因为他们说明了黑洞的熵和其他宏观系统的熵一样"，这包括了前述焚书的例子[18]，两者都包含了至少潜在可能可以恢复的信息。

当然，1996 年的研究只是起步，因为该论文所计算的黑洞熵，并不是真的天文物理中的黑洞，史聪闵格与瓦法的黑洞模型不是大自然中的黑洞，它具有超对称的性质，这是他们单纯为了可以计算而加上的条件。但是纵然如此，他们的结果仍然有可能推广到非超对称的情况。西蒙斯解释说："不管有没有超对称，所有的黑洞都有奇点，这是[195]黑洞最主要的特色，也是造成'悖论'的原因。在超对称黑洞的情形，弦论可以帮助我们理解在奇点周围到底发生什么事，我们希望这个结果与超对称无关。"[19]

图8.3a　哈佛大学物理学家史聪闵格（照片提供：哈佛大学Kris Snibbe）　　图8.3b　哈佛大学物理学家瓦法（照片提供：哈佛大学公关部Stephanie Mitchell）

　　另外还有一个麻烦，史聪闵格和瓦法所描述的是一个人造的紧致五维内空间，以及一个平坦非紧致的五维空间。这并不是一般弦论所讨论的时空。因此问题是，他们的架构是否也适用于一般的六维内空间，而黑洞则位于平坦的四维时空内。

　　解答在1997年出现了。史聪闵格、马尔达西纳（当时任职于哈佛）与威滕发表了一篇论文，将早前的研究纳入大家熟悉的情况，也就是六维内空间（卡拉比–丘空间）与四维时空[20]。他们把熵的计算移到卡拉比–丘六维空间，马尔达西纳说："现在膜摆入的空间比较不那么超对称（所以比较接近我们的世界），而黑洞身处的空间是本来该在的四维空间。"[21] 他们的结果和贝肯斯坦–霍金公式的计算相符合程度甚至还更强。马尔达西纳的解释是，只由事件视界的表面积来计算熵的想法，只有在事件视界很大而且曲率很小时才正确。当事件视界缩小，因此表面积也跟着变小时，广义相对论的逼近就会变差，这时就需要对爱因斯坦的理论做"量子引力的修正"。1996年的论文只考虑相对于微小普朗克尺度的"大"黑洞，此时广义相对论的计算（所谓一阶项）就足够了。而在1997年的论文里，除了原来的首项之外，它们还计算出第一量子修正项。换句话说，由这两种不同理路所计算出的黑洞熵，其符合程度甚至比1996年的论文更佳。

2004年，大栗博司、史聪闵格和瓦法又将1996年的想法，推广到从卡拉比-丘空间经由膜包覆闭链所能造出的任何黑洞，他们的计算并没有特别考虑到黑洞的大小，因此和量子效应影响系统的程度 [196]无关。结果他们的文章，展示了如何计算广义相对论的整体量子修正，其中不单只有前面几项而已，而是包含了无穷项的整个级数 [22]。由于计算囊括了展开式的所有项，瓦法说："我们得到更精细的计算方式、更精确的答案，以及很幸运的、比以前更强的符合结果。" [23] 这就是数学家和物理学家经常采取的研究理路，当我们发现在特殊情况下成立的结果，就会试图推广这个想法，研究在更广的情况下是否也适用，然后再继续推广下去，看看到底可以走多远。

AdS / CFT 的研究荣景

关于史聪闵格与瓦法的研究，我最后还想谈谈另一项推广。由于缺乏恰当的语汇支撑，这会比我们以前讨论过的题材更抽象。首先，这个想法牵涉一个很复杂的词："反德西特空间 / 保角场论对应"（Anti-de Sitter Space / Conformal Field Theory correspondence， 简写成"AdS / CFT对应"),这是1997年马尔达西纳发现的概念,接着再由普林斯顿的科列巴诺夫(Igor Klebanov)、威滕等人继续发展。用马尔达西纳的比喻来说明,这就像DVD或70毫米胶片都可以放映同一部电影一样,根据目前还是猜想的AdS / CFT对应,在某些情况下,一个引力理论(例如弦论)可以和一个标准的量子场论(更精确地说是保角场论)相互等价。这个对应令人十分讶异,因为它将量子引力理论联系到完全没有引力的理论。

AdS / CFT对应的想法源自前述D膜的对偶描述。在十分微弱的耦合时,卡拉比-丘空间中一堆包覆闭链的D膜无法产生可感受到的引力,因此可以用量子场论来描述,在这种理论中没有引力存在。但是在强耦合时,这一团D膜则最好描述成黑洞,而这只能用包含引力的理论来描述。尽管卡拉比-丘流形在AdS / CFT对应的基础中扮演了不可或缺的角色,但一开头马尔达西纳的想法并不包含这类流形。直到日后为了替这个对应建立理论架构,进而厘清更详细的细节时,卡拉比-丘流形就很自然现身了,尤其是卡拉比-丘奇点。这些后续工作包括科列巴诺夫等人的研究,其中也包含我和史巴克斯(James Sparks)在这个领域里的小贡献,他以前是我的哈佛博士后研究员,现在任职于牛津大学。史巴克斯宣称:"关于这个对应,卡拉比-丘流形是人们研究最深入而且理解最清楚的架构。"[24] 马尔达西纳原初的想法,以及后续关于AdS / CFT对应的研究,踏出了解决黑洞信息悖论的另一大步。简而言之,马尔达西纳论证的关键是,如果黑洞可以完全用粒子的量子理论来描述,由于量子理论的架构本身就保证了信息不会遗失,因此我们就可以确定黑洞本身也不会漏失信息。那么当黑洞蒸发时,其中的信息到底发生什么事呢?这就和黑洞蒸发时所渗漏出来的霍金辐射有关。马尔达西纳指出："霍金辐射并非随机，其中包含了坠入黑洞中物质的微妙信息。"[25]

　　尽管弦论提供了洞见，但是在2004年霍金承认输了对普列斯克尔的赌局时，他却没有把心意的改变归因于与弦论有关的想法。不过普列斯克尔倒是承认史聪闵格、瓦法、马尔达西纳等人的贡献，说他们构造了"虽然不是那么主流，但是很有说服力的例子，说明了黑洞的确可以保存信息"[26]，并且指出"霍金其实理解这些弦论的研究而且很感兴趣"。至于史聪闵格则相信他们的研究"让霍金与全世界改变对弦论的看法，毕竟这是弦论第一次解决了其他物理领域中非弦论学者所提出的问题"。[27]

　　这项研究提供了某种证据，说明弦、膜、卡拉比－丘流形这些看似疯狂的概念可能终究很有用。不过马尔达西纳猜测的重要性并不局限于解决黑洞悖论，由于他认为有必要对引力重新做基本的反思，结果弦论研究社群有相当比例的学者投入了AdS／CFT对应的研究。这么热门的原因之一是基于实用的考量。"因为在一个领域中很困难的计算，相对来说，在另一个领域内却可能很直接简明。因此可以将本来非常棘手的物理难题，转换成容易解答的问题。"马尔达西纳解释说，"如果真的有这种等价的关联，那么就可以拿大家比较理解的粒子量子论，去定义令人束手无策的量子引力论。"[28]

　　换句话说，AdS／CFT对应容许我们运用不涉引力的粒子理论的 ¹⁹⁸ 详细知识，去改善我们对量子引力论的理解。这个对偶原理也可以倒过来使用，当量子场论中的粒子因为强相互作用而难以计算时，这个方程的引力端对应的曲率却会很小，因此使得计算比较容易处理。马尔达西纳说："当一种描述变难，对偶的另一边就变简单，反过来也一样。"[29]

假设根据 AdS / CFT 对应，弦论和某个量子场论等价，那么由于后者已经具有很多实验证据，因此就可以证明弦论是正确的吗？有些弦论学者已经试图去证明这个想法，不过马尔达西纳自己并不相信，史聪闵格也不这么认为，但是由弦论所萌生的黑洞研究与 AdS / CFT 对应，倒是让史聪闵格相信弦论研究的方向正确。由黑洞悖论和马尔达西纳猜想这两大研究前沿所引发的洞识，"好像意味着弦论的必要性，"史聪闵格说，"弦论似乎是我们无法回避的理论架构，不论你走到哪里，都会撞见它。"[30]

第 9 章
回归现实世界

> 物理学的标准模型是有史以来最成功的理论之一，
> 其中描述了各种物质粒子
> 以及在这些粒子间来来去去的介子。
> 不过就描述大自然的理论来看，
> 它在某些方面还是有所欠缺。
> 弦论学者则希望能够提供这样的数学解释，
> 但标准模型谈的不只是作用力而已，
> 因为它是粒子物理学的理论，
> 弦论当然也要描述粒子的性质，
> 因此问题是如何将卡拉比－丘流形和粒子整合在一起。

在《绿野仙踪》这个故事里，当小女孩桃乐丝遇到善良的南方女巫葛琳达时，桃乐丝讲述了自己的全部遭遇：龙卷风如何将她送到奥兹国，她如何找到同伴，以及大家一起经历的奇妙冒险。"我现在最大的愿望，"她补上一句，"是回到堪萨斯。"[1]

到目前为止，我们经常拜访的"善良博士"威滕以及其他人物，也已经为大家说了一段故事，那是关于在卡拉比－丘国度的奇妙冒险，其中有隐藏的维度、镜伴流形、超对称，以及消失的第一陈氏类。不过有些读者可能跟桃乐丝一样，已经渴望回到比较熟悉的环境了。当然，问题是我们真的可以从这里回去吗？结合弦论和卡拉比－丘流形，固然可以揭开隐维空间的秘密，但那是一个可以想象却踏不进去的地方，是理论的奥兹国。所以，结合这两者真的可以在我们的堪萨斯，也就是现实物理世界中推导出什么新鲜东西吗？

都柏林高等研究院的物理学家布朗恩就这么说："我们可以写出从数学观点看来十分有趣的物理理论，不过我希望理解的，终究是现实世界。"[2] 当我们尝试把弦论与卡拉比－丘流形去连结现实世界时，比较的重点显然是粒子物理学。

200　　　物理学的标准模型是有史以来最成功的理论之一，其中描述了各种物质粒子，以及在这些粒子间来来去去的介子。不过就描述大自然的理论来看，它在某些方面还是有所欠缺。首先，标准模型拥有大概二十个无法由理论决定的待定参数，像是电子和夸克的质量。这些参数必须人为加入，这让许多理论学者有种勉强凑合的不自在感。人们不理解这些参数之所以是这些数值的理由，而这些数值的背后似乎也没有什么数学意义。弦论学者则希望能够提供这样的数学解释，而且除了弦的张力（或称线性能量密度）之外，剩下唯一待定的参数就只有空间的几何。一旦空间确定了，各种作用力与粒子就会跟着完全确定。

在第 6 章提过的 1985 年论文中，坎德拉斯、赫罗维兹、史聪闵格、威滕 "展示了如何将所有的关键要素容纳进来，得到一个看起来和标准模型大致类似的世界。"坎德拉斯说："一个涵盖了引力的理论可以做到这件事，让很多人对于弦论充满了兴趣。"[3] 他们模型的成功之处在于，其中包含了"手征费米子"（chiral fermion），这是标准模型的特色，所有物质粒子都具有某种手征性，而且左旋版本和右旋镜像版本有很重要的性质差异。前面也曾经提过，他们的理论将基本粒子分成四个族，比标准模型需要的三个族多了一族。尽管有这样的差异，坎德拉斯解释说："重点是从理论可以得出不同的族，就像我们在标准模型中所见到的重复结构。"[4]

史聪闵格也同样乐观，说他们开创性的卡拉比-丘紧致化研究"是从弦论基本原理跳到现实世界附近的大跃升。感觉就像打篮球时，从球场的另一边出手，结果投出大空心一样"。他说："宇宙所有可能发生的事情何其多，但是我们的结果却惊人地靠近目标。所以接下来我们要精益求精，找到精确的结果，而不只是大略的图像。"[5]

大概一年之后，布莱恩·格林恩与他的研究伙伴提出了更进一步的模型，其中包含了所需的三族、手征费米子、具有正确数目的超对称（所谓 $N=1$ 理论）、有点质量的中微子（很好）而且质量不大（更好），另外重建了标准模型具有的强力、弱力、电磁力三种力场。也许 201 他们模型的最大缺点是产生了一些标准模型没有的多余粒子，必须使用各种技巧才能消除。正面来看，最令我惊慄的是他们研究方法的简洁，基本上，他们唯一需要做的，就是选对卡拉比-丘流形（他们选了我构造出来的流形），单单这么一个选择，就达到几乎产生标准模型的效果了！不过自那之后十余年来，虽然在某些方向有些进展，但是弦论或弦论学者还是没有办法得到十足的标准模型。因此，即使掌握了这么优越的有利位置，大家仍然不知道弦论是否真的可以重现标准模型。

尽管这个问题现在显得困难，但是拥护者认为弦论不只能重现标准模型，而且终究要超越标准模型，这是他们确信必须完成的终极目标，因为大家已经知道标准模型并不是物理学的最终理论。就在过去十年里，标准模型为了解释新实验的发现，已经做过好几次修正或扩充，譬如1998年，科学家发现原本以为无质量的中微子竟然具有质量；另外，目前学界相信宇宙有96％是由暗物质与暗能量所构成，但是标准模型对这些神秘的物质或能量形式并没有任何说明。我们也希望能掌握其他的新发现，例如当大型强子对撞机开始运转后，以高能轰击质子时可能出现的新现象，不管所侦测到的是超对称粒子（暗物质的可能首选），或其他完全超乎预料的东西。

虽然坎德拉斯团队或格林恩团队不能重建标准模型，但是他们的紧致化研究，至少在一个方向上超越了标准模型，他们发现了"最小超对称标准模型"（Minimal Supersymmetric Standard Model，MSSM）的构造方法，这个理论加入超对称要素，扩张了原来的模型，也就是纳入原来标准模型所没有的超对称粒子。后续基于弦论、试图实现标准模型的研究无不包含超对称，本章后面将继续讨论这个课题。

对于相信大自然理论必须包含超对称的人 —— 其中包括（但不限于）大部分的弦论学者 —— 来说，标准模型显然缺少这个部分。除此之外，人们也不断强调标准模型另一个致命的缺失，那就是引力。大家认为，因为这个粒子物理学的理论完全忽略了引力，因此不可能是宇宙的最终描述。

标准模型之所以遗漏引力有两个原因：首先，引力的强度比其他的强力、弱力和电磁力小得多，因此在小尺度讨论粒子相互作用时，基本上可以完全将之忽略。例如两个质子之间的电磁力强度大概是引力的10^{35}倍，因此一个纽扣大小的磁铁就可以对抗整个地球的引力作用，以电磁力把回纹针吸离地面。另一个经常被讨论的原因是，还没有人知道怎么将广义相对论所描述的引力，以及量子力学所描述的其他作用力结合起来，成为单一且天衣无缝的理论。如果弦论真的可以成功重现标准模型又纳入引力，就会朝完整的大自然理论跨近一大步。而且，如果弦论可以完成这个目标，所拥有的将不只是结合引力的标准模型，而是结合引力的超对称标准模型。

群与规范场论

目前已经有好几个尝试具体实现标准模型的方案，其中牵涉"轨形"（orbifold，看起来像平坦空间的折叠）、"相交膜"（intersecting branes）、"叠膜"（stacked branes）等概念，在理论的前沿各自取得一些成果。不过我们将只聚焦讨论其中一种想法，也就是弦论五种变貌之一的$E_8 \times E_8$杂弦理论。选择这个理论，并不是因为它最有可能成功（这不是我能置喙的问题），而是因为这套想法和几何学密切结合，而且大致说来，在从卡拉比-丘几何走向现实世界的各种努力中，这个分支有着最悠久的传统。

我特别重视几何学的角度，并不只是因为几何是本书的重点，而是由于几何学在这段奋斗的过程中不可或缺。例如作用力是标准模型或其他解释大自然的理论所必备的一部分，而要描述作用力就必须用到几何学。正如瓦法所云："大自然四种作用力都需要几何学的支撑，其中电磁力、弱力、强力这三种力，更需要利用对称性来相互连结。"[6] 标准模型将这三种作用力与它们各自对应的对称（规范）群编织在一起：强力对应到三阶特殊么正群SU（3）；弱力对应到二阶特殊么正群SU（2）；而电磁力则对应到一阶么正群U（1）。

将空间中的旋转作用在圆球上，结果圆球看起来并没有不同，像这样的情况，我们说旋转构成圆球的对称群。因此一般所谓对称群，就是一组类似旋转操作的集合，当它们作用到某物体时，不论作用几次，该物体自始至终都没有什么改变。

以上三种群最容易描述的群是U（1），它是由平面上所有让圆保持不变的旋转所构成的群，这是一个一维的对称群，因为它固定绕着通过圆心的垂直轴旋转；SU（2）是三维的对称群，和三维空间的旋转有关；SU（3）是一个八维的对称群，只是它的对称作用并不是简单地旋转。[有一个简单规则是群SU（n）的维度是n^2-1。]这三个对称群的维度可以加起来，使得标准模型的整体对称维度是12（1+3+8＝12）。

由于卡拉比－丘流形是爱因斯坦方程的解，因此卡拉比－丘流形的特殊几何可以说明模型中的引力部分。不过这些流形也能够解释标准模型中的其他作用力吗？怎么做呢？要回答这些问题，恐怕得绕点远路。

当今的粒子物理学架构是量子场论，其中所有作用力以及所有粒子都用场来表示。如果掌握了这些遍布在四维时空中的场，就可以推导出相应的作用力。而这些作用力可以用向量来表示，向量既有方向又有长度，因此在空间中任一点的物体，可以感受到往某特定方向以及特定力道的推或拉的力量。例如在太阳系中的任意位置，引力会作用在其中的任何物体（如行星或彗星），把它往太阳方向拉，而作用力的大小则视该物体与太阳的距离而定。类似的，电磁力则是作用在占据某个位置的带电粒子上，作用力的方向和大小，则与它和其他带电粒子的电荷与位置有关。

标准模型并不仅是一般的场论，而是一种特别称为"规范理论"（gauge theory）的场论，通过物理学家杨振宁与米尔斯的研究，规范场论在20世纪50年代获得长足的进展。这个理论的根本想法是，标准模型将上述的对称群结合成一个混合式的对称群，即SU（3）×SU（2）×U（1）。比较特别的是这个群的作用方式和一般对称群不同，它需要被"规范"，举例来说，取一个熟悉的对称群如平面上的旋转群，然后容许它在时空上各点有不同的作用方式，譬如在某一点转45度，在另一点转60度，又在某一点转90度等。虽然它在各点的作用不相同，但是规范理论要求动力方程式（控制作用场变化的方程式）在这种作用下必须不变，实质的物理现象也不改变，所有一切看起来都没有不同。

通常，一般的对称群并不是这样作用的，所以才特别以规范对称来称呼它们。事实上，标准模型中还有四种"整体"的对称群，和物质粒子与非规范的力荷守恒有关（这些整体对称会作用到标准模型中

204

图9.1 杨振宁与米尔斯，他们建立了杨-米尔斯理论。（图片提供：杨振宁）

的物质粒子，本章稍后还会谈到）。另外在标准模型与其他场论中还有一种整体对称性，称为"庞加莱对称"（Poincaré symmetry），它牵涉时空的平移（例如将宇宙往右移动一米，或者在两间不同的实验室做相同的实验）与旋转，物理定律在庞加莱对称作用下是不变的。

　　但是如果所关注的是规范对称，杨振宁和米尔斯的研究结果是：理论还得加入额外的机制，这个新的机制称为"规范场"。在标准模型中，规范场对应到规范对称 SU（3）×SU（2）×U（1），意思是说经过某种组合，规范场会对应到标准模型中的三种力：强力、弱力和电磁力。杨振宁和米尔斯并非最先以 U（1）规范理论描述电磁力的研究者，这些研究在他们之前数十年就出现了；但他们是最先研究 SU

（2）规范理论的人，并且成功演示了 SU（n）理论的一般构造方式（n是大于1的整数），其中包含了 SU（3）。

规范场的引入，让物理学家可以研究具有规范对称性的理论，在逐点对称作用不同的情况下，仍然保持物理结论的不变性。物理学家并没有因为规范理论比较优美或诱人，而用它来构造标准模型。他们之所以接受了规范理论，是因为实验告诉他们这正是大自然运作的方 205式。因此，标准模型是规范理论的缘由，实证经验的考量高于美学的要求。

规范理论是物理学家用的术语，数学家则是用"丛"（bundle）的语言来表示相同的概念，这是三种作用力的规范场的数学表示方式。由于弦论学家跨在物理和数学的分界线上，因此丛在讨论杂弦时扮演了关键的角色。

卡拉比-丘流形和规范场论

在我们开始谈论杂弦之前，必须先解释卡拉比-丘流形和规范场的关系。已知的四维引力场，以及牵涉其他三种作用力的 SU（3）×SU（2）×U（1）规范场，无疑都存在于我们身处的四维时空中，符合人们的观察。不过规范场事实上存在于弦论描述的整个十维时空上，其中落在六维紧致卡拉比-丘流形的分量，将会给出我们世界的四维规范理论，也就是强力、弱力与电磁力。事实上可以这样 206说，这些作用力是由卡拉比-丘流形的内在结构所生成的，至少这是弦论的观点。

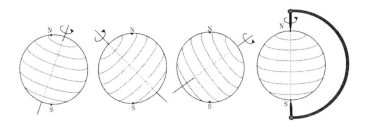

图9.2 由于球具有很高的对称性,当球绕任何直径旋转时,球面并不会改变。不过如果坚持北极点在旋转时不能移动的话,就会造成"对称破缺",因为这时只容许绕南北极轴线的旋转,也就是说,加上这个条件后,破坏(限制)了球原来的旋转对称性

到目前为止,我们只谈了一些对称的概念,但还没有触及构造模型的学者经常遭遇的难题,也就是所谓的"对称破缺"(symmetry breaking)。先回到三维空间中单位球的例子,球具有旋转不变的对称性,三维空间的旋转对称群称为SO(3),当球绕着x轴、y轴或z轴旋转时,球看起来并没有改变。但是我们可以利用以下的方法来破坏这个对称性:在球上画一点做记号,然后要求旋转时,不能移动这一点。以地球为例,我们可以选择北极作为这个特殊的点,这样就只剩下绕着赤道的旋转(也就是绕着南北极轴的旋转)会固定北极点不变。这么一来,本来球上的三维对称群就遭到破坏,变成较小的一维群U(1),这就是对称破缺的原理。[7]

在我们讨论的杂弦理论里,给定的十维时空具有称为$E_8 \times E_8$的对称性。E_8是一个248维的对称群,可以想成一个具有248分量的规范场(就像三维空间中的向量可以用分量x,y,z来描述一样)。而$E_8 \times E_8$是一个更大的对称群,它的维度是248+248=496。基于实际的考量,我们暂时先忽略第二个E_8。当然,就算只有一个E_8,也还是要面临如何重新构造出标准模型的难题，因为标准模型只有十二维，我们要如何将E_8的248维对称群"破坏"到只剩下十二维呢？

为了能"降落"到四维时空与具十二维对称群的标准模型，就必须找到某种破坏E_8规范群对称性的方法。我们可以特别选择E_8中某个特别的结构方式，使得那248个分量有的打开，有的关掉，我们尤其希望只关掉其中12个分量，就好像固定球上的北极一样。不过这12个分量不能任意选取，它们必须能刚好与 SU（3）×SU（2）×U（1）对称群一致。也就是说，破坏了这个庞大的E_8群后，在四维时空中剩下的应该就是标准模型的规范场。对称被破坏的其他规范场并没有消失，被打开的特征表示它们存在于高能的状态，普通人完全无法接触到。你可以说E_8多出来的对称性，隐藏在卡拉比−丘流形中。

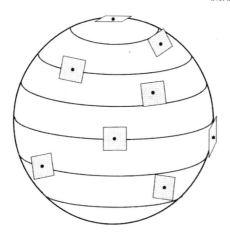

图9.3 在球面上任何一点，都有一个和球面只交于该点的切面。球面的"切丛"由球面上每一点的切平面所构成。依照定义，切丛包含了所有的切点，因此也包含了球面本身。由于切面的数目无穷多又会彼此相交，所以无法画出整个切丛。我们只选取几个点，画出一部分切面来局部呈现

　　纵然如此，光只有卡拉比－丘流形仍然不足以重建出标准模型，这就是为什么需要丛的原因。给定一个流形，丛的定义是在该流形的每一点上系附一组向量 [更专业一点的名称是 "向量丛"（vector bundle）]。最简单的一类丛是切丛（tangent bundle），任何卡拉比－丘流形都有自己的切丛，不过因为切丛比卡拉比－丘流形本身更难描述，我们不妨先看看二维球面的切丛。在球表面选取一点，画两个该点的切向量，这两个向量决定了该点的切面（也可以用切面上的圆盘来代表）。如果我们在每一点都画一个切面，再把全部的切面（或圆盘）集合起来，所形成的整体就是球面的切丛。

　　或许你注意到，切丛一定包含这个流形本身，因为依照定义，切丛包含每一个切点。因此二维球面的切丛是一个四维空间，这是因为切面本身有 2 个自由度（两个独立的移动方向），而置身于切丛中的球面本身还有另外 2 个和切面无关的自由度。根据同样的想法，六维卡拉比－丘流形的切丛是十二维的空间，其中切面占了 6 个自由度，流形本身还有另外 6 个自由度。

　　丛的概念非常重要，因为弦论需要丛来重建以杨－米尔斯理论描述的粒子物理学，其中的规范场是某组微分方程的解。想当然，这组方程就称为杨－米尔斯方程。我们特别想处理的是，找到卡拉比－丘流形上的杨－米尔斯规范场。而更因为卡拉比－丘流形出现在弦论中，主要是因为超对称条件的要求，因此这个规范场也得满足超对称。这表示我们要求解的是一组特殊的杨－米尔斯方程，这组超对称版本的方程称为 "厄米特－杨－米尔斯方程"（Hermitian-Yang-Mills equations）。事实上，这组方程得到的是超对称最少的解（称为 $N=1$

超对称），这也是与今日粒子物理学唯一能相容的超对称情形。

"在弦论强迫我们装扮得更花哨之前，大部分的物理学家并不熟悉几何学与拓扑学。"宾州大学的物理学家欧夫路特说，"我们只会写下像杨－米尔斯方程之类的方程式，然后试着把它解出来。"唯一的困难是，厄米特－杨－米尔斯方程是高度非线性的微分方程，根本没有人解得出来。欧夫路特强调："到今天为止，六维卡拉比－丘流形上的厄米特－杨－米尔斯方程式，连一个确解都找不到。如果不是因为几何学家的研究，揭示了另一条可以前行的道路，我们就只能停滞在那里。"[8]

DUY定理

向量丛指引出这条绕过困境的道路，因为我们可以用卡拉比－丘流形上的向量丛，作为杨－米尔斯方程规范场的替代描述。确切的做法得依赖所谓的DUY定理，DUY是一组人名的缩写，D代表多纳森（Donaldson，现任职于伦敦帝国学院），U代表乌兰贝克（Karen Uhlenbeck，任职于得州大学奥斯丁分校），Y则是我自己。

DUY定理背后的主要想法是，厄米特－杨－米尔斯方程所决定的场可以用向量丛来表示。我们证明了下述结果：如果可以在卡拉比－丘流形上，构造满足某拓扑条件的向量丛，这个向量丛上就自动容许唯一一组满足上述方程的规范场，这个拓扑条件称为稳定（stable）或斜率稳定（slope-stable）。"如果你只是将一个无穷难的问题换成另一个无穷难的问题，就帮不上什么忙。"欧夫路特说，"但是构造一

图9.4 乌兰贝克（照片提供：得州大学奥斯丁分校）

个稳定的向量丛要简单多了，结果就是你完全不用去解那些恐怖的微分方程。"[9]

　　换句话说，我们为这个无法用其他办法解决的难题找到了几何解。你不需要再担心场或微分方程，只要考虑能不能构造出稳定的向量丛就够了。什么是斜率稳定的向量丛呢？先前曾经讨论过，曲线的斜率是与曲率有关的数，而在现在讨论的情况里，斜率稳定则与向量丛的曲率有关。"斜率所表示的是一种平衡感，"宾州大学的数学家多拿吉（Ron Donagi）粗略地解释，"某方向上的曲率不能比另一方向的曲率大太多，因此相对来说，不管你面对的是哪个方向，曲率都不会变得太极端。"[10] 如果向量丛被分解为更小的子丛，那么所谓稳定的意思就是任何子丛的斜率不能比整个向量丛的斜率还大。只要满足这个条件，这个向量丛就是斜率稳定的，它具有满足厄米特－杨－米尔斯方程的规范场，因此也满足超对称。

就某种意义而言，位于DUY定理核心的斜率稳定性正是卡拉比－丘定理的结果。因为这个定理让卡拉比－丘流形的曲率满足特定的条件，使得卡拉比－丘流形的切丛本身就是斜率稳定的。而卡拉比猜想与证明的另一项结论是，卡拉比－丘流形切丛上的卡拉比－丘方程与厄米特－杨－米尔斯方程其实是相同的。就是这些事实，激发我去思考斜率稳定性和厄米特－杨－米尔斯方程之间的关系。结果冒出来的想法就是，向量丛是否满足这些方程以及向量丛的稳定性，这两件事其实是等价的。

事实上，这正是多纳森在DUY定理中的贡献，他在1985年发表的论文中证明，在复二维的特殊情况，上述想法是正确的。乌兰贝克和我的研究与多纳森是独立的，在一年之后我们共同发表的论文里，证明了上述想法对任何复数维度（也就是实偶数维度）都是正确的。直到现在，我仍然认为这是我曾证明过（或合作证明过）的最困难定理之一。我们与多纳森的研究成果，后来被统称为DUY定理。

这个定理的证明和卡拉比猜想非常类似，两者都是将难以处理的非线性微分方程组的繁琐问题，化简成或许有迹可寻的几何问题。在卡拉比猜想的情形，我并没有明确解出相关的方程，只是证明了如果流形满足一些代数几何标准程序可以检视的条件（紧致、凯勒流形、第一陈氏类等于零），那么以黎奇平坦度规形式呈现的方程组就会有解。DUY定理也一样，如果一个向量丛满足斜率稳定的条件，那么厄米特－杨－米尔斯方程就会有解。后来代数几何学家也发展了判断向量丛稳定性的方法，只是比起检查第一陈氏类是否为零来，稳定性的判断方法比较复杂。

有些门外汉（包括物理学家）认为DUY定理很令人惊奇，因为从表面上来看，向量丛的结构与待解的微分方程似乎毫不相干。不过我并不惊讶，因为这就好比卡拉比猜想的自然推广一样。只是卡拉比猜想谈的是流形，也就是卡拉比－丘流形，而DUY定理谈的则是向量丛。在这个问题里，我们寻找的是向量丛的度规，至于流形的度规则已经是先给定的起始条件的一部分。你可以任意选择"背景"空间的度规，包括卡拉比－丘度规。

卡拉比猜想和DUY定理的交汇之处是切丛。由于任何流形都具有切丛，因此一旦证明了卡拉比－丘流形的存在性，也就同时得到它的切丛。因为切丛是由卡拉比－丘流形所决定的，因此自然继承了卡拉比－丘流形的度规。换句话说，这个切丛的度规必须满足卡拉比－丘方程。但是我们也已经知道，如果背景度规是卡拉比－丘度规，那么这个情况的厄米特－杨－米尔斯方程和卡拉比－丘方程其实是一样的。总而言之，由于卡拉比－丘流形的切丛满足了卡拉比－丘方程，所以它也自动满足厄米特－杨－米尔斯方程，重点是，卡拉比－丘流形的切丛的确是DUY定理的第一个特例，是它的第一个解，这个事实来自卡拉比猜想的证明，虽然这比我们察觉到DUY定理的时间要早了十年。不过这并不是DUY定理最有趣的地方，这个定理的真正威力来自于它所提出的稳定性条件，如果希望一般向量丛（不只是切丛）上的厄米特－杨－米尔斯方程的解存在，就必须满足这个条件。

导出粒子物理学

在1986年的论文发表之前，我告诉威滕，卡拉比－丘流形和杨－米尔斯理论似乎搭配得天衣无缝，因此理应具有物理学上的重要性。起初威滕并没有看出什么端倪，不过在不到一年的时间里，他就把我的建议推广得更深更远，将这个想法用到卡拉比－丘紧致化的论文去。当威滕的论文发表后，由于他在这个领域里的地位，其他人就有兴趣将DUY定理应用到弦论。这是另一个几何学先走了一步的例子。

现在，让我们看看如何运用几何学和拓扑学，从弦论推导出粒子物理学。首先要选定一个卡拉比－丘流形，不过不能乱选，如果想运用已知的有效方法，就得先选一个非单连通的流形，也就是基本群不无聊的流形。希望你还记得，这表示在这个流形上，有一些闭圈不能收缩成一点。也就是说，这种流形比较像是环面而不是球面，中间至少要有一个洞。这些洞或闭圈的存在，将会影响向量丛本身的几何或拓扑性质，进而影响到它所要决定的物理性质。

下一步，是构筑流形上的向量丛，使其不但能得到标准模型的规范场，而且还要能消除各种反常，包括负概率、不该有的无穷大或其他恼人的性质，这些问题曾经困扰过弦论最早期的版本。但在1984年的重要论文里，麦克·葛林和史瓦兹以规范场的架构，找到了消除反常的方法。如果用几何或拓扑的语言来说，向量丛无反常的条件就是该向量丛的第二陈氏类等于切丛的第二陈氏类。

我们曾经在第4章讨论过陈氏类，这是一种分类流形、粗略检视 213

流形差异的技术。如果流形上的切向量可以被同向排列（有点像梳头发时不会打结的样子），那么它的第一陈氏类就等于零。在二维球面上想要避免打结是不可能的，但是在甜甜圈面上就做得到。因此，环面的第一陈氏类等于零，球面的则非零。

类似的方法也可以用来描述第二陈氏类，在六维流形的情形需要讨论的是双向量场（技术上来说此处谈的是复数向量，即向量的分量是复数）。我们希望在每一点上的两个向量能尽量独立，也就是各自朝向不同的方向。但是不论怎么安排，仍然可能有一些点上的两个向量会同向，甚至退化成零向量。事实是，如果在六维（复三维）流形中，把这些双向量不独立的点集合起来，就会构成一个闭二维曲面。这个曲面的整体可以用来表示第二陈氏类。

但是这和消除反常有什么关系呢？葛林和史瓦兹证明了，不论这些反常有多么复杂，只要它们彼此之间可以对消到全部都消失，最后就能够得到可行的理论。清除这些麻烦反常的方法之一，就是确定选定向量丛的第二陈氏类和切丛的相等。

为什么呢？我们得谨记，就某种意义来说，这些向量丛是背景作用场的替代品，而从背景的引力场和规范场可以推导出大自然的作用力。例如卡拉比－丘流形的切丛可以被想成引力场的影本，因为卡拉比－丘流形的特殊度规正是爱因斯坦引力方程的解，换句话说，引力已经被编码写入到度规之内。然而另一方面，流形度规又和切丛息息相关。前面谈过，度规提供了计算流形上 A、B 两点间距离的函数，A 到 B 的各种可能路径，每一条都可以分割成一连串微小的向量，这些

向量其实都是切向量；而切向量的整体正好构成了切丛。这就是想要 214
消除反常时，可以用卡拉比-丘流形的切丛来表示引力端的部分原因。

另外我们还得选择一个额外的向量丛，来产生标准模型中的规
范场。于是，我们手边有两个向量丛，一个产生引力场，另一个产生
规范场。不幸的是这两种作用场各有各的反常，无法各自排除。不过，
葛林和史瓦兹告诉我们不用沮丧。多拿吉解释说："他们证明了，引力
场的反常和规范场的反常正好差一个负号，因此只要我们能够处理到
两者的大小相等，反常就会彼此抵消。"[11]

消除引力场和规范场的反常

为了检验这个想法是否能够成功，需要检视卡拉比-丘流形的切
丛和规范丛的第二陈氏类。由前述可知，第二陈氏类相当于卡拉比-
丘流形上双向量场会同向或消失的异常点所形成的集合，不过我们无
法点数这些点的总数，因为这是一个无穷集合。事实上，我们能做的
是比较这两个点集合所构成的二维曲面（或复一维的曲线）。如果这
两个向量丛的第二陈氏类相等，并不需要这两个曲面完全等同，它们
只要满足所谓的"同调"（homologous）关系就可以了。

同调是稍微复杂的数学概念，因此最好用例子来说明。最简单的
例子是看起来像长水管的圆柱面，如果沿着两条截曲线切下一小段
"水管"，这两条曲线正好构成切下的"水管"曲面的边界，两条一维
曲线构成一个二维曲面的边界，这时这两条曲线就是同调的。再推广
来看，如果有两个同样维度的（超）曲面，构成某个高一维（超）空间

的边界，就说这两个曲面是同调的。而所谓陈氏类指的就是有同调关系的一类（超）曲面。

引入同调的概念，是因为卡拉比－丘流形的切丛与规范丛各自的第二陈氏类曲面正好是同调的，因此这两个向量丛的第二陈氏类就相等。结果就这样神奇地消除了弦论的反常，这正是我们引颈期盼的结果。

起初当人们开始测试这个想法时，例如在1985年坎德拉斯、赫罗维兹、史聪闵格、威滕合作发表的论文里，他们只用到了卡拉比－丘流形的切丛，因为毕竟这是当时唯一已知可用的向量丛。一旦同时使用切丛作为规范丛，那么"两者"的第二陈氏类当然相等，反常可以消除。再者，依照卡拉比猜想的证明，这个切丛也满足了稳定性的条件。不过很快的，研究者就希望可以找到满足上述条件（包括稳定性）的其他向量丛，因为从物理角度来考量，这样才可以容许更多的选择弹性。坎德拉斯提到，即使在1985年，"我们意识到还有更具有普遍性的方法，知道除了切丛还有其他向量丛可以考虑。只是虽然理论上我们理解可以这样做，却不知道要如何着手进行"。[12]

不过，随着20世纪90年代中期"第二次弦论革命"的到来，研究者已经知道如何放宽向量丛的限制条件，因此开辟了许多新的可能性。例如M理论，由于多了一个维度，因此有更充裕的自由度来纳入对应到膜的作用场，这是M理论引入的根本新元素。根据这个基于膜的新观点，规范丛的第二陈氏类不需要再等于切丛的第二陈氏类，只要小于或等于即可。这是因为膜（或它所包覆的流形）具有本身的第二陈氏类，可以加到规范丛的第二陈氏类里，让总和等于切丛的第二陈氏类，然后消除反常。所以，现在物理学家有更多种类的规范丛可以运用。

多拿吉说："每次当条件减弱了，例如将等式变成不等式，你就有更多例子可以运用。"[13] 以前述的球面为例，我们不一定要考虑过球面每一点的切平面（切丛），也可以换成过每一点垂直于切平面的向量（法丛 [normal bundle]）。只要过流形上每一点都各自指定一个特别的向量空间（vector space，如直线、平面等），整体就能构成向量丛，因此就可以有各式各样的向量丛。

虽然M理论开启了探索更多向量丛的新自由度，但到目前为止，研究者尚未找到更多可行的例子，不过至少可能性是存在了。同样的，推导标准模型的第一步仍是选择一个稳定而且可以消除反常的向量丛。从DUY定理可知，这个向量丛或许可以给出标准模型的规范场或 [216] 作用力。

整合卡拉比－丘流形和基本粒子

不过，标准模型谈的不只是作用力而已，因为它是粒子物理学的理论，当然也要描述粒子的性质，因此问题是如何将卡拉比－丘流形和大自然的粒子整合在一起。粒子共有两类，一类是可以触碰到的物质粒子，另一类是传递作用力的粒子，例如传递光（电磁场）的光子（photon），还有其他不可见的弱玻色子（weak boson，传递弱力）与胶子（gluon，传递强力）。

在这样的架构下，要推导出作用力粒子相对来说比较容易，因为只要在第一个步骤选对了对称群，得到正确的规范场，就会自动得到这类粒子。这些粒子基本上是作用力场的一部分，其中不同作用力粒子的种数等于该作用力规范场的对称群维度。例如强力场的对称群是八维的 SU（3）群，因此对应到八种胶子；弱力场的对称群是三维的 SU（2）群，因此对应到 W^+、W^-、Z 三种弱玻色子；电磁场的对称群是一维的 U（1）群，对应到单一的光子。

至于粒子作用的方式，也可以很容易地说明。想象两个人溜冰平行前进，其中一人把手上的排球抛给另一个人，抛球的人会因此往球运动的反方向偏一点前进，而接球的人则会向球运动的方向偏一点前进。现在想象你从够高的天空中观察这两位选手的互动，由于太远看不到球，你会以为两人之间有一道互斥的力将这两位选手拉开。但是如果你看得很近很近，把它"量子化"（quantized），就会发现这两个人的互动其实只是源自个别物件（排球）的传递，而不是某个不可见的力场。把物质场或规范场量子化的意思是说，在所有可能的振动起伏中，只有一部分是被理论容许的，这些特别选定的振动对应到特定能阶的波，因此就对应到某类特定的粒子。

"这就是标准模型的作用方式，"欧夫路特说，"物质粒子就像溜冰的人，而作用力粒子则像排球，在物质粒子之间交换着光子、胶子和 W^+、W^-、Z 玻色子。"[14]

至于一般的物质粒子，则需要多费一番唇舌来解释。所有正常的物质粒子像电子或夸克都有 1／2 的自旋。自旋是所有基本粒子都具备的内禀量子力学性质，和内禀角动量有关。我们曾经在第6章讨论过，这些1／2自旋的粒子是狄拉克方程的解。在弦论中，我们必须解出十维的狄拉克方程，如果固定一个卡拉比−丘流形作为背景的几何空间，狄拉克方程就可以拆成六维和四维的两个部分。其中六维狄拉克方程的解有两类，一类是很重的粒子，比任何高能加速器实验中观察到的粒子重上几兆倍；另一类是正常粒子，质量小到几乎是零。

姑且不论粒子质量的问题，想要直接解出这些狄拉克方程就非常困难。幸运的是，几何学和拓扑学再一次解救了我们，不需要直接去解这些几乎不可能解出来的微分方程。这一次要找的是规范丛的"上同调类"（cohomology class），这个想法是宾州大学一群学者的贡献，其中包括了布朗恩（现已离开宾大）、多拿吉、欧夫路特，以及潘特夫（Tony Pantev）。上同调和同调很类似，都是探讨两个物件可否相互形变的关系。多拿吉说，这两个概念是研究如何记录同一性质变化形迹的不同方法。[15]一旦找到了规范丛的上同调类，就可以用来找出狄拉克方程的解，进而得到物质粒子。"这真是一个美妙的数学方法。"欧夫路特如是宣告。[16]

运用这些技巧，多拿吉与加拿大亚伯达大学的布奇尔德（Vincent Bouchard），另外欧夫路特与其同事，分别提出了看起来很正确的模型。这两个研究小组都宣称得到正确的规范对称群、超对称、手征费米子，以及正确的粒子家族，包括三代的夸克与轻子、单一的希格斯子，而且没有奇怪的粒子出现，像是不在标准模型里的怪夸克或怪轻子等。

不过关于这些结果到底有多接近标准模型，学界仍然有相当多
[218] 的争论。有些人提出方法论与现象学细节的质疑，例如下章要讨论的
"模粒子"问题。我接触的物理学家对这些结果的正反意见掺杂，我
自己对于这个理论，或者老实说，对任何至今想要实现标准模型的努
力都还不满意。斯坦福大学的卡屈卢认为最近这些研究是循着先前坎
德拉斯、格林恩等人的成果，又再往前踏了一步，不过他也说："目前
还没有人可以提出一个正中红心的模型。"[17] 石溪大学赛蒙几何与物
理研究中心的道格拉斯也认同这个看法："这些模型都只能算是初稿，
还没有任何一个模型能通过现实世界的一致性检验。不过尽管这两个
模型并不完备，我们仍然学到了很多东西。"[18] 坎德拉斯认为这两个
模型展示了如何运用非切丛的一般向量丛的方法，他相信这些研究会
引领学者去得到其他的模型，坎德拉斯特别指出："世上也许还有其
他的可能性，但是不实际去做，你就是不知道哪一个会成功。"[19] 又
或者，根本不会成功。

计算粒子的质量

除了找到正确的粒子，接下来就要考虑粒子质量的计算，不然
根本谈不上将标准模型与新提出的模型做有意义的比较。在这之前，
我们得先决定能够描述粒子作用强度的"汤川耦合常数"（Yukawa
coupling constant），其中相关的是，标准模型物质粒子与希格斯场的
希格斯玻色子之间的作用，因为在这种情况，耦合的强度愈强，表示
粒子的质量愈大。

我们在此举出夸克为例。和其他的物质粒子一样，描述下夸克的

作用场有两种形式，分别对应到下夸克的右旋与左旋形式。因为在量子场论中，质量来自于粒子与希格斯场的作用，因此我们将下夸克的两种形式与希格斯场相乘，这个乘法操作对应到粒子的相互作用，而这"三元乘积"的大小则表示下夸克与希格斯场作用的强度。

以上只是整个复杂流程的第一步。第一个麻烦来自于上述三元乘 [219]积的大小在卡拉比－丘流形上逐点并不相等，但是汤川耦合常数和质量一样却是个定数，一个整体的测量值，和流形上各点局部的位置并没有关系。因此计算汤川耦合常数的方法，是将下夸克与希格斯场的乘积在整个流形上做积分。

积分其实是一种求平均的程序。假设有一个函数（例如前述的三元乘积），在流形上各点的函数值可能不同，如果想求该函数的平均，要怎么做呢？想象将流形分成许多微小区域，在每个区域取定该函数的值后，加总起来再除以区域的数量，就可以得到平均值。不过在现在的情况，这样计算并不能得到正确的答案，因为卡拉比－丘流形是弯曲的形体，因此每一个微小区域的大小（以二维为例，就是每一个小"矩形"区域的大小）会因弯曲的程度而变化。所以正确的方法是做加权平均，在每个区域中除了取定一点的函数值外，还要再乘上该区域的大小。但是这么一来，就得知道计算区域大小的方法。这表示我们必须先知道流形的度规，因为度规决定了流形真正的几何形状。问题是，我们已经说过很多次了，到目前为止，还没有人可以确切计算出卡拉比－丘流形的度量。[1]

---

1. 前几章提到坎德拉斯等人构造了大约8000个卡拉比－丘流形，指的是拓扑类型（借由丘成桐定理知道度量存在），但是他们并没有真的解出卡拉比－丘度量。——译者注

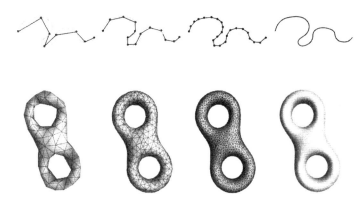

图9.5 通过离散化的过程，可以用有限的点来逼近一维的曲线或二维的曲面。随着点数逐渐增加，就能得到更好的逼近效果

这看起来像是一条死巷，因为没有度量就算不出质量，因此也就无法判断我们的模型是否真的接近标准模型。幸好还是有一些以电脑为基础的数值方法，可以逼近流形的度量。因此问题变成逼近值是否好到可以提供一个合理的答案。

关于数值逼近的想法，目前已经有两个方案正在检视，而两者都和卡拉比猜想有点关系。我们提过很多次，卡拉比猜想说的是在某特定的拓扑条件下，流形上就会存在黎奇平坦度量。我证明了这样的度量存在，但是并没有确切写出度量的算式，其中的证明手法用到了所谓的变形法（deformation method），大致说来就是从某个度量开始，依照特定的方式持续变化该度量，最后这个过程会收敛到原先希望得到的度量（参见第5章的连续法）。重点是，只要我们能证明这个过程会收敛到想要的解，就很有可能发展出一套也会正确收敛的数值技巧。

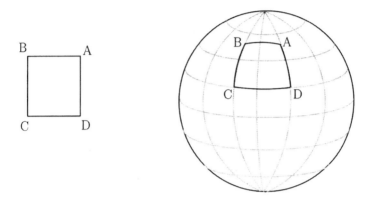

图9.6 在几何学中经常讨论将物件或流形嵌入高维背景空间的问题。本图是
将一维的正方形（只有外框线，可想成折了四折的线段），嵌入二维的背景空间
（球面）

　　最近有两位物理学家，美国布朗戴斯大学的赫德瑞克（Matt Headrick）与伦敦帝国学院的怀兹蒙（Toby Wiseman），他们沿着这个思路进行数值计算，并且得到K3曲面的近似度量，其中K3曲面是前面常提到的四维卡拉比-丘流形。他们所用的策略称为离散化（discretization），举例来说，给定一条连续的曲线，上面本来有无穷多点，然后我们用曲线上有限的几个离散点来表示这条曲线，重点是随着恰当选取的点数增加，我们希望这个过程终究会收敛到原来的曲线。赫德瑞克与怀兹蒙相信他们的算法会收敛，而他们的研究结果也的确相当不错，但是毕竟还没有真的证明出收敛性。其实这个方法的缺点和他们的研究分析本身无关，反而和现今科技的局限有关，因为目前的电脑还没有足够的能力，去计算六维卡拉比-丘流形度量的细节。总归来说，六维的计算远比四维要吃力，有更多的数值要处理。

　　毋庸置疑的，借由电脑功能的持续改善，总有一天可望能处理六维的计算。不过在这期间，其实还有一个计算限制比较少的办法。这个方法可以回溯到20世纪80年代，当时我曾经建议可以借由将流形放到（术语称为"嵌入"，embedding）更高维背景空间中，找出逼近黎奇平坦度量的算法。这个背景空间称为"射影空间"（projective space），它有点像一般欧氏空间的复数版本，不过却是紧致的。当你将流形摆到更大的背景空间时，可以自动从背景空间继承背景空间的度规（称为"导出度规"，induced metric）。这就像将球面放在普通欧氏空间时一样，我们可以在球面上使用空间中的度规。或者你也可以想象起司中的洞是嵌入到起司中一样，如果我们能在起司上测量长度，当然也就知道如何测量洞的大小。这时嵌入的流形或洞就从起司般的背景空间中继承了它的度规。

221

　　20世纪50年代，纳什就已经证明出，如果将黎曼流形放入足够高维度的空间，就可以得到任意想要的导出度规。纳什嵌入定理是这位杰出数学家最重要的成果之一，不过这个定理只能运用在将实流形嵌入实空间的情况。一般的纳什嵌入定理在复数时并不正确，不过我曾经指出，如果再加上一些限制，这个定理的复数形式仍然是正确的。例如有一大类凯勒流形可以嵌入足够高维的射影空间中，使得其导出度规乘上某常数后，可以任意逼近原来的度规。而黎奇平坦的卡拉比－丘流形正是这种特殊的凯勒流形，可以满足上述定理的拓扑条件，

222

因此黎奇平坦度规就可以借由嵌入高维度的射影空间，用导出度规来逼近。我的学生田刚在1990年证明了这项结果，事实上这是他的博士论文。我当初的想法后来还激发了数项后续更精微的重要研究，其中包括我另一位研究生阮卫东的博士论文，他证明可以找到逼近黎奇平坦度规更好、更精确的方式。

利用平衡位置的演算法

这项更精确的结果与在背景空间中摆入卡拉比-丘流形的方式有关，我们不能任意地摆放，也就是说必须找到恰当的嵌入方式，才能使得导出度规可以任意地逼近黎奇平坦度规。我们所能摆放的最好位置，就是所谓的平衡位置（balanced position），这是在所有摆法中导出度规最逼近黎奇平坦度规的摆法。平衡位置这个概念是1982年李伟光和我想出来的，当时是为了处理将曲面放到高维球的问题，但后来我们也将这个想法推广到背景空间是复射影空间的情况。目前任法国高等科学研究院院长的布居农（Jean-Pierre Bourguignon），当时也 [223] 加入我们的讨论，并在1994年一起发表了一篇论文。

过去我曾经在加州大学洛杉矶分校的一次几何会议中提出一个猜想，也就是每个具备黎奇平坦度规的凯勒流形（包括卡拉比-丘流形）都是稳定的（stable），问题是"稳定"这个概念并不容易定义。日后在相关的几何研讨班中，我不断强调上述布居农-李伟光-丘成桐的研究结果与稳定的概念两者之间很有关系。几年之后，我一位从麻省理工学院来的研究生罗炜，终于将卡拉比-丘流形的稳定性和前述的平衡条件联系在一起。借由罗炜的结果，我的猜想可以重述为：如果卡拉比-丘流形可以嵌入足够高维的空间，那么它总是可以摆在平衡位置上。

结果多纳森证明了这个猜想，他的证明同时也确认了这整个逼近法的主旨：如果将卡拉比-丘流形以平衡位置嵌入愈来愈高维度的背景空间，那么导出度规就会愈来愈逼近黎奇平坦度规。他的证明是将这些随着维度变大而得到的导出度规写成一个函数列，然后证明这个函数列会收敛，而且终究会收敛到完美的黎奇平坦度规。其中，多纳森的证明得动用卡拉比猜想，因为必须先知道黎奇平坦度规存在，整个证明才能成立。

　　由于多纳森证明了最好的嵌入方式（也就是平衡位置）的存在，因此他的成果也有了实际的用途。将寻找黎奇平坦度规的问题用上述的架构来审视，就可以找到解决的方法以及可能的计算策略。2005年，多纳森运用这个想法以数值计算方法算出K3曲面的黎奇平坦度规，并且证明这个计算技巧可以顺利推广到高维的情况。[20] 2008年，道格拉斯和同事们以多纳森的结果为基础，得到一系列卡拉比-丘流形的数值度规，也就是先前提过的五次曲面。目前，道格拉斯正和布朗恩以及欧夫路特合作，计算他们模型中的卡拉比-丘流形的数值度规。到目前为止，还没有人可以算出耦合常数或者质量，不过光是计算粒子质量的可能性，就让欧夫路特很兴奋。"这些数字并不能从标准模型本身推导出来，"他说，"但至少弦论提供了这种可能，这是前所未见的结果。"不过不是所有物理学家都认为可以达成这个目标，欧夫路特也承认："魔鬼藏身在细节里，我们还得实际去计算汤川耦合常数与质量，而且结果可能完全是错误的。"[21]

　　坎德拉斯很怀疑我们目前手边的模型真的会是宇宙的终极模型。他认为在建构这个理论时，"要把非常非常多的东西做正确，当我们将模型探究得愈来愈深入，迟早会遇到不成立的情况"。[22] 所以与其把目前这些模型视为最后的定论，还不如把这些努力当作学习过程，从而发展出关键的工具。同样的忠告，也适用于所有正在努力想推导出标准模型的人，包括了使用膜、轨形或环面的研究团队，他们到目前为止也都还没有达到目标。

史聪闵格认为当然是有些进展，他说："大家已经发现愈来愈多的模型，其中有些也愈来愈逼近周遭世界的观察，但是还没有那种能从球场另一头远射得分的模型，那才是大家等待的模型。"[23]

史聪闵格还用了另一种运动来打比方。1985年，他与坎德拉斯、赫罗维兹以及威滕合写出关于卡拉比–丘紧致化的论文时，感觉就像打高尔夫球从200码（1码＝0.9144米）外一杆直接打到洞旁，他回忆当时"觉得只要再补一杆就可以进洞"。结果几十年过去了，"物理学家还在学习下一杆保证能进洞的方法"。[24]

"就理论物理学而言，25年算是长的，直到现在，这群人才算是真正取得实质的进展。"坎德拉斯这样说，"我们终于走到这一步，可以用这个新观念做点实际的事情。"[25]

麻省理工学院的亚当斯虽然承认这方面的研究明显往前大幅迈进，"但是以为接近标准模型即表示将要完成，这是错误的"。他认为刚好相反，我们根本不知道还有多长的路要走，目标看起来似乎很近，但是我们现在的位置和标准模型之间还有一道"巨大的鸿沟"。[26]

当桃乐丝在奥兹国的大冒险将要结束时，她才知道原来打从一开始她就具有可以回家的能力。然而，弦论学家与他们的数学同行们（即使是具备几何分析高度洞识能力的数学家）花了几十年在卡拉

225 比–丘国度探险后,却发现自己回不了家,回不到现实物理学的领域(也就是标准模型),因此也无法再往前探讨后续的主题。有些人或许会感叹:如果能像电影中葛琳达教桃乐丝回家的法术,"闭上眼,轻敲鞋后跟三次,然后说:'没有地方比得上家'"就成了,那该有多好!

但是,这样也就错过了沿途的一切乐趣。

第 10 章
超越卡拉比-丘

尽管我偏爱卡拉比-丘流形，

而且此情在过去三十余年有增无减。

但是对于这个课题，

我仍然会保持开放的心态。

如果最终对弦论来说，

非凯勒流形的价值大于卡拉比-丘流形，

我也能欣然接受。

建立理论，真的很像在无人跑过的障碍赛场上奔跑。每通过一道障碍（不管是越过、绕过、甚至钻过），你心知前方还会有更多困难。而且就算能够成功克服所有这些关卡，你却不知道前方到底还有多少个障碍，也不知道是否这条路终究永远走不通。这就是弦论与卡拉比-丘理论目前的状况，其中至少还有一个纠缠不断的难题，足以颠覆整个辉煌的大业。我指的是模数（moduli）问题，这是许多演讲与研究论文所讨论的主题，也是许多心理挫败与错愕的根源。而且，光只是要描述这个问题，就会让我们远远脱离目前的主题，有时好像置身于五里云雾中。

任何有洞流形的大小与形状是由称为"模"的参数所决定的。例如二维环面（即甜甜圈面）的大小形状，是由两个互相独立的闭圈或闭链所决定，一条闭圈绕洞而行，另一条则穿绕进洞中再绕出来。依照定义，环面的模要量度的是这两个闭圈的大小，两者合起来决定环面的大小形状。如果绕洞而行的闭圈比较长，环面就显得比较瘦；反过来如果比较短，则环面会变胖，使得洞看起来相对比较小。另外，其实还有一个模数描述环面扭转的程度。

228　　二维环面有这三个模数就够了。至于卡拉比-丘流形则可以多达五百个洞，以及许多各种维度的闭链，因此就需要有更多的模数，从几十个到几百个都有可能。观察模数的一种方式，是将它想成四维时空上的场。以决定大小的模数为例，我们可以在时空中各点指定一个数，表示看不到的卡拉比-丘流形的大小。像这样在空间中指定一个数而不是有方向（向量）的场，称为"标量场"（scalar field），日常生活有很多标量场的例子，像是时空中各点的温度、湿度、气压等都是标量场。

重点是，如果不对流形的大小与形状做限制，就会一头栽进前述的模问题，从而粉碎你希望由卡拉比-丘流形推导出现实物理学的美梦。我们所面对的困难是，描述流形大小与形状的标量场是无质量的，改变这些场并不需要能量，也就是说我们可以不费力气地去变更它。在这种毫无控制的情况下计算我们的宇宙，"就好像赛跑时，终点线总是在你前方一寸移动一样"，威斯康辛大学的物理学家萧文礼这样比喻[1]。

其实问题比上述的麻烦更严重，因为这些标量场在大自然中不可能存在。如果这些场存在的话，就会有各式各样对应于模标量场的无质量模粒子在我们周遭以光速飞来飞去。这些模粒子与其他粒子的作用强度和引力子（理论上传递引力的粒子）差不多，因此会将爱因斯坦的引力论破坏无遗。然而广义相对论的引力描述非常成功，所以大家相信这些无质量的场与粒子不应该存在。因为它不只与运作良好的引力定律冲突，还会导出第五种，甚至更多种没人见过的作用力。

这就是困难之所在。因为与卡拉比－丘流形紧致化息息相关的弦论，现在却碰到了模问题，出现这些理论上相应而生、但现实中却似乎不存在的无质量标量场与粒子，难道这会是弦论的末日吗？其实并不尽然，因为还有解决之道。原来在弦论中还有一些要素，过去为了简化计算，我们暂时忽略了。如果将这些要素囊括进来，整个情况就会大大不同。这些多出来的材料，包括了所谓的"通量场"（flux），这种场类似电场或磁场，当然弦论中这种崭新的场和电子或光子都没有关系。[229]

以通量场来限制形状的模数

以二维环面为例，想象本来有一个可塑性很大的环面，胖瘦不定，变来变去。但是如果我们用钢线把它穿绕包覆起来，就可以固定它的形状，原则上这就是通量场的功用。我们都曾经见过这类现象，例如把磁场的开关突然打开时，本来漫散的铁屑会形成特定的模式，除非用外来的能量去移动铁屑，不然磁通量会将铁层牢牢固定住。同理，由于通量场的存在，除非施予能量，不然就不能变动流形的形状。就这样，无质量的标量场变成了有质量的标量场。

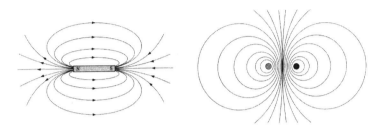

图10.1 通量场可以用力线来思考，就像图左的磁力线一样。不过，弦论的通量场更奇怪，而且力线朝向的是不可见的六维紧致内在空间

当然，六维的卡拉比-丘流形远比二维环面复杂，其中有更多的洞，而且这些洞具有至多六维的各种维度，因此通量场可以指向更多的内在方向，以至于通量场线有更多可能的方式来穿绕这些洞。但是既然用这些通量场来包覆流形，你也许想知道这样伴随的场里储存了多少能量。依照斯坦福大学卡屈卢的解释，能量相当于场强度平方在卡拉比-丘流形上的积分，也就是说我们将流形分割成无穷小的区域，在每个区域计算场强度的平方，再全部加起来就可以得到积分值。"由于变更流形的形状会变动通量场的总能量，"卡屈卢说，"我们要的正是让通量场能量最小的形状。"[2] 这就是为什么引入通量场，就可以稳定控制住流形的形状模数，进而确定流形形状的原因。

以上只是整个故事的一部分，关于这个稳定形状的过程，还有一个重要的面向没有谈到。就像电场或磁场可以量子化，弦论中的通量场也要量子化，也就是只能取整数值。我们可以谈1单位的通量、2单位的通量，但是并不存在1.46单位的通量。当我们说通量场可以稳定模数时，意思是模数只能取特定的值，也就是那些对应到离散通量的值，而不是任意的值。因此这就限制了卡拉比－丘流形的形状变化，结果所有可能形状构成的是离散的集合。

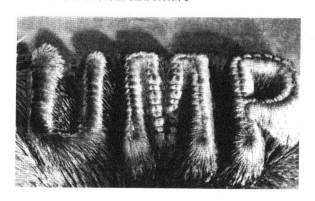

图10.2 正如施加磁"通量"可以固定或稳定铁屑的排列形状，原则上，我们也可以打开弦论中的各种通量场，来固定卡拉比－丘流形的形状大小。（影像提供：TechnoFrolics［www. technofrolics. com］）

在第9章我们探索了杂弦版本的弦论，不过想将通量场的概念与杂弦糅合在一起非常困难。因此我们现在要谈谈在这个方向上比较成功的 Ⅱ 型弦论（其中包括了 Ⅱ A 型与 Ⅱ B 型两种弦）， Ⅱ 型弦论在某 [231]些情况和杂弦有着对偶关系。我现在要谈的是2003年一项对 Ⅱ B 弦的重要分析，这是在这个问题上最具代表性的成果。

稳定性问题的解决

其实，目前我们只讨论了如何用通量场来限制形状模数。不过一般人认为，接下来介绍的这篇论文，是第一篇能够一致稳定处理卡拉比－丘流形所有模数（形状模数与大小模数）的论文。这篇文章经常依四位作者的姓缩写成KKLT，其中卡屈卢、卡萝絮（Renata Kallosh）、林德（Andrei Linde）三位来自斯坦福大学，而崔佛迪（Sandip Trivedi）则是印度塔塔研究院的学者。对于以卡拉比－丘流形为基础发展的弦论，稳定控制流形大小的问题十分紧要，不然这六维内空间就不会卷曲，而会跟着其他四维空间一样变成无穷大。一旦这个微小不可见的维度，突然脱离束缚而膨胀，我们的生存时空就会变成十维，有十个独立的方向可以移动，想找失踪的钥匙时，也多了很多方向要找。不过我们的世界并不是十维（所以找钥匙会简单一点），因此一定要有东西把这六维的空间拉住，根据 KKLT 的说法，这个东西就是 D 膜。[3]

用膜来固定六维卡拉比－丘流形的形状，有点像用辐射层轮胎来固定内胎；就像向内胎打气时，辐射层外胎可以限制内胎的大小一样，膜可以遏止微小流形膨胀的倾向。

"物体形状和大小稳定的意思是，挤压它时会有东西撑住，扩张时又会有东西将它拉回去，"约翰霍普金斯大学的桑德仑解释说，"我们的目标是找到紧致稳定的时空，KKLT 告诉我们怎样可以做到，而且还不只一种方法，而是很多不同的方法。"[4]

如果弦论想要解释"宇宙暴胀"（cosmic inflation）的现象，流形稳定大小的概念就很重要。所谓宇宙暴胀是说今天我们所见宇宙的几乎所有一切，都源自大爆炸后，宇宙在一段时间很短却很猛烈的指数式膨胀的结果。根据这项理论，宇宙暴胀的能量来自于所谓的暴胀场（inflation field），它让宇宙具有正能量去启动膨胀的过程。康奈尔大学物理学家麦卡利斯特说："在弦论中，我们假设正能量来自某个十维的能量源，它具有紧致卡拉比－丘流形愈胀大，能量就会愈小的特性。"因此只要有机会，所有的场都会试图扩张，因而被稀释掉。"也就是说，当内空间变大而能量跟着变低时，整个系统就会愈'高兴'。"麦卡利斯特继续解释说："于是系统膨胀时，能量就跟着减低，而当系统膨胀到无穷大时，能量就缩减为零。"[5] 所以如果没有任何东西可以约束内空间，它就会持续膨胀。但是如果真的发生这种事，那么本来可以导致暴胀的能量就会耗散得非常快，快到暴胀的过程根本还来不及开始就已经结束了。

在 KKLT 的剧本里，膜的概念提供了可能的机制，可以解释这个被暴胀大幅影响的现存宇宙。这部剧本的目标不是重现标准模型，也不涉及粒子物理学的细节，而是要追索我们宇宙更宽广的定性面貌，这囊括了宇宙学这门堪称最宏观学科的许多向度。

弦论最终极的目标，是要建立在任何尺度都能成立的理论，换句话说既能从中导出粒子物理学，又能导出宇宙学。而 KKLT 的文章，不只提供了弦论如何解释暴胀理论的想法，也指出弦论或许可以解释引力为何如此微弱的原因（电磁力强度约是引力的兆兆兆倍）。其实早在 2002 年，卡屈卢就已经与加州大学圣塔芭芭拉分校的基汀斯（Steve Giddings）和波钦斯基合写过一篇讨论这些问题的论文（简记为 GKP）。根据弦论，其中部分原因在于引力遍及十维时空，因此整个强度被稀释了。而依据 GKP 的看法，这个效应更因为一种称为"弯扭"（warp）的几何概念，而被指数倍地放大了，后文将会再讨论这个概念。弯扭几何的解释，最初是由哈佛大学的兰德尔（Lisa Randall）与桑德仑在场论中所建立的，后来再被 GKP 与后续的 KKLT 引入弦论。

另外，KKLT还完成了另一项里程碑。他们从弦论的观点，提供了宇宙为什么具有正真空能量（亦即暗能量）的解释，自从20世纪90年代末，科学家通过天文测量的结果，已经知道这种能量明显存在。不过我们将不详述其中的机制，因为里面充斥着技术性的细节，而且还牵涉所谓的"反膜"（antibrane，就像反物质一样），这些反膜位于卡拉比-丘流形的某个弯扭的区域中，像是锥形奇点（conifold singularity）的尖点，而所谓锥形奇点又是从流形"表面"延伸出的非紧致锥状凸出物。无论如何，确切的细节在此并不重要，毕竟他们的研究也不是为了替这些问题提出确定的答案，卡屈卢就这样说："KKLT的本意只是提出一个玩具模型，在研究各种现象时，理论学者经常把玩这样的模型，当然还会有许多其他可能的构造方式。"[6]

重点是，如果弦论在粒子物理学与模数稳定性这两个研究方向都能持续有进展，那么根据麦卡利斯特的说法，"至少将拥有解决问题的潜力。因为只要有卡拉比-丘流形，然后再加进D膜和通量场，原则上我们就拥有所有的素材，可以导出标准模型、暴胀、暗能量，以及解释我们世界所需的其他一切"。[7]

弦论地景观

KKLT的结论之一，是在解释如何去稳定模数的同时，也得到卡拉比-丘流形本身只能有某些稳定或准稳定（quasi-stable）形状的限制。也就是说，我们可以先选择某个特定拓扑类型的卡拉比-丘流形，找出在流形上穿戴各种D膜与通量场的方法，然后再计数所有可能配置方式的数目。问题出在一旦你真的数出来，别人可能对结果很不以为然，因为所有的配置数大得荒唐，可高达10^{500}种。

这个估算绝非精确，只是要让你稍微体会，一个具有很多洞的卡拉比-丘流形大概可以有多少种不同的配置数。举例来说，环面需要一个通量场穿绕它的洞才能稳定，因为通量场要量子化，不妨假设它可以取从0到9的10个整数值，这相当于环面具有10种稳定的形状。然后再考虑两个洞的环面，因为每个洞都需要穿绕的通量场才会稳定，所以就有10^2，亦即100种可能的稳定形状。至于六维的卡拉比-丘流形，选择的可能性当然多得多。"10的500次方是这样算的，数学家估计流形的最大洞数大概是500个，再假设穿过每个洞的场或通量都 234 具有10种可能态，"算出上述大数的波钦斯基说，"整个估算很粗糙，真正的数目也许大得多或小得多，但应该不是无穷多。"[8]

这个数字的意义何在？首先，这表示由于卡拉比-丘流形的拓扑复杂性，所以弦论方程有许多可能的解，而每个解对应到不同卡拉比-丘流形的几何性质，因此也就意味着有不同的粒子、不同的物理常数等。不仅如此，由于卡拉比-丘流形是真空爱因斯坦方程的解，每种解以不同的方式承载着通量场和D膜，结果对应到不同真空态的宇宙，因此各有不同的真空能量。出人意料的是，不少理论学家还真的相信所有这些宇宙可能都存在。

让我们想象有一个球在广大、光滑、没有摩擦力的地面上滑行，这时球不会有任何特别偏好的位置，因为它不需要任何能量，就可以到达平面上的任何位置。这就像未稳定化的模数以及无质量标量场的情况。不过一旦这片地面并非全然光滑，上面有些小洼小坑，这时球就有可能会陷在坑里，不另外施加能量就不会脱出。这就是稳定模数的情况，不同的凹坑相当于弦论的不同解，也就是各自占有不同真空态的各个卡拉比-丘流形。由于已知的可能解非常多，因此这片不同真空态的"地景"幅员非常辽阔。

想当然尔，这个弦论景观的概念引起很大的争执，有些人赞成这个图像所隐含的多重宇宙结论，有些人则非常憎恶，另外一些人包括我个人在内，则认为这只是臆想而已。有些人内心的疑问是，一个可能解释大自然的理论，提供的解却远超过我们的处理能力，这样的理论有什么实际价值？人们也不免纳闷，综观这片地景上遍布四散的所有可能宇宙，真的有办法找出我们存身的宇宙吗？

还有一种忧虑，是地景的概念和所谓的人存原理（anthropic argument）息息相关。人存原理是用来解释宇宙为什么会是我们现在
235　所见这个样子的一类论点，它的一个说法如下：根据最近天文学测量的计算结果，我们宇宙的宇宙常数非常非常小，比目前最佳理论的预测值还小上 10^{120} 倍。还没有人能够解释这个差异或宇宙常数如此之小的缘由。但是如果景观上这 10^{500} 种可能真空态都真的存在于某处，每个真空态各自呈现一个宇宙或次宇宙，分别具有不同的内在卡拉比-丘几何与宇宙常数。那么在这些选择中，至少必定有一个次宇宙的宇宙常数会非常小，就像我们的一样。而因为我们总是要居住在某个宇宙里，所以或许就这么巧，那就是我们的宇宙了。不过这也并不全然是乱碰运气，毕竟我们不能住在宇宙常数正又大的宇宙里，因为这种宇宙的膨胀会快到连星球、行星，甚至分子都来不及形成，但如果是
236　负又大的宇宙常数，这种宇宙很快就会缩陷于无形，或者缩陷成很极

端的奇点，让你没有正常日子过。也就是说，我们只能居住在我们能
居住的宇宙里。

景观说的纷争

物理学家大卫·格罗斯曾经将人择形式的推理比拟成应该赶尽杀
绝的病毒，他在某次宇宙学会议里抱怨说："一旦沾染上，就永远摆脱
不了。"[9] 斯坦福大学物理学家李克特（Burton Richter）则宣称一些
景观说的狂热分子——例如他的同事萨斯金——已经"放弃了。对
他们来说，引领物理学走得这么远的化约论旅程已经结束"。李克特
在《纽约时报》写道："既然他们如此认为，我不明白他们为什么不去
做做别的事情，譬如设计各式各样的编织。"[10] 对这种言辞，萨斯金
可没有逆来顺受，他辩称弦论有多个解的事实没有任何回避的余地，
因此不论喜不喜欢，景观就是在那里。而且正因为事实如此，我们最
好能与这片景观和平共处，看看能不能学到有用的东西。萨斯金在
他的《宇宙的景观》（The Cosmic Landscape）中如此写着："物理学
的领域里，历来充斥着不知道何时该放弃的顽固老头。"不过他承认，
自己或许也是"容易被激怒的老家伙，准备战到最后一刻"。[11]

持平而言，事情是搅得有点太过火爆了。我自己并没有真的参与
这场辩论，或许这是身为数学家的特权，不会在这场据称会撕裂物理
社群的论战中被五马分尸。相反的，我坐在场边观战，思考着我经常
自问的问题：数学要如何为这种情境提出可以厘清的线索。

当初，有些物理学家的确希望只存在一个卡拉比–丘流形，可以

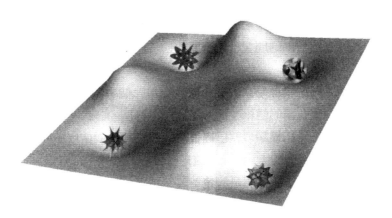

图10.3　虚空的能量（所谓真空能量）可以有许多不同的值，各自对应到弦论方程的各种稳定或半稳定解。弦论景观概念的发明，至少部分是为了描述弦论具有很多解的事实，这些解对应到各种可能的真空态，各自表示不同的宇宙，在本图中，稳定真空在高低起伏的地形上以山谷来表示：我们可以想象当球从山上滚下来时，可能会陷在这些稳定真空的谷地里，其中谷地的海拔高度可以被想成这个真空态的真空能量。有些理论估计可能有 10^{500} 个这样的解，每个解各自对应到不同的卡拉比-丘流形，因此对应到不同的紧致维度空间几何性质，卡拉比-丘空间是这幅景观中不可或缺的要素，因为理论上认为这些真空能量的作用，是让弦论的六维隐维空间保持卷曲的状态，不至于膨胀到无穷大。（图中右上角卡拉比-丘流形影像由印第安纳大学 Andrew J.Hanson 提供。）

唯一刻画弦论的隐维空间。不过在很早期的时候，大家就知道这种流形光是拓扑类型就已经很多，而且在每个拓扑类型里，还有着连续无穷多的卡拉比-丘流形。

以环面的例子来说明最清楚：环面其实和粘贴过的长方形在拓扑上是等价的（想象我们先将长方形一双对边黏成一个圆柱，然后再将两端的圆黏合成一个环面）。每个长方形是用长和宽来决定的，而长和宽又各自有无穷多种可能的取值，所以长方形有无穷多种大小形状。但是所有这些长方形粘贴起来的环面，在拓扑上却都是相同的。237　也就是说，这些环面隶属同一个拓扑类型，却又有无穷多种不同的形状大小。卡拉比−丘流形的情况很类似，拿出一个流形，调整它的"长"，"宽"或其他参数，就可以得到连续无穷多种形状大小不同的流形，但它们的拓扑类型却都一样。KKLT以及相关的地景学说并没有真正改善这种状况，充其量就是提出物理上的限制，让通量场量子化，因此使得卡拉比−丘流形的数目虽然还是很多，但至少不再是无穷多。我想这或许称得上是某种进展。

我个人从来不认同某些物理学家的梦想，他们认为只有一个或数个上帝赋予的卡拉比−丘流形。我总是假设事情会比想象的复杂。就我而言，这只是常识而已。毕竟，谁会认为追寻宇宙的最终真相且描绘其内在几何会是一件简单的事？

图10.4 弦论地景论辩的双方：左为加州大学圣塔芭芭拉分校的物理学家大卫·格罗斯；右为斯坦福大学的物理学家萨斯金。（萨斯金照片提供：Anne Warren）

因此，对于令某些人坐立不安的景观概念，我们可以做什么呢？当然，一种方式是全然忽略它，当作不曾解决任何事情，不曾证明任何结果。有些物理学家认为景观概念在探讨宇宙常数问题时很有用，

238　但其他人却认为这个概念全然无用。由于整个弦论的景观概念源自多真空态的讨论，而绝大部分的真空态又与卡拉比−丘流形相关，因此如果真的重视景观的概念，我建议或许我们必须更深入去理解卡拉比−丘流形。

我知道这样讲似乎有点天真，毕竟弦论的可能解决方式很多，也有很多其他的几何空间，可能可以将弦论的多余维度紧致化，而卡拉比−丘流形只是冰山的一角。我很清楚这些情况，也研究过这些新的领域。但尽管如此，大部分弦论的进展以及所获得的大部分洞识，都来自于对卡拉比−丘流形的测试。而且，就算是研究中的其他几何空间，例如随后会讨论的非凯勒流形（non-Kähler manifold），也都是由卡拉比−丘流形通过变形或弯扭的过程才得到的，目前并没有直接跳到非凯勒流形的研究捷径。这表示必须先理解卡拉比−丘流形，才有机会理解非凯勒流形。

这是所有探险工作的共同策略，参与人员必须先建立探险基地，作为熟悉的出发点，然后才能出发对未知领域进行冒险。惊人的是，自从 1976 年我证明这类流形的存在后，尽管投入这个领域的研究数量很多，但是仍然有很多其实极为简单的问题，我们却无法解答。例如卡拉比−丘流形到底有多少种可能的拓扑类型？这个数目是有限还是无穷？是不是所有卡拉比−丘流形都能用某种方式彼此连结起来？

卡拉比−丘流形的许多拓扑类型

让我们先从第一个问题开始：卡拉比−丘流形有多少种不同的拓

扑类型？最简短的回答是不知道，虽然其实我们知道一点点。到目前为止，电脑至少已经构造出四亿七千万种卡拉比–丘流形，其中对应的赫吉菱形超过三万种，因此至少有超过三万种拓扑类型的卡拉比–丘流形（赫吉菱形就是第7章提到过的菱形阵列，它是总结复三维流形拓扑信息的4×4方阵）。当然真正存在的拓扑类型可能要多得多，因为不同拓扑类型的卡拉比–丘流形可能会具有相同的赫吉菱形。"目前对于拓扑类型的估计还没有系统性的检视，主要原因是现在还 239 没有实际可计算的数值检测法，可以清楚区分相异的拓扑类型。"霍华大学的物理学家贺布胥解释说，"我们还没有办法为卡拉比–丘流形编订精确的身份证号码，当然赫吉菱形会是其中的一部分，但它无法唯一定义流形的拓扑类型，就像不完整的车牌号码一样。"[12]

事实上，这还不只是卡拉比–丘流形数目比三万多一点或是多很多的问题，我们甚至还不知道这个数目是有限还是无穷。在20世纪80年代早期，我猜测这个数目是有限的，但是英国华威大学的数学家莱德（Miles Reid）却抱持相反的意见，认为存在着无穷多个卡拉比–丘流形，当然最好是可以知道哪个看法正确。"我想物理学家期望只有一些卡拉比–丘流形，如果是无穷多，事情只会更麻烦。"加州大学圣地亚哥分校的马克·格罗斯说，"以数学家的观点，无不无穷并不严重，我们只想知道答案。这个数目有限的猜测，不管是对或错，都是对卡拉比–丘流形理解的一把量尺。"[13] 单纯从实用的观点来考量，如果流形数是有限的，不管有多少个都可以做某种平均，但是我们并不清楚怎么做无穷多个流形的平均，因此也比较不容易刻画这些流形。

到目前为止，我的猜测并没有什么矛盾，目前所知构造卡拉比－丘流形的方法，都只能造出有限个卡拉比－丘流形。也许人们真的忽略了其他构造的方法，不过几十年的研究过去了，还是没有人发现能得到无穷数目的新方法。

至今为止，最接近答案的是 1993 年马克·格罗斯的研究，他证明如果卡拉比－丘流形大致上是在四维流形的每一点都附系着一个二维环面的话，那么这个数目就是有限的。格罗斯说："绝大部分已知的卡拉比－丘流形都符合这个描述，这是一个有限的集合。"这是他支持"有限说"的主要原因。不过他也提醒说，还有很多流形并不属于这个范畴，而且在这些情况下，目前还没有任何值得一谈的结果[14]。

240 因此这个问题仍然悬而未决。

莱德奇想 —— 所有卡拉比－丘流形都有关联

于是就连接到第二个问题，这是 1987 年莱德提出的，目前也尚未解决。他的问题是，有没有一种方法可以将所有的卡拉比－丘流形关联起来？或者引用莱德自己的说法："世上存在着这么多卡拉比－丘流形，有着各式各样的拓扑特征，但是如果从一个更开阔的视角来看，它们也许都是一样的。这基本上是疯狂的想法，根本不可能成立，不过……"事实上，莱德自认这个点子很诡异，所以从来不用"猜想"来称呼，他比较喜欢称之为"奇想"。不过他仍然相信，在这中间还是有可能证明出一些结果来。[15]

莱德的奇想是所有卡拉比－丘流形也许可以通过所谓的锥形转换

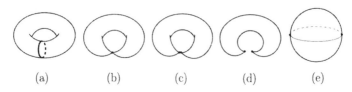

(a)　　　　(b)　　　　(c)　　　　(d)　　　　(e)

图10.5 锥形转换是改变流形拓扑形态的范例。在上图这个非常简化的例子里，先从环面开始，将它想成圆圈绕一圈所得的图形，然后将其中一圈捏缩成一点。这个点是一种奇点，看起来像把两个圆锥面接在一起，像这样的奇点称为"锥形"奇点。运用数学中的"手术"操作，将这个奇点换成两个点再拉开，就变成牛角面包的形状，然后再把这个牛角面包吹胖，就变成一个球。运用这样的过程，我们得以将环面转换成拓扑类型不同的球面

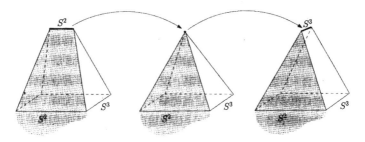

图10.6 本图是另一种呈现锥形转换的方法。从左边的卡拉比－丘流形开始，这是一个六维的流形，因为它除了一维的高之外，还有一个五维的底，这个底是二维球（S^2）与三维球（S^3）的乘积。由于它的上方为二维球（S^2），因此这是一个光滑的卡拉比－丘流形。接着将上方的二维球捏缩成一点，变成中图的金字塔形状，这时顶上这一点就是锥形奇点。如果将这一点再吹胖成一个三维球（S^3），而不是原来的二维球，就得到右图的另一个光滑流形，锥形奇点扮演了桥梁的角色，从卡拉比－丘流形转换成另一个流形。（图片原创者为Tristan Hubsch；本书获准许改画而成。）

（conifold transition）来互相关联。锥形转换的概念发展于20世纪80年代，源自当时在犹他大学的柯列门斯（Herb Clemens）以及哥伦比亚大学的佛莱德曼（Robert Friedman）两位数学家，这个概念讨论的是通过某种奇点去变换卡拉比－丘流形的结果。

再一次，用二维的环面比较容易说明。环面可以想成是在一个大圆上，附系着一系列的小圆。现在将其中一个小圆捏缩成一点，这就是一个奇点，因为其他点都是光滑的。这个捏缩的点（所谓的锥形奇点）附近，看起来像是把两个锥面（或两顶宴会帽）的顶点接在一起。接下来就要进行几何学家称为手术的操作，将这个怪点切开，补上两个点，再将这两点拉远，这时环面看起来像牛角面包，最后捏捏拍拍这个牛角面包，可以让它变成拓扑与牛角面包相同的球面。当然，我们也可以反其道而行，先在球面上拉出两点，让它长得像牛角面包的样子，然后再接成环面的样子。如果在球面上进行类似的操作，但是多拉出两个点，则可以接成两个洞的曲面。这样持续下去，就可以得到所有二维多洞曲面。因此锥形转换就是像这样通过中介的形体（在这个例子里是球面），将不同拓扑类型的流形（多洞曲面）关联起来。这个一般的程序也可以施用在卡拉比-丘流形上。

241/242 不过，六维卡拉比-丘流形的情况没有这么简单。按照柯列门斯的想法，此时的锥形转换不是捏缩一个圆圈，而是要捏缩一个特殊的二维球。这里我们必须假设，所有紧致凯勒流形，因此包括卡拉比-丘流形在内，里面至少都有一个这样的特别二维球。（日本数学家森重文证明具正黎奇曲率的凯勒流形里一定有这样的二维曲面，我们希望平坦黎奇流形也有这个性质，至少目前已知的卡拉比-丘流形都有这样的二维球，因此直觉上这个猜测是正确的，不过还没有证明出来。）将这个二维球捏缩成一点后，可以换成一个捏缩的三维球，然后再放大恢复。

如果前述假设是正确的，这个动完手术的流形因为没有特殊二维球，就不会是凯勒流形，当然也不再是卡拉比–丘流形，而变成了一个非凯勒流形。如果继续锥形转换的过程，我们可以在刚刚这个非凯勒流形先前装入三维球的地方，再换装入一个二维球，结果就转换成另一个卡拉比–丘流形。

虽然锥形转换不是莱德发明的，但他是第一个看出锥形转换可以用来连结所有卡拉比–丘流形的人。其中的观察关键是，从一个卡拉比–丘流形转换成另一个卡拉比–丘流形时，必须通过某个非凯勒流形为中介。那么有没有可能，其实所有的凯勒流形都可以通过这些压缩或伸展的操作来互相转换呢？这正是莱德奇想的核心想法。

亚当斯解释，想象有一块巨大的瑞士起司块，里面遍布着一个个小泡孔，住在泡孔中的人，没走多远就会撞到孔壁。"但是如果你不介意钻过起司，就可以从一个小泡孔钻到另一个，莱德猜想利用锥形转换，就可以钻过起司（非凯勒的部分）到达另一个小泡孔"[16]，也就是凯勒的卡拉比–丘流形的部分。这个图像还有另一层意义的类比，除了到处散布的小泡孔之外，绝大部分的空间基本上都是起司块。这些小泡孔就像少部分的凯勒流形，散布于远远大得多的非凯勒背景空间中。这大致上就是我们的想法：非凯勒流形的数目非常多，其中掺 243
杂着零零星星的凯勒流形。

在莱德猜想之下所隐含的一般策略，对马克·格罗斯来说相当能成立，因为非凯勒流形代表的是一个非常大的集合，他说："如果你想说明有些东西是互相关联的，将他们想成比较大的非凯勒集合中的一部分，当然会比较容易一点。"[17]

这个情况就好像凯文·贝肯的"六度分离"（Six Degree of Kevin Bacon）游戏，玩者要将任何一位好莱坞明星与凯文·贝肯这个多产演员，借由六次合作演出关系连接起来。卡拉比－丘流形也类似，亚当斯说："卡拉比－丘流形彼此都是邻居吗？可以平顺地从某个卡拉比－丘流形转换成另一个吗？显然不行。不过莱德猜想每个卡拉比－丘流形都可以转换成另一种东西（非凯勒流形），而他认识所有其他的卡拉比－丘流形。"亚当斯继续解释，就像一群人，如果你想知道他们是否有共通点，"那你就去找出一位和这群人中的每一位都认识的社交高手，那么这群人就都属于这位社交高手的交游圈这个大群体。"[18]

到底莱德关于卡拉比－丘流形关联性的命题或幻想，和实际状况有多符合呢？1988年，贺布胥与马里兰大学的数学家保罗·葛林证明莱德的猜测，对于大约8000个卡拉比－丘流形都是正确的，这包含了当时大部分已知的卡拉比－丘流形。后续的研究甚至更推广了这个结果，大约超过4.7亿个卡拉比－丘流形为底的丛结构都能以莱德提议的方式相互连结，这包含了已知复三维流形的绝大部分情况。[19]

当然除非真的证明出来，不然就无法知道这个猜想是否对所有卡拉比－丘流形都正确。自从莱德提出他的猜测之后，二十多年过去了，这显然是一个不容易证明的奇想。我相信这个挑战的大部分起因于，以数学家的标准来说，我们并不怎么理解非凯勒流形。如果能更了解复三维流形，就比较有可能证明这个命题。事实上，我们甚至还不确定这些非凯勒流形是否真的存在，因为目前并没有类似卡拉比－丘流形的存在性证明，已知的非凯勒流形的存在性，都只建立在少数的孤立情况下。

非凯勒流形的研究

如果我们想要尽量学习产生景观难题与伴随而生的宇宙谜题的相关流形，最好是能知道这些卡拉比－丘流形是否彼此相连。而由前述，其中的关键或许在于应该开始研究非凯勒流形这个新前沿领域。[244] 物理学家对这类流形充满兴趣，并不只是因为它们能提供对卡拉比－丘流形的洞见，也是因为这类流形可能可以提供计算粒子质量所需的紧致化几何空间，这是实现标准模型的一个面向，过去一直对这个问题束手无策，而原因也许是物理学家之前所依赖的，都是只能用于卡拉比－丘流形的研究策略。

德州农工大学的物理学家梅兰妮·贝蔻相信非凯勒流形可能才是答案。她说："想要掌握粒子的内涵与质量，也许要通过非凯勒流形的紧致化。"这或许才是我们寻求的几何空间，可以引领我们走向标准模型的应许之地。要知道她这样想的原因，得追溯到本章开始的讨论。弦论学家为了解决无质量标量场的问题，引入通量来稳定卡拉比－丘流形的大小与形状。不过打开这个威力强大的场或通量，可能导致另一项结果，就是扭曲流形本身的几何，改变度规使其成为非凯勒流形。"一旦打开通量，流形就变成非凯勒流形，这可是一场完全不同的球赛。"贝蔻继续说明，"其中的挑战在于这是一个全新的数学领域，很多可以应用到卡拉比－丘流形的数学技巧，对非凯勒流形并没有用。"[20]

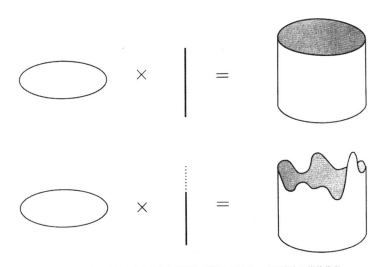

图10.7　将一个圆和线段做笛卡儿乘积，就像在圆上每一点系附上同样的线段，结果就是常见的直圆柱面。不过在弯扭乘积的情况，圆上系附的线段长度并不是常数，而与它所在的位置有关。结果不是正常的圆柱面，而是边缘弯弯曲曲的怪圆柱面

　　就弦论的立场而言，不论是卡拉比−丘流形还是非凯勒流形，需要这些流形的主要理由是紧致化，将理论中的十维减少成日常世界的四维空间。分割空间最简单的方法，就是清楚地将它分出四维和六维两个空间，这基本就是使用卡拉比−丘流形的策略。我们倾向以为这两个空间是完全分开来的，彼此没有互动，于是十维空间就是四维空间和六维空间直接相乘（笛卡儿乘积）。在第1章我们讨论过，可以用卡鲁札−克莱因模型来想象这个情况，其中无穷的四维时空可以想象成一条无穷长的直线，只是这条线有点厚度，每一点的小圆圈则像是多出来的六维空间，所以这个十维空间其实就像小圆圈与直线的笛卡儿乘积，也就是圆柱面。

　　不过在非凯勒流形的情况，四维和六维的两个空间彼此并不是独

立的,因此十维的时空并不是笛卡儿乘积,而是"弯扭乘积"(warped [245] product),这表示两个子空间会彼此作用。其中比较特别的是,四维时空中的距离会持续被六维空间影响或弯扭,而且四维时空被放大或缩小的程度,可以由一个弯扭系数来控制。在某些模型里,弯扭的效应甚至可以达到指数级。

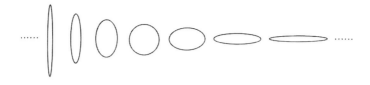

图10.8 给定一个固定长度的闭圈,可以造出无穷多种椭圆,有些扁一点,有些圆一点,但是其中只有一种是正圆。也就是说,如果能放宽让圆如此特殊的性质,就可以得到很多椭圆。同理,卡拉比-丘流形具有凯勒对称性,就像圆一样比非凯勒流形更特殊得多,因为非凯勒流形的条件比较宽松,因此包含更多的流形

用前述的圆柱面来说明也许最容易。我们还是用圆圈来表示六维空间,四维空间则是垂直于圆圈的直线,不过我们将用有限的线段来取代直线,以显示距离的变化。如果没有弯扭的效应,将直线绕圆一圈,可以扫出一个正常的圆柱面。但如果有弯扭的效应,在绕圆一圈的过程中,线段的长度将会发生变化,在某一点是1、另一点是1/2,[246] 再换一点是 $1\frac{1}{2}$ 等,结果就是一个被弯扭效应影响,边缘变成波浪状的怪柱面。

史聪闵格方程

上述的过程可以用一组方程式来严格描述,这组方程是史聪闵格在1986年得到的。前文提过,在之前一年(1985)他和坎德拉斯、赫罗维兹、威滕合写了第一篇严格运用卡拉比-丘紧致化的文章,其中

他们使用了简化的条件，假设四维和六维空间彼此是独立的。史聪闵格指出："我们发现独立情况的解，不过弦论本身并没有这样的要求，一年之后我得到了除去这项假设的方程式。"这组方程称为史聪闵格方程，专门处理打开通量而且四维和六维空间会相互作用的情况。他又补充说："彼此不独立的情况其实很有趣，因为可以得到一些很好的结果。"这些结果中最杰出的是，弯扭的概念可以帮助解释一些重要的现象，例如"阶序问题"（hierarchy problem），像是为什么希格斯玻色子比普朗克质量轻那么多？引力为什么比其他作用力弱那么多？

可以运用到非凯勒流形的史聪闵格方程（有时称为史聪闵格系统），比1985年论文中只能用到卡拉比–丘流形的方程，具有更多的方程解。史聪闵格说："为了理解弦论在大自然中的各种可能实现方式，我们需要理解更普遍的解。理解弦论所有可能的解十分重要，但是卡拉比–丘空间并没有办法囊括所有解。"[21] 加州大学尔湾分校的物理学家兼数学家曾立生（Li-Sheng Tseng）曾经是我的博士后研究员，他将卡拉比–丘流形和圆做类比，他说："在我们画得出来的所有一维闭圈中，圆是最美也最特殊的。而史聪闵格系统将卡拉比–丘流形的限制给放松了，这就好像将圆的条件放松成椭圆的条件一样。"如果给定一条固定长度的圈圈，那么我们只能造出一个圆，但是只要将圆拉宽或拉长就可以造出无穷多种椭圆。在这个圈圈所能造出的曲线图形中，只有圆是绕着中心转动时，形状完全不会改变的。

为了更清楚理解圆是椭圆的特例，只需要回顾 x–y 坐标平面上描述椭圆的方程式：$\dfrac{x^2}{a^2} + \dfrac{y^2}{b^2} = 1$，其中 a 和 b 是正实数。如果这个方程式所描述的曲线是圆，a 就一定要等于 b。定义椭圆需要两个参数 a 和 b，

247

而定义圆时只需要一个参数（因为 $a=b$），这表示椭圆是比圆更复杂的系统。这就好像史聪闵格系统（非凯勒）比卡拉比－丘流形复杂一样，因为描述卡拉比－丘流形所需要的参数比较少。

纵然从圆变成椭圆，或者从卡拉比－丘流形变成非凯勒流形，失去了一层对称性与美感，但是曾立生说："很显然，大自然并不总是选择最对称的图形，譬如行星运动的轨道就是椭圆形的。所以描述大自然宇宙的六维内空间，也有可能不像卡拉比－丘流形那么对称，而是对称性少一点的史聪闵格系统。"[22]

史聪闵格所提出的系统并不容易对付，因为它包含了四个必须同时解出的微分方程，单单解其中任何一个方程就已经是一场噩梦。这四个方程中有两个是处理规范场的厄米特－杨－米尔斯方程（见第9章），第三个方程确保所处理的是超对称的几何，最后一个则是用来消除反常，使得弦论得以保持相容性。

如果你觉得这样的挑战性还不够，事实上，这四个方程的每一个都是微分方程组，而不是单一的微分方程式。因为这些方程每个都是矩阵或张量的微分方程式，由于矩阵或张量都有许多分量，因此每个方程又可以再拆解成每个分量的方程式。最著名的例子是广义相对论 248 中的爱因斯坦方程，它虽然是单一的张量方程，但其实是10个场方程式，可以将引力描述成时空因为物质与能量而产生的曲率。在卡拉比猜想的证明中，因为求解的是真空条件下的爱因斯坦方程，所以才能够化简成单一的方程式，不过这可是一个很复杂且壮观的方程式。

比起卡拉比-丘流形，非凯勒流形更难处理，因为这个情况的对称性更少，因此变数会更多，结果就是要解的方程式更多。而且到目前为止，也没有能充分理解这个问题的数学工具。在卡拉比猜想的情况，我们可以利用代数几何学中，为了处理凯勒流形而已经发展了两个世纪之久的数学工具。但是在非凯勒流形的情况，工具却付之阙如。

尽管如此，从数学家的观点，我自己并不相信这两类流形有截然的差别。以前我们用几何分析的方法来建构卡拉比-丘流形，我非常有信心这个方法也可以帮我们建构非凯勒流形，前提是要先解出史聪闵格方程，或者至少证明解的存在性。物理学家必须先知道非凯勒流形是否真的存在，而且是否能同时满足这四个方程，不然研究这个问题的人都只是做白工。自从史聪闵格提出他的方程后，我研究这个问题将近二十年了，但还是找不到解。或者更明确地说，我找不到没有奇点的光滑解，史聪闵格自己曾经找到一些有奇点的解（不过那些解很复杂，非常难处理）。所以过了一段时间后，大家开始相信光滑解可能根本不存在。

一些数学上的突破

就在这时，终于有了一点小突破：我和研究同僚在某些特殊情形找到了光滑解。在我与斯坦福大学数学家李骏（我以前的研究生）2004 年完成的第一篇论文里，我们证明了某类非凯勒流形的存在性。事实上，我们证明了只要给定一个卡拉比-丘流形，就可以在它"附近"找到一系列与它结构很相近的非凯勒流形，这是第一次在数学上确立非凯勒流形的存在性。

虽然解史聪闵格方程是一件极端困难的事，李骏和我还是将这个
领域里大概最简单的部分解决了。我们证明在极限状态下，也就是当
非凯勒流形非常接近卡拉比－丘流形时，史聪闵格方程可以解。事实
上我们是从一个卡拉比－丘流形开始，然后将几何或度规变形，直到
它变成非凯勒的情况。流形本身的拓扑形态没有变，仍然可以具有卡
拉比－丘度规，但是新的度规却是非凯勒度规，因此提供了史聪闵格
方程的解。

更有意义的是，李骏和我同时推广了DUY定理（见第9章，提醒
一下：DUY是多纳森、乌兰贝克和我名字的缩写），使其可以应用到
几乎所有的非凯勒流形上，DUY有着非常实用的价值，因为它可以自
动帮我们处理史聪闵格方程中的两个方程，也就是与厄米特－杨－米
尔斯理论有关的部分，因此只剩下超对称与消除反常的两个方程要处
理，由于DUY定理在卡拉比－丘紧致化的应用中极为关键（可以产生
规范场），我们希望推广的DUY定理也能在非凯勒流形的情况起相同
的作用。

一个很有可能建构非凯勒流形的方法是运用莱德猜想，也就是从
某个卡拉比－丘流形开始，然后做锥形转换。我最近与李骏，以及上
海复旦大学的傅吉祥（我先前哈佛大学的博士后研究员）开始研究这
个想法。我们的出发点是锥形转换创建者之一柯列门斯所研究的基本
流形，不过他所提供的只是一般的拓扑性质，其中并没有度规，因此
也谈不上详细的几何性质，我们三个人试图证明在这个流形上，存在
满足史聪闵格方程的度规。

　　在锥形转换的脉络里谈史聪闵格方程似乎很适当，因为它不仅涵盖了非凯勒流形，还包含卡拉比-丘流形作为特例。而莱德猜想正好也是处理在卡拉比-丘流形和非凯勒流形之间来回变换的过程。因此如果我们希望有一组方程可以同时适用于这两类几何空间，那么史聪闵格方程或许就是答案了。到目前为止，我们已经证明柯列门斯的流形真的满足四个方程中的三个，只剩下其中最困难的部分，也就是消除反常的方程。我很有信心这样的流形解存在。当然，在日常生活中完成四分之三也许已经很好了，不过在数学里，除非我们将最后的方程也解决了，不然就等于什么都没证出来。

　　傅吉祥与我还构造了另一类例子，在拓扑形态不一样的情况下，找出满足史聪闵格方程的非凯勒流形。这次我们不是修改已知的卡拉比-丘流形，而是从根本开始构造出本质上非凯勒的流形。这些流形是在K3曲面（四维的卡拉比-丘流形）上，逐点系附上一个环面得到的结果。在这个情况下，解史聪闵格方程牵涉解一个蒙日-安培方程（这是一类非线性微分方程，见第5章），只是这个情况比我解卡拉比猜想时还更复杂。幸运的是，我们还是能从以前的论证中获益。我们的方法和证明卡拉比猜想类似，都要做先验估计，也就是要对各种参数的近似值做猜测。

　　傅吉祥与我找到一个特别的方法，可以同时解出四个方程。不过在卡拉比猜想的情形，我可以找出蒙日-安培方程的所有可能解，但是傅吉祥与我在这个情况只能找出其中一部分解，而且不幸的是，因为我们对这个系统的理解还不够，因此连这些解的数目算是多还是少也不清楚。

但至少我们终于踏出了第一步。大部分开始研究非凯勒流形的物理学家，通常都假设史聪闵格方程可以解，并不去烦恼证明的问题。而李骏、傅吉祥与我则证明了：在我们发现的零星情况里方程是可以解的，换句话说，这些特别的流形是真的存在，虽然它们只占所有非凯勒流形的一部分。当然这些只是我心目中大问题的起步，我想要解决的是找出满足一般史聪闵格系统与方程的解。当然目前还没有人能接近这个目标，所有的迹象也显示这个证明不会简单。不过我和同事们研究的一小步，至少提升了这个可能性。

贝蔻告诉我，如果我在这方面成功了，成就会比卡拉比猜想的证明更重要。她也许是对的，不过实在很难说。在我解决卡拉比猜想之前，我并不能掌握它完整的意义。即使我已成功证明了，物理学家也得在八年之后，才能确认这个证明结果与相关定理的重要性。但是我 [251] 仍然持续研究卡拉比−丘空间，因为就我而言，这个流形看起来很优美。当然，史聪闵格系统所刻画的空间也很吸引人。现在，我们必须等待故事的后续发展。

在这段时间，傅吉祥与我通过合作，将我们构造的流形提供给一些物理学家研究，包括贝蔻姊妹、曾立生与其他人，甚至是史聪闵格有空时，我们也拉他进来。在那以后，这个团队构造出傅−丘原始模型的更多范例，同时也开始初步探讨其物理意涵。不过不像第9章所讨论的杂弦紧致化理论，这个团队还得不出正确的粒子性质，或者是标准模型粒子的三族特性。梅兰妮·贝蔻说："我们现在得到的结果，是模数空间的稳定性，这是其他所有研究的前提，也是想要实际计算粒子质量的前提。"[23]

凯勒还是非凯勒？

物理学家正在试验性地探讨这些非凯勒紧致化，甚至研究其他卡拉比-丘流形的替代选择（包括名为"非几何紧致化"的领域）。在目前这个阶段，我们很难确切知道最后的结果会是什么。卡拉比-丘紧致化究竟是我们宇宙的正确描述，还是它只是我们学到的最简单范例，一个让我们知道弦论如何运作，如何将超对称、各种作用力，以及各种东西结合成一个"终极"理论的奇想实验？问这些问题是很合理的。说不定到最后，这些努力甚至会带领我们走向全然不同的几何架构。

目前，我们只是试着去探索眼前弦论景观上的某些可能性，不过在所有的可能性之中，我们仍然只能存身于单一宇宙，而这个宇宙仍然可能是用卡拉比-丘流形来定义的。在所有目前构造过的弦论真空态的流形中，我个人认为卡拉比-丘流形仍然是最优雅而美妙的选择。不过如果科学将我们带领到另一种几何学，我也会心悦诚服地跟随。

"在过去的二十年里，我们发现了更多弦论的解，包括非凯勒流形。"波钦斯基说，"但是最早也是最简单的解 —— 卡拉比-丘流形仍然看起来与大自然最接近。"[24]

252   我倾向于同意他的看法，虽然也有许多第一流的研究者有不同的意见，其中像梅兰妮·贝蔻就是非凯勒领域的佼佼者。在卡拉比-丘与非凯勒两个领域都有卓越贡献的史聪闵格，并不认为卡拉比-丘流形会过时和被淘汰。他说："我们会尽量运用任何已知的成果，作为下一个理解层次的踏脚石，而卡拉比-丘流形就是前往许多方向的踏脚石。"[25]

希望再过不久，我们就能更清楚要前进的方向。尽管我偏爱卡拉比－丘流形，而且此情在过去三十余年有增无减。但是对于这个课题，我仍然会保持开放的心态，谨记马克·格罗斯早前的评语："我们只是想知道答案。"如果最终对弦论来说，非凯勒流形的价值大于卡拉比－丘流形，我也能欣然接受。因为这类尚乏人研究的流形，也有它本身特有的魅力。我相信在更深刻地探索之后，我会更加欣赏它。

曾经通过卡拉比－丘紧致化，研究如何实现标准模型的宾州大学物理学家欧夫路特，则说他还没有准备好要踏出"激进"的一步，去研究非凯勒流形，因为现在对这类流形的数学知识还很浅薄。他说："这需要一次往未知领域的巨大跳跃，因为我们甚至连这个替代选择的模样都还摸不清楚。"[26]

虽然我同意欧夫路特的讲法，但我一直不畏惧新挑战，也不在意偶尔投身跳入未知的水域中。不过既然大家经常说不要一个人独自游泳，我当然不反对拉着一些志同道合的伙伴一起前行了。

第 11 章
253 宇宙解体（想知道又不敢问的世界末日问题）

虽然没有人真的知道最终会发生什么事，

不过一般同意，

目前宇宙的状态无法永存，

某种真空衰变终究会出现。

纵然六维空间的终结可能关系到宇宙的终结，

但是这方面的研究势必得踏进未知之地！

有一名男子走进实验室，两位物理学家迎了出来，一位比较资深，在她旁边的年轻人则是她的男学生，两人为来宾展示了一屋子的实验器材，有不锈钢真空室、装满低温氮或氦的绝缘桶、一部电脑、各种数位仪表，以及示波器等。他们交给男人一个控制器，告诉他手里正掌握着这项实验的命运，甚至或许是宇宙的命运。因为如果那位年轻科学家的想法正确，这个仪器将可以从量子真空中抽取能量，提供人类用之不竭的能源，或者以他的用词，"创世的大能就在我们指尖"。但是年长的科学家也警告，如果他错了，这个实验可能会触发相变，使得空无的真空衰变到更低的能态，瞬间释放出所有能量。她说："这将不只是地球的终结，而且是宇宙的末日。"于是这名男子充满焦虑地紧握住开关，掌上的汗水很快浸湿了仪器，眼见命运时刻只剩几秒，耳边却只听到:"你得赶紧决定。"

虽然这只是科幻小说中的情景,来自于蓝迪斯(Geoffrey Landis)的短篇小说《真空态》,不过真空衰变的可能性并不全然只是空想[1]。几十年来,科学家在比《阿西莫夫科幻杂志》更学术性的期刊中探讨这个课题,其中包括《自然》、《物理评论通讯》、《核子物理学B》等,参与讨论的知名物理学家包括寇尔曼(Sidney Coleman)、里斯 254 (Martin Rees)、透纳(Michael Turner)、威尔切克(Frank Wilczek)。许多今日的物理学家以及或许大多数曾经思考过这个问题的研究者,大都相信我们宇宙的真空态,也就是空无一物只剩量子起伏导致粒子生灭的虚无空间,只是一种准稳态(metastable),而非永久的平衡状态。如果这项理论正确,真空态就终究会衰变,结果将会造成宇宙的大毁灭(至少从人类的观点来说)。只是这个令人忧心的时刻,可能要等到太阳消失、黑洞蒸发、质子崩解之后才会降临。

虽然没有人真的知道最终会发生什么事,不过一般(至少有几群学者)同意,目前宇宙的状态无法永存,某种真空衰变终究会出现。当然按照惯例得先贴上免责声明:尽管许多学者相信完美稳定的真空能量(或宇宙常数)与弦论并不相容,但千万别忘了,弦论本身和作为其基础的数学不同,完全谈不上已经被证明了。而且我还得提醒读者,我是数学家,不是物理学家,我们这里所要涉入的领域,远远超出了我的专业。在弦论里,六维紧致空间的最终宿命究竟如何,是一个物理问题,而非数学问题。纵然六维空间的终结可能关系到宇宙的终结,但是这方面的研究势必得踏进未知之地,因为,感谢老天,我们不但不曾做过任何关于宇宙末日的有意义实验,而且除了蓝迪斯式的丰富想象力之外，目前也没有任何工具可以进行这样的试验。谨记这点后，请对以下的讨论抱持保留的态度。而且如果可以的话，你可以试着采取我的态度，将这些讨论当作一趟到可能之乡的狂野古怪旅程。我们有机会见到物理学家所认为的六维隐维空间的终点，但是这些说法全都不曾验证过，甚至连怎么测试这些想法都毫无概念。但是我们仍然有机会一探这些想法发展下去会有什么结果，看看根据已知事实的推测可以带我们走多远。

严酷的第一套剧本

想象蓝迪斯的男主角拉下控制杆后，突然启动了一连串反应，让真空发生衰变。这时会发生什么事？最简短的回答是没人知道。但无论结果如何，或者套用佛洛斯特（Robert Frost）的诗句[1]，不管宇宙的末日究竟是火还是冰，在衰变的过程中，几乎可以确定，宇宙将变成我们认不得的模样。就像加拿大麦基尔大学的弗瑞（Andrew Frey）等人，于2003年发表在《物理评论D》的论文中所描述的："本论文要讨论的真空衰变，究其现实意义，对不幸将亲身体验的人来说，也就是宇宙的末日。"[2] 他们讨论了两套剧本，两者都认为现状将经历剧烈的变化，其中第一套剧本更严苛，因为它意味着日常时空的终结。

首先回到第10章讨论过的例子。想象有个小球在一道缓坡上滚动，高度代表了可能的真空能阶。再想象小球正停在半稳定的所谓"势阱"（potential well）中，就像是山丘地形中的较低下或有坑洞的

---

1. 此处借用了佛洛斯特的名诗（Fire and Ice）。该诗的头两句是：Some say the world will end in fire. /Some say in ice.（有人说世界将结束在烈火中／有人说在寒冰中。）——译者注

地方。我们假设洞底的海拔高度仍然高于海平面，表示正的真空能量。在古典物理的场景里，小球将永远留在洞里，也就是说，暂时的栖身处会成为它的最终归宿。不过我们的情况并非古典场景，而是量子场景。有了量子力学的参与，难免会发生怪事。假设我们的球非常小，小到量子现象很明显的状况，这颗球就有可能钻出洞壁，跑到外面的世界去，这个绝对真实的现象称为量子隧道（quantum tunneling）效应，来自量子力学与生俱来的不确定性。和房地产业的金科玉律相反，在量子力学里，位置地段并不是王道，事实上，根据海森伯的测不准原理，位置甚至不是绝对的。一个粒子尽管非常可能出现在某个地点，却仍然有机会出现在很不可能的位置上。而且只要有发生的机会，那么根据理论，只要等得够久就终究会发生。事实上，这个原理的成立与球的大小无关，只是大球发生的概率更低罢了。

虽然这听起来很不可思议，但是量子隧道效应的确发生在现实世界中。举例来说，这个已经被充分验证过的现象，是扫描隧道显微镜（scanning tunneling microscope）的基础，因为这种显微镜的运作依赖电子穿越似乎不可能的障壁。同理，微晶片的制造商也不能将电晶体做得太薄，不然隧道效应所造成的电子漏失将会破坏晶片性能。 256

不论是真实还是比喻，想象电子之类的粒子穿墙而过的意象是一回事，但是整个时空的隧道又是怎么回事呢？整个宇宙的真空可以从一个能态隧道到另一能态，这种想法实在匪夷所思。但是自从1973年起，寇尔曼和其他研究者就已经将这个理论发展得相当好[3]。这个情况的障壁并不像一面墙，并不是某种能量场，让真空无法自我重组成能量更低、更稳定，因此是系统更偏好的状态。这个情况的变化比较像是相变，就像水化为冰或水蒸气一样，只不过产生变化的是我们宇宙中的一大片区域，可能包括我们的家园。

这就把我们带到第一套剧本的主要想法：我们的宇宙将从目前能量略为偏向正值的真空态（所谓的暗能量或宇宙常数），隧道到负值的能量。这么一来，目前将宇宙加速拉开的能量，将会反过来将宇宙压缩到一点，带领人类走向毁灭性的"大坍缩"（Big Crunch），在这个宇宙级的奇点，能量密度和宇宙曲率都会变成无穷大，原则上这就像黑洞中心或者像整个宇宙逆时奔回大爆炸一样。

至于大坍缩之后是什么，就没人敢说了。因此，加州大学圣塔芭芭拉分校的物理学家基汀斯说："我们连时空会发生什么事都不知道，更别谈额外的维度空间。"[4]这在各方面都超越了我们的经验与理解。

不过量子隧道并不是唯一能够诱发真空态变化的方法，另一个可能性是所谓的"热起伏"（thermal fluctuation）。让我们回到躺在势阱底部小球的例子。当温度愈高，系统内到处运动的原子、分子以及其他粒子的速度就愈快。只要粒子到处乱跑，总有一些会随机撞到小球，将它往某个方向推。平均来说，这些推挤会彼此抵消，让球大致保持在稳定状态。但是假如基于统计的偶然性，刚好有一堆原子连续从同一个方向撞击小球，接连多次推撞就有可能将小球撞出洞外，回到坡状的曲面，除非在路上碰到其他的陷阱或坑洞，否则小球或许会往下跑直到能量变成零为止。

这种情形如果用"蒸发"来类比也许更恰当，这是纽约大学物理学家科列班（Matthew Kleban）的提议。他说："你从来没有看过水爬出杯子，不过水分子会持续碰撞，尤其当水被加热的时候，偶尔撞击太猛烈，水分子会被撞到杯外。这和我们说的热过程类似。"[5]

不过其中有两个重要的差别。一个差别是，我们讨论的过程发生在真空，依照传统的说法就是空无一物，因此应该没有粒子，那么是谁在撞击呢？不过首先，温度从来都不是真正的零度（这个事实其实是不断在扩张的宇宙的特色）；再者，空间也从来没有那么空，因为成对的虚粒子（virtual particle），一正一反，会持续地从虚无中出现，然后在很短的时间内毁灭消失，时间短到我们从来不曾观察到它们。另一个主要差别是，上述虚粒子对的诞生与毁灭是一种量子过程，因此所谓的热起伏必须考虑量子力学。

比较仁慈的第二套剧本

现在我们可以讨论第二套剧本了。比起前者，这套剧本稍微仁慈点，不过也仅止于稍微。通过量子隧道或热起伏（量子起伏）的效应，我们的宇宙可能会跑到弦论地景的另一个准稳态（通常是低一点的真空能阶），不过这就和我们的现状一样，只是暂时的过渡点，一个通向最终命运途中的准稳态休息站。这个课题和卡屈卢、卡萝絜、林德、崔佛迪（前一章介绍过的KKLT）如何解释弦论里的消失大法有关，这个理论提供我们四个大维度的时空，而非十维，并且还能同时在弦论宇宙学中纳入暴胀的概念。不过即使我们目前看到的只有四维，"但是最终，宇宙并不希望自己是四维的，它希望的是十维。"斯坦福大学的宇宙学家林德这样宣称。[6]只要有耐性，这一天总会来临。紧致

258　维度空间在短期之内还可以维持得很好，不过根据林德的说法，长时间下来，这并不是宇宙的最理想状态，"我们现在就好像站在高楼的顶端，只是还没跳下去而已。如果我们不自己跳，量子力学也会出来收拾局面，把我们丢到最低的能态。"[7]

　　宇宙更倾向于十个大维度的理由如下：在现在大部分已充分发展的模型里，真空能量的来源都肇因于余维的紧致化，也就是说，大家经常听说的所谓暗能量，并不仅只是发神经似地将宇宙加速拉开，其中有一部分（如果不是全部的话）是用来将余维空间卷曲成比瑞士钟表内的弹簧更紧的状态，只是宇宙和劳力士表不同，用来旋紧的是通量和膜。

　　换句话说，系统储存了正的位能。余维空间愈小，弹簧就愈紧，储存的能量就愈大。相反的，如果余维空间的半径变大，位能就会减少，当半径变成无穷大时，位能就变成零。这是最低的能态，也是真正的稳定真空，此时暗能量掉到零，而所有十维空间都变成无穷大。也就是说，曾经很小的内维空间这时就被去紧致化（decompactification）了。

　　去紧致化是紧致化的反面，而前面讨论过，紧致化是弦论最大的挑战之一，因为如果理论预测宇宙是十维的，为什么我们见到的只有四维？为了解释多余维度为什么藏得那么隐秘，弦论学者可是伤透了脑筋。因为正如林德所言，如果其他条件都相同，那么维度应该倾向于变大。这就像筑墙围成的人工储水槽，如果注入槽中的水量不断增加，那么在结构体的任何方向与角落，所有的水都想尽量往外冲，不达目的绝不终止。到了再也挡不住的那一刻，被束缚在储水槽紧致范围内的水会突然暴冲而出，泛滥得到处都是。根据目前对弦论的理解，紧致空间也会发生类似的过程，不论它是卷曲的卡拉比－丘空间或更复杂的几何空间都一样。换句话说，不管内维空间所选定的空间为何，最终都会展开来，不再受到拘束。

当然读者或许会质疑，如果从能量观点，伸展维度是这么有利，[259] 那么为何到现在还没有发生？物理学家所提出的解答之一，和第10章讨论的膜和通量有关。举个例子来类比，如果你的脚踏车内胎灌了太多气，在外胎强度较弱的点就会挤出泡泡，最后造成爆胎。我们可以在轮胎的弱点位置贴上补片，这有点像膜一样，或者将整个轮胎用橡皮圈缠牢，控制它的形状，这就像卡拉比－丘流形加上通量场一样。因此重点是系统有两股互相对峙的力量，顺势想要扩张的空间，却被膜、通量或其他结构给缠绕束缚住，结果就是目前两股对立力量正处于完美的均势，达到某种平衡态。

不过这是动荡中的和平。如果量子起伏将余维空间的半径推大点，膜和通量就会施加恢复力，很快将半径恢复正常。但是如果半径拉得太大，膜或通量就有可能被拉断。正如基汀斯所解释的："一次终究很罕见的起伏，会将系统推到足以去紧致化的半径门槛，然后"，请注意图11.1右侧曲线的斜坡，"从那儿开始，就一路直奔下山"。[8] 于是我们就踏上了通往无穷大的欢快旅程。

图11.2所谈的是类似但稍有不同的故事。图中显示的并不是从现在的情况，一次直接穿隧到十个大维度的宇宙，在旅程途中还有一

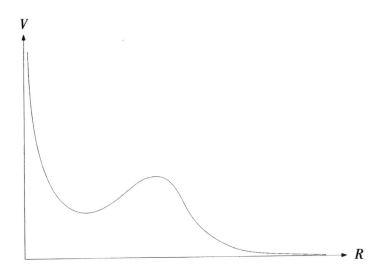

图11.1 有理论认为我们的宇宙正处于图中曲线左边的小坑洞，真空位能（V）锁
定在某一能阶，同时也固定了紧致余维空间的半径（R）。不过这并不一定是永久的。
小小的推动可能将我们往右推过山顶，或者也可能因为量子隧道效应而穿越这层障
壁，这些都会将我们送到下坡的曲线，一路滑到余维空间无穷大的状态。这个从原本
很小的维度空间展开成大空间的过程，称为"去紧致化"。（在基汀斯同意下，我们
修改了他的原图。）

个或一系列的中继站。但不论你是过站不停一路狂奔，还是在达拉斯、
芝加哥转车，两者的结局都一样，而且注定发生，无可回避。

　　不过这趟旅程的降落可不是安稳平缓的。记得前述，最后一刻的
变化是真空的相变，不是爬出洞或钻过墙的球。最开始的变化不大，
像个小空泡，但是它会以指数速度增大。在空泡中的紧致维度会开始
自我解放，不再只是普朗克尺度大小的六维空间。随着空泡变大，原
260　先四个大维度、六个卷曲小维度的"种族隔离"将会被废除，一度分
成紧致与伸展两种形式的维度，将会变成再也无法区分的十个大维度。

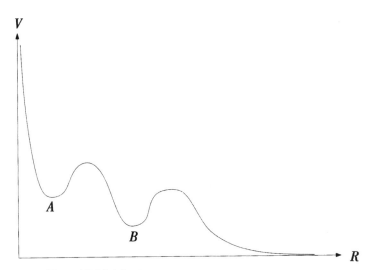

图11.2　本图的故事大致上和图11.1差不多，我们的宇宙仍然朝着去紧致化的方向，滑向余维空间无穷大的境地。只是这一次的"地景"，途中多了一个休息站。在这一套剧本里，可以将我们的宇宙想成弹珠。在下山的途中暂时卡在山坳（A）内。原则上，在弹珠持续下山的这趟路上，可以暂停在更多的中继站，虽然图上只画了另一个山坳（B）。（在基汀斯同意下，修改他的原图。）

　　"我们谈的是以光速膨胀的空泡，"卡屈卢说："它开始于时空某处，有点像沸腾的水中集结的气泡。不同的是，这个空泡不只是上升逸离，而是膨胀到将所有的水都清光。"[9]

　　但是空泡为什么会膨胀得这么快？一个理由是空泡内部去紧致状态的位能比外部的位能低，由于系统会朝低能量的方向前进，也就是往维度空间撑大的状态前进，于是位能差产生的梯度会在空泡的边缘产生力，使得空泡加速往外撑大。这个加速度既快又持续，于是将空泡的膨胀速度在很短的时间内推进到光速。　261

　　林德将这个现象形容得更生动。"这个空泡想要尽快胀大，如果你能以更低的真空能量来过更棒的人生，那还等什么？"林德问道，"所以空泡愈胀愈快，只是不能比光速更快罢了。"[10] 想到他所提到的奖赏，如果系统真能跑得比光速快，它应该也很乐意吧。

由于这个空泡以光速膨胀，因此到时根本不可能知道击中我们的是什么，唯一的预警是前导的震波（shock wave），将在几分之一秒前到达，然后空泡就会迎面撞来，泡壁带着极大的动能。这是双重诅咒的第一波。因为泡壁会有点厚度，通过得要一点儿时间，也许只有几分之一秒后，更悲惨的降临了。我们的家园本来具有四维的物理律，但是空泡的里面却遵从十维的法则，当空泡内部渗透到我们世界的一刹那，十维法则就会开始管控一切。正如剧作兼编剧家马密（David Mamet）所言："一切都变了。"

事实上，一切你能想象的，小至粒子，大至任何繁复的结构，如超星系团，一瞬间都烟飞云散，炸出六个扩张的维度，不论是行星还是人都回归到组成的要素，事实上这些要素也将全部被消灭。所有的粒子如夸克、电子、光子当下都不再存在，或是以完全不同的质量与性质重新出现。时空仍然存在，只是变迁到全新的状态，物理定律也将剧烈改变。

宇宙末日的时刻

现在离维度"大爆炸"的时刻，还有多少时间？我们很确定自从宇宙暴胀在大约137亿年前停止后，现存宇宙的真空就一直很稳定。但是康奈尔大学的戴自海指出："如果预期的保存期限仅有150亿年，那么就只剩10亿年左右。"[11] 嗯，我们还有充足时间可以打包行李就是了。

根据所有的征象显示，要按紧急按钮的时刻还早得很。我们时空开始衰变的时间可能要等很久很久，大概是 $e(10^{120})$ 年。这个数大到想揣摩一下都很困难，就算是数学家也不行。算式中的 e 是大自然的基本常数之一，大概等于2.718。然后这个数还要自乘 10^{120} 次（10^{120} 是1后面有120个0的整数）。如果这个粗糙的猜测正确，那么就现实考量，等待的时间相当于无穷长。

但是，$e(10^{120})$ 这个数值是怎么出现的呢？首先的假设，是我们的宇宙会慢慢演变成所谓的德西特空间（de Sitter space），这是由正宇宙常数主导的空间，其中的物质和辐射最终如果没被稀释到完全不见，也会被稀释到若有似无的状态，德西特空间是1917年荷兰天文物理学家德西特（Willem de Sitter）所求出的爱因斯坦方程真空解。假如我们这个宇宙常数微小的宇宙真的是德西特空间，它的熵将会非常庞大，数量级大概是 10^{120}（等一下马上解释这个数字），而熵很大的原因 [263] 是这类空间的体积非常巨大。这就好像在盒子里放一颗电子，盒子愈大，能放的位置就愈多。宇宙愈大，拥有的可能状态愈多，因此具有更大的熵。

德西特空间也有一个视界（horizon），类似黑洞的事件视界。如果你很靠近黑洞，跨越了致命界线，你就会被吸进黑洞，再也不能回家吃晚饭。一旦跨过了事件视界，即使是光也无法逃离黑洞。类似情形也发生在德西特空间的视界，如果你在正在加速膨胀的空间走太远，你就再也回不到出发点的附近。而且和黑洞的情况一样，连光也回不来。

　　在宇宙常数很小的情况，加速膨胀的程度相对缓慢（这就是我们宇宙的写照），因此视界离我们很遥远，这就是这类空间体积很大的原因。反过来，如果宇宙常数很大，宇宙拼命快速膨胀的话，那么视界，也就是不归点可能就在咫尺之遥，宇宙的体积也会比较小。林德说：" 在这种空间里，如果你的手臂伸得太远，快速膨胀或许会扯断你的手。"[12]

　　虽然德西特空间的熵和体积有关，但它其实和视界的表面积更相关，而表面积则和到视界距离的平方成正比（事实上，我们可以应用第 8 章关于黑洞的推理与贝肯斯坦-霍金公式，知道德西特空间的熵，和表面积除以牛顿常数 G 的 4 倍成比例）。但是，到视界距离的平方则和宇宙常数成反比，即常数愈大，距离愈短。由于熵和到视界距离的平方成正比，到视界距离的平方又和宇宙常数成反比，因此熵和宇宙常数成反比。但根据霍金的研究，如果使用物理学家的无因次单位，我们宇宙常数的上限是 10^{-120}（当然这只是粗略的估计值）[13]，因此熵非常巨大，至少是 10^{120} 数量级，这解释了这个数字的由来。

　　根据熵的定义，它并不是所有状态的总数，而是总数的自然对数。因此状态总数就是 $e^{熵}$。回到图 11.1，曲线中的小洼表示我们这个宇宙常数很小的宇宙，其可能的状态总数是 $e(10^{120})$。现在假设曲线的山顶对应到所有状态中的某一个特别状态，而过了山顶，我们的宇宙就会一路下滑到所有维度都撑大的真空态。因此我们会到达这一个特殊

状态进而越界下滑的概率就非常小，大概是 $1/e$ (10^{120})。因此反过来，
会发生隧道效应的可能时间，才会大到让人头皮发麻，连天文数字都
不足以形容。

　　还有一个疑问。根据图11.2所呈现的去紧致化的剧本，我们的宇
宙会穿隧到较低真空能量 (宇宙常数较小) 的状态，这是前往维度空
间无穷大的永恒之境这趟旅程的中继站。但是有没有可能，我们的宇
宙反而穿隧到更高能量的状态呢？是有可能，但是下山还是比较容易，
所以可能性大得多。

　　我们还可以更深入地论证。假设 A、B 两点表示位能的极小值，其
中 A 的高度比较高，也就是真空能量较大。由于 A 点的宇宙具有较高
的能量，因此引力比较强，这表示空间的弯曲程度比较大。因此假如
将这个空间的形状想成球状，它的半径就会比较短。这是因为半径愈
小，球面会弯得比较厉害，因此曲率也愈大。而由于 B 点位置的能量
比较小，引力比较弱，于是空间的曲率比较小。假如对应的空间是球
的形状，就会是个半径比较大的球。

　　我们将这个想法画成图11.3 (只是用方盒取代球)，看看为什么
在景观图上，比较有可能由 A 状态往下走到能量比较低的 B 状态，而
不是反过来爬上山。想象在 A 盒和 B 盒中接一根细管，这两个盒子最
终会达到平衡，充满气体或分子，并且具有相同的浓度或密度，单位
时间里，从 A 到 B 的分子数和从 B 到 A 的分子数相同。但是因为 B 盒 [265]
比 A 盒大，分子多很多，因此某分子由 A 往 B 的概率，就会比反过来由
B 往 A 的概率大很多。这个例子显示，空泡往低能量位置移动的概率，

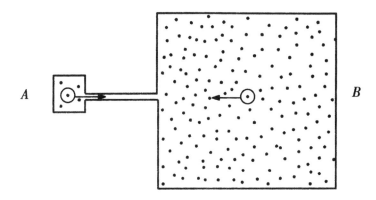

图11.3 正如文中所述，本图试图解说为什么由A"往下穿隧到"B（图11.2）比较容易，而不是反过来由B"往上穿隧到"A。本图以分子做比喻，指出平均来说一个分子比较有机会从A走到B，而非由B到A。原因只是由于A的分子数远比B少

远远比往高能量移动（上山）的概率大得多，就像分子由A往B（下山）的概率大很多一样。

　　1890年，庞加莱发表了所谓的"重现性定理"（recurrence theorem），他证明任何具有固定体积与能量、可以用统计力学来描述的系统，其特征重现时间（characteristic recurrence time）等于$e^{熵}$。这里主要的想法是这类系统的状态有限，粒子的位置和速度都有限。因此如果从一种特殊状态开始，而且等得够久，你终究会经历所有的可能状态，就像图中盒子里的粒子或分子会到处游走、撞壁弹回、随机移动，随着时间过去，它会经过盒中的任一个可能位置。（用正确而专业的字眼，盒中的位置应该换成"相空间"（phase space）的点。）于是时空开始去紧致化的时间就是庞加莱的重现时间$e^{熵}$年或$e(10^{120})$年。不过这个论证有个弱点，科列班指出："我们目前还没有德西特空间的统计力学描述。"而我们的基本假设是，不论

是否证实，这样的描述是存在的。[14]

世界末日的沉思

关于这个主题，现在已经没有更多可谈的，也没有什么可做的，除了也许再做更精细的计算、数值验算，或重新检视思路的逻辑。没有多少研究者想再深入探究并不奇怪，因为我们所谈的是高度玄想的事件，存在于依赖模型的剧本之中，既无法测试，而发生时刻又几乎是无穷久之后。这一切可不是申请计划经费的理想研究主题，也不适合年轻研究者以此去赢取年长者的另眼看待，更重要的是，这样可能拿不到永久教职。

基汀斯是在这个主题上用力最深的研究者，这个末世景象的故事并未令他心情低沉。他在论文（《四维的宿命》）中这么写着："从正面来看，这个变化可能会带我们进入另一个状态，不再遭受被无穷稀释的最终宿命。"这种事会发生在一个永远扩张的正宇宙常数宇宙（这里指的是真正不变的常数）。"我们可以寻求的慰藉有二，其一是我们现在四维宇宙的寿命相对来说还很长；其次，真空衰变所产生的状态，或许仍然具有许多有持续性的有趣结构，甚至包括生命，尽管其结构特征可能回异于我们的宇宙。"[15]

和基汀斯一样，我也没有因为这些四维、六维甚至十维空间的命运而失眠。我前面提过，探索这个议题具有思想的启发性，也很好玩，但同时也是狂野的玄想。除非获得可以测试理论的观察资料，或者至少研究出可以验证那些剧本的实际策略。不然，我仍然倾向于将这些视为科幻小说而非科学。与其花太多时间烦恼去紧致化的过程，我们不如先想想如何验证额外的维度才对。对我而言，这方面的成功远远足以抵消各种末日剧本可能的负面结局。更何况，尽管这些剧本显示我们的宇宙会有一个悲惨的结局，但是衰变之外的其他任何下场，只要走到最后一步，也都不会好到哪儿去。

267　　　我认为，隐维空间的展开可能是人类所能目睹最伟大的视觉演出——前提是这样的演出真的能被看见，虽然这实在很值得怀疑。请容许我的幻想再放肆一次，假设这套剧本真的最终实现了，在遥远未来的某一天，我们的时空开始宏大的解体。如果这一切真的发生，这倒是对我大半职业生涯所致力目标的特别验证（纵然那时候已经太迟了）。可惜的是，当宇宙最深邃的隐藏空间最终现身时，当宇宙完全绽放它多维度的瑰丽光彩时，竟然没有人可以在场欣赏。就算在这场大转变中真的有人幸存，周遭也没有光子可以让他们看见。到时也没有旁人可以一起举杯庆祝一个理论的成功，这个理论是在称为20世纪的某个时代，一种称为人类的智慧生命所梦想出来的。当然那个时代，从大爆炸开始计数，也许该称为第一亿三千七百万世纪比较恰当！

对我而言，这样的情境尤其令人感到气馁，因为我已经努力了几十年，希望能解决六维隐藏维度的几何问题，但是到现在仍然很难跟别人说明这一切，他们觉得这个观念深奥难懂，甚至觉得很荒谬。结果，在宇宙史的那一刹那、宇宙维度全面展开的当下，现在隐藏得很好的额外维度，将不再是数学的抽象物，它也将不再是"额外"的时候，这些都将会是新秩序中清清楚楚的一部分，十个维度生而平等，你再也无法分辨，哪些曾经是小维度，哪些是大维度；于是有了十维时空可以玩享，多出来的六个维度可以漫游，同时，也有了我们根本无法揣度的各种新生命的可能性。

268

第 12 章
²⁶⁹ **寻找隐藏维度的空间**

> 但是，要从哪里开始呢？
>
> 是通过望远镜观测？
>
> 还是让粒子以相对论速度互相撞击，
>
> 再从残渣碎屑中筛检出线索？
>
> 这些是目前炙手可热的研究，
>
> 所谓的弦论现象学已成为理论物理学蓬勃发展的领域。

十年过去了，面对理论前沿没有重大突破的严酷现实，弦论的信徒发现自己面临与日俱增的压力，必须将不食人间烟火的概念与更具体的现实事物关联起来。盘旋在各类奇思异想之上的，是无法回避的质难：这些概念真的可以描述宇宙吗？

我们在前面钻研过的各种挑战性概念，任何一个都足以令人瞠目结舌，因此这当然是一个合理的质疑。这些想法宣称：无论你在世界何处，往哪个方向走，身边总有个更高维的空间，只是因为它太小，所以看不到也感觉不着；而我们的世界可能内爆成狂乱的大崩坠，或者宇宙突然发生去紧致化，我们居住的世界突然由四个大维度空间变成十维，因而一切都爆裂开来；又或者宇宙万物，包括所有物质、作用力，甚至空间本身，都只是肇因于十维空间中微小弦的振动。除此之外，还有一个必须考虑的问题：这一切真的有办法验证吗？可以搜集到余维空间、弦、膜等等的蛛丝马迹吗？

自从弦论学者试图重建标准模型以来，他们一直面对的挑战是如何将这个美妙的理论带入现实世界 —— 不只是要与现实世界建立联系，而且还应该展现一些新事物，某些从未见过的东西。

当前的理论和观测之间，有着巨大的落差。一般认定弦和余维空[270]间的大小是普朗克尺度，但今日科技能探索的程度比起普朗克尺度，大概相差了16个数量级，而且还看不出有什么方法可以弥补这个差距。既然最简单的直接观察法被排除掉了，所以我们得通过非常聪明的点子和一些运气，利用间接的方法来检证这些理论。如果弦论学者想要取信于怀疑者，或者说服自己整体弦论的想法并不是在微小尺度上的浮夸玄想，这些就是必须面对的挑战。

来自星空的讯息

但是，要从哪里开始呢？是通过望远镜观测？还是让粒子以相对论速度互相撞击，再从残渣碎屑中筛检出线索？最简洁的答案是：我们根本不知道什么方法会成功。事实上，目前还没出现一刀见生死的实验，可以一举彻底解决所有问题。在那之前，我们需要尝试所有上述的方法甚至更多，才能追寻能够提供明确证据的线索。这些是目前炎手可热的研究, 所谓的弦论现象学 (string phenomenology) [1] 已经成为理论物理学中蓬勃发展的领域。

一个合理的起点是仰望头上的星空, 就像牛顿发展引力论, 天文物理学家测试爱因斯坦引力论所做过的一样。举例来说, 如果巨细靡遗地扫描天空, 或许可以检验弦论近来最奇怪的论点: 我们的宇宙其实存身于宇宙地景无数流动空泡中的某个空泡里。虽然这不是最有希望的探索方向, 属于比较玄虚的点子, 照理说在我们的叙述里应该弃置不谈。但是这个例子却颇能阐明用实验检测这类迂阔概念的困难所在。

第 11 章中, 我们在去紧致化的脉络中讨论过空泡这个概念。这是人们非常不可能目睹的过程, 不但可能要等上 $e^{\left(10^{120}\right)}$ 年才会发生, 所以不值一等; 而且不到空泡撞上我们时, 根本看不到这个迎面而来的去紧致化空泡。甚至撞击之后, 我们也不再是 " 我们 ", 根本无法再揣度到底发生了什么事。

不过除了我们的空泡, 他处可能还有其他的空泡。事实上许多宇宙学家相信, 目前我们居住的空泡, 是在大爆炸暴胀末期形成的, 当时有一小撮较低能量的物质在高能暴胀的真空中形成, 然后持续膨胀成今天所知的宇宙。不但如此, 很多科学家还相信, 暴胀一旦开始就不会完全结束, 还会继续衍生出无穷尽的空泡宇宙, 各自具有不同的真空能量与物理特性。

271

---

1. 物理学或科学时常以建构数学模型的方法描述实验现象, 并利用此模型解释与预测更广的相关现象, 并在验证中做修正。当模型的预测精确度很高时, 就可以被接受为科学知识的一环。但是现象学强调的是这些模型本身并未究竟, 尚待解释。可能受制于当时基本原理付之阙如, 或者是推导之数学过于复杂, 难以竟功。——译者注

于是，空泡现象学（bubble phenomenology）这门冷僻领域的支持者所期望的，并不是检视我们置身的空泡，而是其他空泡的踪迹。因为这些具备全然不同真空态的空泡，有些可能在过去曾与我们擦身而过，而昔日擦撞的证据则可能潜藏在宇宙微波背景（cosmic microwave background，CMB）之中。所谓宇宙微波背景就是宇宙沐浴其中的背景辐射，这些大爆炸的余烬分布得非常均匀，强度起伏只有十万分之一的差异。从我们的视点，宇宙微波背景是各向同性的（isotropic），也就是说，从任何角度看去景色都一样。但是如果我们的宇宙曾经受到另一个空泡的剧烈撞击，就有可能在某处注入巨大能量，并且在局部上造成违反上述均匀特性的情况（称为各向异性，anisotropy）。结果就会在我们的宇宙中留下特殊的方向，指向撞击时另一个空泡的中心。尽管我们自己宇宙的去紧致化会造成末日灾难，但是和另一宇宙的碰撞并不必然致命（信不信由你，我们的空泡壁会提供一定程度的保护）。这样的撞击可能会在宇宙微波背景中留下足以辨识的痕迹，而不只是随机起伏的结果。

这就是宇宙学家所寻求的特征，而伦敦帝国学院的马圭侯（Joao Magueijo）和兰德（Kate Land）宣称已经在宇宙微波背景资料中发现可能的各向异性，他们称之为"邪恶轴"（axis of evil）。马圭侯和兰德发现，宇宙微波背景中的冷点和热点正好沿着一个特殊轴排列，如果他们的观测正确，就表示我们宇宙具有特别的方向，抵触了认为宇宙所有方向皆等价的神圣宇宙学原理。不过在目前，还没有人知道是否这个假想轴只是统计性的好运结果而已。

不过就算掌握了曾经有其他空泡撞击我们的坚实证据，又能说

272 明什么？和弦论有关吗？纽约大学物理学家科列班解释说："如果我们不住在空泡里，就不会有碰撞，所以这至少表示我们住在某个空泡里。"不止如此，因为曾经发生过碰撞，所以这表示至少还存在另一个空泡。"不过这并不表示弦论就是对的，因为在弦论所提出的一团奇怪预测中，我们住在空泡里只是其中一项。"而这只是散布在弦论地景的许多空泡中的一个，不过科列班说，"至少我们见到了出乎意料的奇怪现象，而且刚好符合弦论的预测。"[1]

不过康奈尔大学的戴自海提醒我们，量子场论中也有空泡撞击的说法，因此不能独厚弦论。如果真的发现有撞击的痕迹，戴自海说："我并不知道有什么好方法，可以判断这是源自于弦论还是量子场论。"[2]

不管理论来源为何，接下来还有是否真的可以观察到这类现象的问题。侦测到的可能性当然和是否真有到处流浪的空泡落到我们的路径（或"光锥"）上有关。"两者都有可能，"加州大学柏克莱分校的物理学家弗莱沃格（Ben Freivogel）说，"这是概率的问题，但是我们的理解程度还不足以决定这些概率。"[3]虽然没有人可以确知侦测到撞击现象的概率，但大部分专家可能认为概率相当低。

宇宙弦

不过，即使最终的计算显示空泡现象不是检证弦论的丰饶道路，许多物理学家仍然相信，宇宙学能够提供测试弦论的最佳机会，因为形成弦那几近普朗克尺度的能量是如此巨大，根本无法在实验室里重现。想要看到大概10^{-33}厘米的弦，也许最有希望的是检视那些可能在大爆炸时期形成，此后跟着宇宙膨胀而长大的弦。我们谈的是假设性的宇宙弦（cosmic string），这个想法在弦论之前就已经出现过，但在与弦论联结之后，又重新获得活力。

根据传统的观点（与弦论观点相容），宇宙弦是纤细且密度极大的细线，诞生于宇宙史第一微秒之内的"相变"过程中。就像水冻成冰时出现的裂痕一样，在宇宙最早期的相变也很可能产生各式各样的瑕疵。相变可能同时在不同区域中发生，这些区域相遇时在接合处会产生线性瑕疵，留下一直保持在原始状态，且材质并未随宇宙演化而改变的束状细线。

在这段相变时期中，会演变出许多像意大利面般扭缠的宇宙弦，各自以近乎光速的速率移动，它们又长又弯，具有复杂且多样的摆动样态，有些甚至瓦解成小一点的闭圈，就像绷紧的橡皮圈一样。由于宇宙弦远比次原子粒子的大小还细，学者认为宇宙弦的纤细程度几乎无法测量，但长度又近乎无穷，并且随着宇宙扩张的膨胀而一直拉长。物理学家用张力或单位长度的质量来刻画这些瘦长细丝的物理性质，用以衡量它们的引力分量。宇宙弦的线性密度大得不可思议，在大统一能量尺度（grand unified energy scale）时所形成的宇宙弦，线性密度是每厘米10^{22}克。布宜诺斯艾利斯大学的天文学家甘贵（Alejandro Gangui）说："就算我们将十亿颗中子星挤进一个电子的大小，都无法达到大统一宇宙弦的质能密度。"[4]

宇宙弦这个奇异的概念出现于20世纪80年代早期的宇宙学者讨

论圈，他们认为宇宙弦是形成星系的可能"种子"。不过1985年威滕在一篇论文中说明，宇宙弦的存在将会造成宇宙微波背景密度的不均匀，远不符实际观测的结果，因此排除了宇宙弦存在的可能性。[5]

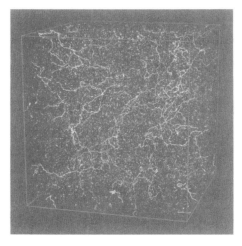

图12.1 这是宇宙诞生约一万年时的电脑模拟图，其中有许多宇宙弦构成的网络。（图片提供：Bruce Allen,Carlos Martins 和 Paul Shellard）

不过在那之后，宇宙弦却又卷土重来，它最近获得的高知名度主要得归功于弦论，因为弦论促使许多人采用新的角度来看待它。依照目前的看法，宇宙弦似乎是弦论宇宙暴胀模型的常见副产品。最近的理论版本更显示基本弦，也就是弦论中能量与物质的基本单位，大小可以达到天文尺度，却没有威滕1985年所点出的困难。戴自海与其同事解释说，在暴胀末期所产生的宇宙弦，不会在扩展的短时间里被稀释无踪，这期间宇宙的大小只加倍了50~100多次。戴自海论证这些弦的质量比20世纪80年代威滕等人所考虑的弦轻，因此对宇宙构成的影响不够大，无法以观测结果来排除。同时，加州大学圣塔芭芭拉分校的波钦斯基则论证，这类新提出的弦能够在宇宙的时间尺度中保持稳定。于是经由戴自海、波钦斯基等人的努力，巧妙地化解了威滕20年前的反对理由，造成宇宙弦议题的复兴。

侦测宇宙弦

由于宇宙弦的密度很大，会在其周遭产生显著的引力效应，因此应该可以侦测到。譬如说，假设在我们与另一个星系之间有一条宇宙弦，星系所送出的光将对称绕弦而过，并在星空中产生两组靠近而等同的星系影像。塔夫特大学的宇宙弦专家韦连钦（Alexander Vilenkin）说："通常如果透镜效应是由星系造成的，应该会出现三个影像。"[6]这是因为有些光会直接穿透作为透镜的星系，而其他光线则从两侧绕过来。但是光没有办法穿透宇宙弦，因为弦的直径远比光的波长小，所以不同于星系，弦的透镜效应只能产生两组影像。

2003年，莫斯科国立大学的沙津（Mikhail Sazhin）所带领的俄罗斯与意大利研究团队获得让人燃起希望的结果，他们宣称在乌鸦座（Corvus Constellation）中找到某星系的双重影像。这两个影像与我们等距（或等红移），而光谱的等同程度更达到99.96%的信心水准。这也许只是两个非常相似的星系恰巧比邻而居，但也可能是宇宙弦透镜效应的第一个证据。后来，由于哈勃太空望远镜的影像比起沙津团队所使用的地面望远镜更锐利，2008年科学家详细分析哈勃太空望远镜的资料后，结果发现这两个影像并不是同一个星系的影像，而是两个不同的星系，于是排除了宇宙弦的解释。

另外还有一种称为微透镜效应（microlensing）的类似方法。它假设宇宙弦所分解成的闭圈,可以让星球产生可侦测到的透镜效应。虽然要真的看到两个等同的星球很不可能,但是天文学家可以去侦测亮度会周期加倍、但颜色与温度却保持不变的星球,这有可能就是前景有宇宙弦圈在振动的信号。依据宇宙弦的位置、移动速度、张力、振动类型的各种差异,宇宙弦圈在特定时刻会产生星球的双重影像,这时星球的亮度会在几秒、几小时或几个月之中产生变化。这种迹象可以用 2013 年将发射的盖娅人造卫星(GAIA Satellite)来侦测[1],它的任务是要检视本银河及其附近的十亿颗星球。另外,现在智利正在建造的大型综览望远镜(Large Synoptic Survey Telescope,LSST)也可能侦测到这种迹象。康奈尔大学的天文学家柴诺夫(David Chernoff)说:"超弦残迹的直接天文侦测,将可以提供某些弦论基本要素所需要的实验检证。"[7] 柴诺夫是 LSST 科学团队中的一员。

与此同时,研究者也持续探讨侦测宇宙弦的其他工具。譬如说,理论学者相信宇宙弦除了闭圈之外,也有可能形成尖角或扭缠,而当这些异常情况舒缓或衰变时会发射出引力波,它的波动频率有可能正好是"激光干涉仪太空天线"(Laser Interfcrometer Space Antenna,LISA)可以侦测到的范围,LISA 是美国国家航空航天局与欧洲航天局计划发展的绕日轨道天文台。根据目前的规划,LISA 是由三艘相同的太空船所构成的正三角形组合,彼此相去五百万千米。借由仔细监测这些太空船距离的变动,将可以侦测到通过的引力波。韦连钦与法国高等科学研究所的达穆(Thibault Damour)认为,精密测量这些波将可以揭示宇宙弦的存在。"源自宇宙弦的引力波具有特殊的波形,和

---

1. 这里的 GAIA 是 Global Astrometric Interferometer for Astrophysics 的缩写,也就是"天文物理全球天文测量干涉仪",这是由欧洲太空总署所执行、为期五年的计划。—— 译者注

来自黑洞撞击或其他来源的波形非常不同。"戴自海解释说,"信号 [276] 从零开始,然后迅速增加又减少,这种增减的方式就是我所谓的"波型",属于宇宙弦独有。"[8] [1]

还有另一种方法,是在宇宙微波背景中检视因宇宙弦所造成的变形,沿着这条思路进行的,有一项2008年英国赛克斯大学(Sussex Universtiy)欣德马胥(Mark Hindmarsh)领导的研究结果。他们发现,宇宙弦或许可以解释"威金森微波各向异性探测器"(Wilkinson Microwave Anisotropy Probe,WMAP)所发现的物质块状分布,块状现象通称为"非高斯特性"(non-Gaussianity)。虽然欣德马胥团队认为这些资料暗示宇宙弦的存在,但是许多人仍持保留态度,认为这些看似显的相关性只是巧合。这些得等到灵敏度更高的宇宙微波背景测量结果出现时,才可以更进一步厘清。事实上,探讨宇宙物质分布中潜藏的非高斯特性,正是2009年欧洲航天局发射普朗克人造卫星的研究目标之一。

韦连钦说:"宇宙弦可能存在,也可能不存在,"不过搜索宇宙弦的计划正在上路。假设宇宙弦真的存在,他说:"数十年内,侦测宇宙弦将会变得十分可行。"[9]

从宇宙弦谱读出空间

在某些弦论的暴胀模型中,空间的指数性快速膨胀可能发生于卡

---

1. 但在2011年,由于美国政府的预算调整,LISA计划已经生变。——译者注

拉比－丘流形的某些区域中，称为"弯扭颈域"（warped throat）。在弦论宇宙学这门抽象领域中，弯扭颈域是基本且普通的现象，根据普林斯顿大学科列巴诺夫的说法："它是从六维卡拉比－丘空间中自然产生的。"[10] 尽管暴胀不见得在这类区域中发生，但是弯扭颈域所提供的几何架构，可以协助我们理解暴胀以及其他的谜团。对专家来说，弯扭颈域是拥有丰富可能性的几何架构。

弯扭颈域是卡拉比－丘空间上最常见的瑕疵部位，长得像是表面上的锥状突起（或锥形），而空间其余的部分则通称为"躯域"（bulk）。借用康奈尔大学物理学家麦卡利斯特的比喻，躯域就像一大球冰淇淋放在一个细长又非常尖的锥体上，当通量场打开时，弯扭颈域就会 277 膨胀起来。康奈尔大学的天文学家宾恩（Rachel Bean）则认为，由于卡拉比－丘流形可能有不只一处弯扭颈域，因此用橡皮手套做类比更合适。她说："我们的三维空间宇宙，就好像在手套指部往尖点移动的点。"而由于尖点聚集了一些反膜，因此暴胀在这个点（膜）到达手套尖端时结束。更因为点的移动受限于指部（颈部）的形状，宾恩说："所以颈部的形状决定了暴胀的特性。"[11]

姑且不论采用哪种类比，反正不同的弯扭颈域模型会得出不同的宇宙弦谱（spectrum），也就是暴胀时可能出现的所有张力不同的宇宙弦。反过来，如果有了这份宇宙弦谱，就能够提示我们，哪一种卡拉比－丘空间是我们宇宙的基底空间。"如果我们运气够好，可以看到（整份宇宙弦谱）。"波钦斯基说，"那就有可能判断哪些弯扭颈域的形状是对的，哪些是不对的。"[12]

不过就算我们无缘见到整份宇宙弦的网络，仍然有希望只靠观测宇宙来减少卡拉比－丘流形的可能性，进而对宇宙暴胀模型做取舍。至少这正是威斯康辛大学物理学家萧文礼及其团队的研究策略。他问道："弦论的余维空间到底是如何卷曲的？我们认为宇宙微波背景的精细测量结果可以提供线索。"[13]

就像萧文礼所说的，以弦论为基础的最新宇宙暴胀模型，已经接近可以预测宇宙细节的地步。这些预测与暴胀时所采用的卡拉比－丘流形息息相关，而且现在已经可以用宇宙微波背景的资料测试这些预测的细节。

这个理论的基本前提是暴胀源自膜的运动，而我们的宇宙则位于一个三维膜中。依照这套剧本，膜和反膜会在余维空间中向对方慢慢接近，而根据更详细的版本，这一切是发生在余维空间的弯扭颈域中。基于彼此的吸引力，分离正反膜所需的位能成为导致暴胀的动力，我们四维时空指数性暴胀的瞬间过程持续到正反膜对撞并湮灭时，届时会释放出大爆炸的热能，并在宇宙微波背景上留下不可磨灭的印记。[278] 膜会移动而不是静坐在角落的事实，让我们得知更多关于该空间的知识。戴自海加以解释说："这就好像去参加鸡尾酒会，呆坐在角落什么也得不到，但是如果到处闲晃，肯定可以学到更多。"[14]

由于观测资料日渐精确，研究学者像戴自海因此甚受激励，因为他们可以开始判读卡拉比－丘流形是否符合实验资料。于是，宇宙学的测量结果开始为我们立足的卡拉比－丘空间做出限制。"你可以拿出一些暴胀模型，将它们分成两堆，符合观测结果的放一堆，不符合的则放另一堆。"周界理论物理研究所（Perimeter Institute）的物理学家伯格斯（Cliff Burgess）说，"如今开始可以区分暴胀模型的此一事实，表示我们也可以区分作为该模型基底的几何架构。"[15]

宇宙测量对卡拉比－丘空间的限制

萧文礼与他以前的研究生安迪伍德（Bret Underwood，现任职于麦吉尔大学）在这个方向上踏出更大的一步。在2007年发表于《物理评论通讯》的论文中，他们选择两种六维隐维空间（具有弯扭颈域的卡拉比－丘锥形的不同变种）并得到不同的宇宙辐射分布模式。为了进行比较，萧文礼和安迪伍德挑了两种弯扭颈域模型：科列巴诺夫－史崔斯勒（Klebanov-Strassler）模型与兰德尔－桑德仑（Randall-Sundrum）模型，然后再检视这两者导出的暴胀模型对宇宙微波背景的影响。他们尤其专注于宇宙微波背景的一项标准测量，也就是早期宇宙温度起伏的讨论。这些温度起伏应该在小尺度和大尺度看起来很相似，而从小尺度变到大尺度的起伏程度变化率则称为"谱指数"（spectral index）。萧文礼和安迪伍德发现，这两套剧本的谱指数有百分之一的差异，表示不同几何空间的选择的确会造成测量结果的差异。

虽然看起来似乎没什么了不起，但是在宇宙学中，百分之一的差异却可能意义重大。最近将要发射的普朗克人造卫星观测站，应该可以在测量谱指数时，至少达到百分之一的精确度。换句话说，到时候我们可能会接受科列巴诺夫－史崔斯勒颈空间，排除兰德尔－桑德仑颈空间，或者反过来，或者两者皆不是。"如果不看颈部的尖点，这两种几何空间几乎等同，因此大家习惯于认为它们可以替换使用。"

安迪伍德指出，"但是萧文礼和我的结果显示，细节真的很重要。"[16]

然而，从单一数值的谱指数到决定余维空间的几何形状，两者之间有极大的鸿沟。这就是所谓的反问题（inverse problem）：我们可以从足够多的宇宙微波背景资料，反推出卡拉比-丘空间吗？伯格斯认为在"我们这一生"，或至少在十二年内他退休之前是不可能做到的。麦卡利斯特也持怀疑的态度，他说："幸运的话，我们可以在十年后决定暴胀是不是真的发生过。我不认为我们可以获得足够的实验资料，去厘清卡拉比-丘空间的全貌，虽然或许有可能决定颈部的形状，或者包含哪些膜。"[17]

萧文礼的看法比较乐观。他承认尽管反问题要困难得多，但仍然值得好好研究。"如果只是测量谱指数，当然无法确定空间的几何性质。但是如果测量的是例如宇宙微波背景中的非高斯特性，就能得到多得多的信息。"他说，非高斯特性的明确讯息"可以提供基底几何空间更多的限制条件。"非高斯特性不是一个像谱指数的数值，而是一整个函数，是一整组彼此相关联的数。萧文礼还补充说，有了大部分的非高斯特性资料，将可以指认出某种膜暴胀模型版本（其中暴胀发生于给定的颈部几何中），例如狄拉克-波恩-尹菲尔德（Dirac-Born-Infeld，DBI）模型。"当实验的结果足够精确，事实上这样的指认就可以完全确定。"[18]

哥伦比亚大学的物理学家珊德拉（Sarah Shandera）指出，虽然上述DBI模型是以弦论为出发点的暴胀模型，但反讽的是，就算日后证明弦论并非大自然的最终描述，DBI模型仍会有其重要性。她说：

"这是因为它预测了某种非高斯特性,这是宇宙学家从来没想过的事。"[19] 毕竟在实验科学里,知道问什么问题、如何架构问题,以及该检视什么,是这门游戏里的重头戏。

另外,弦论暴胀的线索也可能来自因剧烈相变造成暴胀时所发射的引力波。这个最大的时空原始纹路并不能被直接观测,因为它的波长如今已经扩展到与可见宇宙一样大。但是它会在微波背景上留下痕迹。尽管从宇宙微波背景温度图很难撷取出这项讯息,但专家说,引力波会在宇宙微波背景的光子偏极化图上产生特殊的模式。

不过,各种弦论暴胀模型所预测产生的引力波印记,有些可以侦测得到,有些则否。大致说来,如果在暴胀时期,膜在卡拉比–丘空间中只移动很短距离的模型,引力波信号就无法察觉得到。但是如果膜在余维空间中走的距离够远,戴自海说:"而且轨迹像唱片沟纹般的一圈圈,所产生的引力波信号就会很强大。"他还补充说,若要膜在这么严格限制的状态下移动,"必需要有某种特殊形式的紧致化与特殊的卡拉比–丘空间,结果当你见到那些信号,就会知道是哪种流形。"这里所谈的紧致化指的是模空间稳定的情形,这尤其意味着会出现弯扭几何空间与弯扭颈域。[20]

想要探知卡拉比–丘流形的形状,包括其附属的颈部结构,需要精确测量谱指数、非高斯特性的分布、引力波,还有宇宙弦。萧文礼认为我们还需要耐性,"虽然现在大家对于物理学中的标准模型深具信心,但它也不是一夜之间就成形的,而是耗费许多年的时间,而且进行一系列的实验验证才成功的。我们的情况也需要汇聚许多测量结

果，才能对余维空间是否存在、弦论是不是这一切现象背后的理论等
问题有一些概念"。[21]

　　这些努力的整体目标并不只是探测隐藏维度的几何性质，它也测
试了整个弦论。麦卡利斯特与其他人相信，这条理路是我们对弦论所
能做的最佳实验测试。"有可能弦论预测了有限几类模型，结果都不
符合早期宇宙的观测性质，在这种情况下，弦论就被观测结果给排除
了。事实上有些模型已经被淘汰了，这令人相当兴奋，因为这表示最
前沿的资料的确带来不一样的结果。"尽管对物理学来说，这样的叙
述全然不陌生，但对弦论却很新奇，因为弦论一直是个尚待验证的理
论。麦卡利斯特还补充说，虽然弯扭颈域的暴胀模型是当下我们找到
的最佳模型之一，"即使它提供了相当令人信服的描述，但实际上暴
胀却有可能根本不是发生在弯扭颈域"。[22]

　　宾恩同意："弯扭颈域的暴胀模型最终也许不是答案，但是这个　281
模型的基础是源自弦论的几何性质，这让我们得以做出详细的预测，
因此才能够走出去做测试。换句话说，这是让事情动起来的方式。"[23]

加速器也能提供证据

　　好消息是，动起来的方式并不只一种。当某些研究者仔细扫视夜
空（与昼空），寻找余维空间的线索时，其他人则将目光放在大型强
子对撞机上。寻找余维空间的证据也许并非大型强子对撞机的首要研
究目标，但仍是在名单顺位的前面。

就弦论学者而言，最合理的起点是寻找已知粒子的超对称伴粒子。除了弦论之外，许多物理学家也对超对称感兴趣，因为质量最低的超对称伴粒子，像是伴中性子（neutralino）、伴引力子（gravitino）、伴中微子（sneutrino）等，对宇宙学来说极为重要，因为它们是解释暗物质的首选。我们一直看不到这类粒子（所以才是"暗的"），推测原因是因为这些粒子比正常粒子重。到目前为止的粒子对撞机，能量都不足以产生这些更重的"超伴粒子"，然而大型强子对撞机第一次扭转这个困境。

在哈佛大学的瓦法以及高等研究院的赫克曼（Jonathan Heckman）以弦论为基础所提出的模型里，伴引力子是最轻的伴粒子，它是传递引力的引力子（gravitino）的超对称伴粒子。伴引力子和其他伴粒子的不同之处，在于伴引力子是完全稳定的，因为它无法再衰变成更轻的粒子。根据他们的模型，伴引力子可以解释宇宙的暗物质。不过由于伴引力子的交互作用很微弱，大型强子对撞机可能无法侦测到它。但是瓦法与赫克曼相信另外一类可能的伴粒子，也就是tau轻子（tau lepton）的伴粒子stau，具有一秒到一小时的稳定期，足以在大型强子对撞机的侦测器上留下可辨认的痕迹。

如果真的找到这类粒子，就可以巩固弦论的一个重要观点。前面谈过，弦论学者之所以挑选卡拉比－丘流形作为余维空间的几何空间，部分是因为卡拉比－丘空间的结构内建有自动满足超对称的机制。所以一旦在大型强子对撞机中发现超对称的迹象，至少对弦论与卡拉比－丘的理论描述来说，就已经是令人兴奋的消息。而且，超对称粒子的行为性质还可以提供余维空间本身的讯息。欧夫路特解释说:"因为卡拉比-丘流形紧致化的方式,会影响超对称的种类与程度,你可以有保持超对称的紧致化,也可以是完全破坏超对称的紧致化。"[24]

虽然验证超对称的存在,并不足以验证弦论本身,但至少为我们指出了方向是对的,弦论的一部分故事是正确的。反之,如果没有发现超对称粒子,也不至于葬送弦论。因为这也许表示计算有错误,这些粒子的质量其实超越了大型强子对撞机的能量上限。例如瓦法与赫克曼的计算,就容许大型强子对撞机产生一种无法直接观测的半稳定且电中性的粒子,而非stau,如果超伴粒子真的比大型强子对撞机能够产生的粒子更重,就需要更高的能量才能发现它,这么一来,就需 283 要再等上很长一段时间,直到取代大型强子对撞机的新机器出现了。

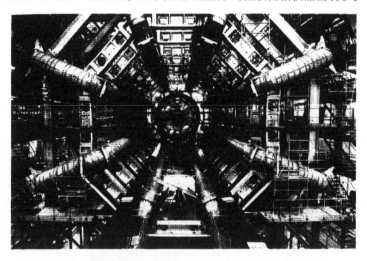

图12.2 欧洲核子研究组织(CERN)日内瓦实验室的大型强子对撞机实验,或许可以找到余维空间的线索,或者证实超对称粒子的存在。图中是大型强子对撞机的ALTLAS实验仪器。(照片提供:CERN)

　　虽然可能性不大，但是大型强子对撞机还可以为弦论预测的余维空间提供更直接明确的证据。在已经计划的实验里，研究者将寻找来自余维空间，因此带有余维空间信号的卡鲁札－克莱因粒子（Kaluza-Klein particlc）。这是因为高维空间的振动，将会在我们居住的四维时空里以粒子的形式来呈现。我们或许可以见到卡鲁札-克莱因粒子衰变的残迹，甚至可能看到这些粒子及其能量从我们的世界消失，然后穿越到更高维的线索。

　　看不到的余维空间运动，会为粒子注入动量与动能，因此卡鲁札－克莱因粒子应该会比它较慢的四维对应粒子更重。卡鲁札－克莱因引力子就是一例，它们看起来会像普通传递引力的引力子，但是因为携带额外的动量所以更重。想要在大型强子对撞机产出的粒子大海里挑选出这类引力子，除了检视粒子的质量外，还要检视粒子的自旋。费米子如电子具有自旋1/2的角动量，玻色子如光子与胶子则具有自旋1的较大角动量。如果大型强子对撞机侦测到自旋2的粒子，就有可能是卡鲁札－克莱因引力子。

　　对物理学家来说，一旦检测到卡鲁札－克莱因引力子，无疑将成为历史性的一刻。因为除了首次目睹追索已久的粒子之外，同时还获得了支持额外维度存在的强力证据。真能找到一个以上的额外维度，已经是不得了的突破，但是萧文礼和他的团队还想更上层楼，他们想得到的是余维空间几何性质的线索。萧文礼、安迪伍德、加州大学柏克莱分校的沃克（David Walker），以及威斯康辛大学的楚芮克（Kathryn Zurek）这个团队在一篇2008年的论文中，发现余维空间形状的微小变化，就足以大幅改变卡鲁札－克莱因引力子的质量与交互作用，其程度大约在50%～100%。安迪伍德说："我们只改变一点点几何形状，数字就产生戏剧性的变化。"[25]

虽然目前对于确定内空间或卡拉比－丘空间的几何形状，离决定 284 性的结论还有很长的距离。但是从萧文礼等人的分析，令人期待可以利用实验"将可容许的空间类别缩减到更小的范围，这主要得力于将宇宙学与高能物理中的各种不同实验数据做交叉相关比较的结果"，萧文礼说道。[26]

由大型强子对撞机所得到的粒子质量数据，也能提供余维空间大小的线索。因为对于在高维空间中冒险前进的粒子来说，余维空间愈窄小，粒子的质量就愈重。你不妨想象自己在矮小的廊道中缓步前行，这要花多少能量？你大概觉得还好。但是如果廊道很窄呢？在这样的隧道里前进举步维艰，让人咒骂不已，也需要耗费更多的能量。这就是大致上的解释。不过实际的理由则和海森堡测不准原理有关：动量的测量精确度和位置的测量精确度成反比。换句话说，如果一道波或一颗粒子被拘禁在很小很小的空间中，位置受到很大的限制，它的动量就会很大，于是质量也很重。相反的，如果余维空间大一点，这个波或粒子有较大的空间活动，动量就会比较小，因此也轻一点。

不过值得注意的是，大型强子对撞机可以侦测到卡鲁札－克莱因引力子的前提是，它们的质量必须比传统认定者要轻得多，也就是说，余维空间如果不是弯扭得很厉害，就是比传统弦论认定的普朗克尺度大得多。以兰德尔－桑德仑弯扭模型为例，余维空间被两片膜所包围，时空在两者之间到处弯曲。其中一片膜属于高能尺度，引力很强；另一片则是我们居住的膜，它的能量低而且引力微弱。这样的架构导致质量与能量的变化很大，完全依所在位置与两片膜的相对位置而定。这表示通常认为属于普朗克尺度（约 10^{28} 电子伏特）的基本粒子，会 285 "变换尺度"成约 10^{12} 电子伏特（1兆电子伏特，1TeV），这就有可能进入大型强子对撞机可以侦测的范围。在这个模型里，余维空间可以像传统弦论模型所预测的那么小（虽非必要），但是粒子却可以比一般认定的轻，因为能量比较低。

弦并不小，引力也没有比较弱

另外还有一个新奇的理论，是1998年由物理学家阿卡尼哈默德（Nima Arkani-Hamed）、狄摩波罗斯（Savas Dimopoulos）和得瓦里（Gia Dvali）提出的，当时这三人（缩写成ADD）都在斯坦福大学。他们挑战了克莱因认为余维空间太小所以看不到的想法。ADD三人组宣称余维空间可能比普朗克尺度大很多，小自 10^{-12} 厘米，大至0.1厘米都有可能。他们说，如果我们的宇宙被困在三维膜中（再加上一维的时间），而且我们能看到的只有这个三维世界，那么这种情况就有可能发生。

这个论证听起来似乎很奇怪，毕竟余维空间很微小，是绝大多数弦论模型的立论假设。不过虽然大家通常有卡拉比－丘流形大小已经给定的感觉，但其实这"仍然是一个悬而未决的问题"，根据波钦斯基所说："数学家认为空间大小几乎是最无趣的问题，因为将东西放大两倍，形状根本没有变化。但是对物理学家而言，大小却是最重要的事情，因为这可以告诉你需要多少能量才能看得到它。"[27]

　　ADD的理论并不只是放大余维空间而已，它同时降低了统一引力与其他作用力的能量尺度，并在过程中也减少了普朗克尺度。如果阿卡尼哈默德和他的同僚是对的，大型强子对撞机中粒子撞击产生的能量可能会渗漏到高维空间中，让结果看起来像是违反能量守恒原理。在他们的看法里，连弦这个弦论的基本单位也会大到看得见，这是以前无法想象的事。ADD团队的部分研究动机，是为了解释引力明显比其他作用力弱的事实，对于这项不对等，目前仍然缺乏令人信服的解释。而ADD提出一个很特别的答案：引力并没有比其他作用力弱，它 [286] 看起来弱，是因为引力"流失"到其他维度，以至于我们只感受到引力真正强度的一小部分，这是引力和其他作用力的差异之处。这情况就像在撞球桌上打撞球一样，球虽然受限于二维的球台，但是有些动能会转化为声波逸入第三维空间，这就是我们听到的撞击声。

　　这些作用的细节，决定了可能的观察策略。大家熟知引力在四维时空中遵守平方反比定律，引力的影响随着距离的平方而下降。但是如果加入另一个维度，引力就会遵守立方反比定律。根据弦论，时空是十维的，因此引力得遵守八次方反比定律。也就是说，维度愈高，从四维观点测量起来引力就愈弱。（其实这对静电力也一样正确。在四维时空，点电荷遵守平方反比定律，在十维时空则遵守八次方反比定律。）在长距离的状态检视引力时，如天文学或宇宙学的情况，平方反比定律非常成功，因为此时的相互作用发生在三个大空间维度与时间维度，我们并不会感受到来自奇异新方向（对应到余维内空间）的引力影响，除非我们将尺度下降到其他维度也能来回移动的情况。但是因为我们受限于身体的大小，因此最佳的或许也是唯一的希望，是从检视平方反比定律的偏差，来掌握余维空间的线索。这正是华盛顿大学、科罗拉多大学、斯坦福大学以及其他机构的物理学家正在探索的效应，他们做的是短距引力测量。

　　尽管这些研究者手边使用了不同的实验工具，但他们具有相同的目标：用前所未见的精确度测量小尺度的引力强度。举例来说，华盛顿大学阿德博格（Eric Adelberger）团队所进行的"扭力平衡"（torsion balance）实验，精神上与 1798 年凯文迪希（Henry Cavendish）的实验相似，基本想法是利用悬摆力矩的测量值来推算 287　引力强度。阿德博格团队将一个小金属摆，悬吊在一对金属圆盘之上，

图12.3　由引力所造成的微小转动，现在可以做短距测量并具备很高的精确度。图中是由华盛顿大学 Eöt-Wash 研究群所设计与操作的马克六号摆。如果在很近的范围内，引力的行为抵触古典物理的平方反比定律，就可能是弦论余维空间存在的信号。（照片提供：华盛顿大学 Mary Levin）

金属盘会对摆施以引力。他们将配置调整成下述状态：如果牛顿平方反比定律正确，则从两个圆盘所发出的吸引力将会达到平衡，金属摆不会有任何扭转。

到目前为止的实验结果显示，金属摆并没有任何扭转的迹象，精确度达到十万分之一度。利用将摆尽量靠近圆盘的做法，他们已经排除余维空间半径大于40微米（1微米是万分之一厘米）的可能性。阿德博格试图在更小的尺度测试引力，并将大小下调到20微米，不过他说这可能是极限了。如果想要检测更小的尺度，也许需要不同的技术思路，才能测试这个大余维空间的猜测。

阿德博格认为大余维空间是革命性的想法，不过这并不表示它正确[28]。我们不但需要侦测大维度空间的新方法，而且在处理余维空间存在性与弦论的真确性之类更广泛的议题时，也需要有新的策略。 288

这就是目前的状况，有好几条线索正在进行（我们只讨论了其中一小部分），然而还没有出现有意义的结果。瞻望未来，卡屈卢期待正在进行、设计中或将要设计的种种实验能提供发现新现象的机会。不过他也承认剧本平淡的可能性总是存在，在剧中我们栖身于令人挫败的宇宙，其中只有极少或者根本没有实际可征的线索。卡屈卢说："如果在宇宙学里看不出名堂，在加速器中测不出名堂，在实验室内找不出名堂，那基本上是一筹莫展了。"虽然他认为这不太可能会发生，而且就算真的发生，也不是弦论与宇宙学独有的难题，资料匮乏的困境一样会影响到其他科学的分支。[29]

如果所有理路的探究都空手而回，在宇宙微波背景中找不到引力波，以扭力平衡测不出极小扭转，那么接下来会是更大的试炼 —— 测试人类的智慧和耐心。当所有的想法都失败，所有的道路都是死巷，当这一切发生了，你要么就放弃，不然就得重新思考其他可以问的问题 —— 可能会有答案的问题。

威滕尽管在公众谈话中倾向于保守，对长远的未来却保持乐观的看法，他认为弦论实在太优美，因此不可能不正确。尽管短期之间，威滕承认我们很难抓住正确方向，他说："想要测试弦论，我们也许真的需要点运气。"听起来好像是将万有理论的梦想系在一条细线上，或许跟宇宙弦一样细。不过幸运的是，威滕说："在物理学，我们有很多给自己好运的方法。"[30]

我并不反对这样的说法，事实上我更常同意威滕的想法，因为我发现"相信威滕"通常是明智的选择。不过一旦物理学家发现他们的幸运之泉枯竭了，也许可以转头，与他们曾经一起喜悦共享甘泉的数学家朋友们聊一聊。

第 13 章
数学·真·美

确实，人们一次又一次地发现，

数学概念如果满足简洁、优美的标准，

通常最后也能够应用于大自然。

为什么会如此，依旧是一个谜。

其中的神秘之处在于，

为什么与自然世界没有明显关联的纯数学结构，

能够这么精确地描述这个世界。

在缺乏物理证明的情况下，想要探索宇宙隐藏维度的研究专家到底可以走多远？同样的问题，当然也可以质问弦论研究者：在没有经验证据的回馈下，他们要如何烩煮出完整的宇宙理论？这就像在巨大、漆黑又不知路线的洞穴中探险，偏偏黑暗中只有手边的幽幽烛光。虽然有人觉得在这种情况还继续前行十分愚蠢，但是这在科学史上绝非没有前例。在擘建理论的初期，像这种在黑暗中跌跌撞撞的情况并不少，尤其当发展的新概念规模宏大时更是常见。每当在这种节骨眼，如果没有实验资料可以依循，能指引我们前进的或许唯有数学之美。

物理学家高达（Peter Goddard）曾经写过：英国物理学家狄拉

克认为"当理论物理学要选择前行之路时，数学的美感是最终极的准则"。[1]这种想法有时收获丰硕，例如当狄拉克预测正子（像电子但带正电的粒子）的存在时，就只是单纯因为数学推理让他确信这类粒子必须存在。事实证明果然如此，数年后科学家发现正子，确认了狄拉克对数学的信念。

数学不合道理的有效性

290　　确实，人们一次又一次地发现，数学概念如果满足简洁、优美的标准，通常最后也能够应用于大自然。为什么会如此，依旧是一个谜。物理学家魏格纳（Eugene Wigner）就很困惑于"数学在自然科学中不合道理的有效性"。其中的神秘之处在于，为什么与自然世界没有明显关联的纯数学结构，能够这么精确地描述这个世界。[2]

　　物理学家杨振宁也有类似的经验。他所发展出来用于描述粒子作用力的杨-米尔斯方程，是根源于物理学的规范理论。当他发现这个理论与数学家早三十年前就已发展的纤维丛论（bundle theory）十分类似时，感到非常震惊。他说，丛论的发展"根本没有参照物理世界"。当他询问几何学家陈省身，数学家怎么可能"可以无中生有，梦想出这些概念"。陈省身抗议说："不，不，这些概念不是梦想出来的，它们既自然又真实。"[3]

　　本来似乎是数学家无中生有的抽象概念，后来却被用来描述自然现象，这样的例子屡见不鲜，而且并不只是现代数学才有的产物。例如圆锥面和平面相交所产生的圆锥曲线，包含了圆、椭圆、抛物线、双曲线等，据说是公元前300年希腊几何学家门奈克默斯（Menaechmus）所发现的，一个世纪之后，再由阿波罗尼斯在他的著作《圆锥曲线论》（*Conics*）中做系统性的发展。但是一直到17世纪初开普勒（Johannes Kepler）发现太阳系行星的椭圆轨道之前，这些曲线并没有什么重要的科学用途。

类似的，20世纪80年代化学家发现了"巴克球"（buckyballs）这种奇特的分子构造，它是由六十个碳原子配置成以正六边形和正五边形所构成的类球状结构。但是早在两千年前左右，阿基米德（Archimedes）就已经描述过这种几何结构了[4]。另外像"结论"（knot theory）这门纯数学的分支，19世纪晚期时已经开始发展，但大约一个世纪后才应用到弦论和DNA的研究中。

为什么数学概念会接二连三地出现在大自然里并不容易说明，费曼（Richard Feynman）也觉得为什么"每一物理定律都是纯粹的数学叙述"一样难以解释。费曼觉得解开谜题的钥匙应该落在数学、大自然、美三者之间的关联。"不了解数学的人，"费曼说，"很难真正体会到美，那种大自然最深层的美。"[5]

当然，如果真要接受美的引导，就算只是等待更明确线索出现前的暂时举措，仍然有如何定义美的难题，有些人认为最好将这个工作留给诗人。不过，尽管数学家和物理学家对美的看法容有不同，但是在这两个领域里，优美的概念通常都是清楚又简明的描述，但又具备宏大的理论威力和广泛的应用范围。即便如此，由于美是这么主观的概念，个人品位难免会左右我们的判断。这令我想起某段婚礼致词，那是一位长年单身汉的婚礼，在多年混迹花丛后，终于在晚年定了下来。大家都很纳闷，到底怎样的女人才能将这位男士套牢，就连男主角自己也不明白。但一位朋友在他找到"另一半"之前，不断忠告他："只要看到了，你就会知道。"

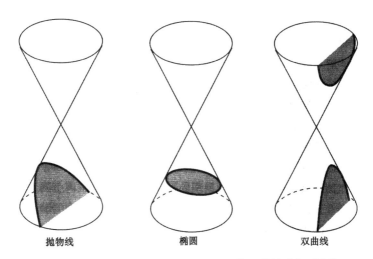

抛物线　　　　　　　　椭圆　　　　　　　　双曲线

图13.1 平面和圆锥（准确地说，是如图上尖点相接的双圆锥）相交的三种曲线
称为圆锥曲线，包括抛物线、椭圆（圆是椭圆的特例）和双曲线

我颇能体会这句话。因为数十年前，当我在柏克莱的数学图书馆偶遇我妻子时，就是这样的感觉，那种确切的感受难以用言语形容。我无意冒犯我的妻子，当我在20世纪70年代证明出卡拉比猜想时，其实也有类似的感觉，一种模糊、悸动的喜悦。在好几个月历经殚精竭虑的生活后，多年来我终于可以展腿放松，欣赏赞叹我所发现的复数多维空间。虽然是长期辛苦的成果，但当时的感觉仍然可以用一见钟情来形容，因为即使是第一次"看着"它，却觉得仿如旧识。也许我的信心是个美丽的错误，但是我当时觉得（如今依然不变）这类空

间将会在物理世界扮演某个角色，而且可能是十分重要的角色。我的直觉是否正确，现在只能等弦论专家或其他科学领域的研究人员来验证。

图13.2 正二十面体具有二十个正三角形的面，如果适当的割截顶点，则可以得到所谓的"割截二十面体"（truncated icosahedron），包含了20个正六边形与12个正五边形，其中任两个正五边形不相交。正二十面体是柏拉图图体的一种，而割截二十面体则称为阿基米德物体，这是希腊数学家阿基米德在两千年前研究的一类几何形体。割截二十面体是足球与巴克球的原型，其中巴克球是碳分子的一种结构形态，包含了六十个碳原子，这是化学家科罗托（Harold Kroto）与史莫利（Richard Smalley）在1985年发现的。巴克球英文buckyball中的bucky源自发明测地圆顶（geodesic dome）的建筑师富勒（R. Buckminster Fuller）的名字，事实上这类分子之所以统称为"巴克明斯特富勒烯"（buckminsterfullerene），正是为了纪念富勒

英国数学家阿提雅（Michaael Atiyah）的话应该能够鼓舞弦论专家的士气，他说："他们所研究的东西，即使没有办法用实验来测量，看起来却有非常丰富的、一致的数学结构，不但满足一致性，事实上还开启了新的研究途径，给出崭新的结果。他们所找到的一定有意义，虽然这些构造是否是上帝为宇宙而创造的，或许还有待验证，但是就算他不是为宇宙而造，也一定是为其他事物而造。"[6]

我不知道阿提雅所谓的"其他事物"是什么，但我感到这些美好结构如此丰富，绝对不可能没有任何意义。当然阿提雅和我都很有 293

自觉，我们知道魅于美感的基础有着不稳固的风险。就像怀疑弦论的贺耳特（Jim Holt）在《纽约客》中所警告的："美不足恃。"[7] 或者如阿提雅所云："以数学来接管物理学有其危险性，因为它引诱我们走向的思想领域，或许体现了数学的完美结构，但却可能远离物理现实，甚至完全不相涉。"[8]

盲目地以数学美感为尊，无疑可能引导我们走向歧途；而且就算方向正确，光靠美感也不能将我们带到目的地。最终，我们还是必须依赖其他更坚实而根本的东西来支撑，否则我们的理论永远走不出识者妙思的境地，不管这份玄思的动机有多充分，论证有多合理。

"美无法保证真，"杨-米尔斯双人组的另一位物理学家米尔斯如是说，"而且也没有任何逻辑论证支持真理必须优美，但是经验一再引导我们去期待，美将位于事物的核心，并且以此为箴，去寻求对大自然基本结构的更深层理解。"米尔斯还反过来补充说，"如果提出的理论不够优雅，我们也学会保持怀疑。"[9]

数学和物理不同

现在弦论及其背后的数学定位如何？康奈尔大学的物理学家戴自海相信："弦论实在太优美、丰富、原创、精妙了，大自然不可能不使用它，那将是全然的浪费。"[10] 当然这段话并不能让弦论成立。对这门理论的批评，如《物理学的困惑》（*The Trouble with Physics*）与《连错误都谈不上》（*Not Even Wrong*）等著作，出现在弦论萧条多年却没有主要突破的时期，使得社会大众也对弦论产生疑虑。即使是弦论的狂热分子如《宇宙的琴弦》（*The Elegant Universe*）的作者格林恩，也承认物理理论不能只靠优雅来评断，"你必须以理论是否提出实验可验证的预测来评断"。[11]

当我撰写本书时，常有机会和许多非专业者讨论书中的内容，他们具有相当的教育程度，正是我心中预期的读者群。但当他们听到这本书与弦论的数学基础有关时，一般的反应大概都是："等等，弦论不是错的吗？"他们的疑问显示，写一本谈论弦论数学的书，就好像写一本书讨论"泰坦尼克号"的美妙蓝图一样。我有位数学同事照理说 294 应该更懂得这些内容，但他公开表示说，因为"弦论的正确性仍然悬而未决"，因此似乎与弦论有关的数学也连带着有问题。

这样的声明显示，人们对于数学本质以及数学与经验科学的关系有着根本的误解。虽然物理学的最终证明是实验，但数学并不是。在数学里，就算有一兆个支持的证据，也有可能在第一兆零一次失败。数学叙述除非能以纯粹逻辑证明，否则就永远只是一个猜想。

在物理学与其他经验科学里，大家认为正确的理论永远有修正的可能，牛顿引力论曾经盛行两个世纪，直到人们发现它的限制，后来以爱因斯坦的相对论来取代，而爱因斯坦理论的限制，或许有一天会被某个量子引力论如弦论来取代。但是虽然如此，牛顿力学所使用的数学仍然百分之百正确，永远不会改变。

事实上，牛顿为了构造他的引力论必须发明（或与别人共同发明）微积分，而当牛顿引力论在其极限情况失效，而必须以广义相对论取代时，人们并没有抛弃微积分。我们将其中的数学保留，因为微积分不但稳固，而且也是不可或缺的。当然我们也很清楚，牛顿力学在大部分情境都还是完美的好工具，只是在极端状况不适用。

再让我谈谈时间更近、也与我更有关的故事。三十多年前，我证明了现在称为卡拉比－丘空间的存在。这些空间的存在性，和弦论是否终究会成为"大自然的理论"一点关系也没有。当然，数学证明中可能会有弱点，甚至会像多米诺骨牌效应一样，让整个论证崩解。不过就卡拉比猜想而言，数学家已经多次检视其证明，找到错误的机会几近于零。而且并不止是卡拉比-丘空间可以永存，就连我当时解决这个问题所运用的技术，也已经广泛成功使用于其他数学问题，其中包括了与原先猜想没有明显关系的代数几何问题。

事实上，在物理学使用卡拉比－丘空间，某种意义上来说，和它在数学中的重要性无关。而且我还可以补充（容我不谦虚一次），我 1982 年获得数学界最高荣誉之一的菲尔兹奖，主要正是因为卡拉比猜想的证明工作。你可能注意到了，我获奖的时间比物理学家知道卡拉比－丘流形要早上好几年，当然更早于弦论跃登舞台的时刻。

作为弦论基础的数学，以及因弦论而激发的数学研究是绝对正确的，这和弦论最终的评判结果无关。我们甚至可以说，和弦论有牵连的数学，只要是坚实而且被严格证明，它就是正确的，和我们是否住在弦或膜所构成的十维宇宙毫无关系。

那么这一切对物理学来说有何意义呢？前面谈过，因为我是数学家，并没有资格谈论弦论的正确性，但是我可以提供一些意见和观察。弦论的确还没有被证明，也未经测试。但是，检视物理研究的主要工具之一，是理论的数学一致性（mathematical consistency），到目前为止，弦论在这些考试中都是高分通过，大获全胜。所谓"一致"就是没有矛盾，这表示如果你将正确的资料输入弦论的方程中，得到的也是正确的结果。在计算时，数值不会突然暴冲变成无限大；理论的语言功能合理有度，而非喋喋不休的胡言呓语。尽管这没有达到科学的严格标准，但却是一个重要的起点。就我而言，就算大自然并不按照这套脚本演出，这样的观念中也一定有某种真理。

威滕似乎也同意这个想法。他认为数学一致性是"19世纪中物理学家最能信赖的指引之一"。[12] 事实上，要设计可以达到普朗克尺度的实验很困难，而且实际执行这些实验的费用又很昂贵，因此在很多情况能做的就是检查理论的一致性。尽管如此，检查一致性"可能威力宏大"，柏克莱的数学家瑞希特金（Nicolai Reshetikhin）说："这就是为什么前沿理论物理学愈来愈数学化的原因，如果你的想法在数学上不一致，你可以立即把它们排除掉。"[13]

除了数学一致性之外，弦论似乎也与粒子物理学中学到的所有知识一致，而且在掌握时空有关的课题，包括引力、黑洞以及其他谜团上，还提供了新视野。弦论不只符合那些已确立并充分测试的量子场论，而且看起来和这些理论更有不可避免的深厚联结。阿姆斯特丹大学物理学家戴格芮夫（Robbert Dijkgraaf）认为，没有人会怀疑规范场论是大自然的基本理论，因为杨－米尔斯方程能够描述强核力，他说："但是规范场论和弦论有着基本的联结。"因为在建立场论与弦论

296

等价性的所有对偶理论里，都显示这是对同一事物的不同观点。戴格芮夫又补充说："我们根本不可能去争论弦论是否属于物理学，因为弦论和我们密切掌握的一切理论连续相连。不论弦论是否能描述宇宙，我们就是不能剔除它，因为弦论是我们思考物理学基本性质的另一个工具。"[14]

弦论也是第一个能够将引力量子化的一致理论，这始终是它为人称道之处。但是弦论做到的更多，威滕就表明说："弦论具有能够预测引力的卓越性质。"他的意思是说，弦论不但能够描述引力，而且由于引力现象嵌藏在弦论的最基本架构内，因此即使有人对引力一无所知，也可以从弦论中发现引力，因为引力是弦论本身的自然推论。[15]弦论除了将引力量子化之外，另外还可以解决像黑洞熵这类其他工具无法处理的难题。从这种观点，弦论在某种程度上早就算是成功的理论了，就算它终究不是物理学的最终极理论也无妨。

弦论，数学的宝藏

尽管这一切仍待裁决，但不可否认的，弦论带给了数学一个大宝库，里面蕴藏着新概念、新工具以及新方向。例如镜对称的发现，便造就了代数几何与枚举几何学的子研究领域。所谓镜对称就是大部分卡拉比－丘流形都有一个或数个拓扑形态不同的镜伴流形，可以描述完全相同的物理性质。镜对称是在研究弦论的脉络中发现的，日后数学家证明了它的正确性（这是典型的模式：弦论提供概念、暗示、提点，然后在大部分情况由数学家提供证明）。

镜对称对数学很有价值的原因之一，是可以将在某个卡拉比－丘 [297]
流形上很困难的计算，转换成其镜伴流形上较简单的计算。如此一来，
数学家就可以迅速解决一些悬宕数百年的问题。另外，从20世纪90
年代中期开始发展的同调镜对称与SYZ理论，发现了辛几何与代数几
何之间出人意料且又丰富的关联，原先大家认为这是两个分离的数学
分支。虽然镜对称是通过弦论研究而发现的，但是其数学基础的正确
性并不依赖弦论。史聪闵格说，镜对称"可以用完全不牵涉到弦论的
方式来描述，但是如果没有弦论，数学家可能还要等上很长的时间才
会发现这些现象"。[16]

再举一个例子，我以前的博士后研究员札斯洛与我在1996年的
一篇论文里，运用弦论的概念解决一个代数几何的古典问题，去计算
四维K3曲面上所谓的有理曲线的数目（请注意K3曲面是一类曲面，
不是一个而是无穷多个曲面）。这里的"有理曲线"是以代数方程定
义的黎曼面，它的拓扑形态和球一样，并且嵌入在K3曲面中。结果
这些曲线的计数只和曲线上的"叉点"（nodes）有关。所谓叉点就是
曲线上自交的点，例如8字形有一个叉点，圆则没有叉点。

底下是叉点的另一种解释，和前面锥形变换的讨论有关（第10
章）。拿出一个甜甜圈，将上面的圆捏缩成一点，形状像尖端接在一
起的牛角面包，如果将尖端分开再吹胖一点，就像一个球了。因此你
可以将"捏住一点的甜甜圈"或"尖端相接的牛角面包"想成是具有
一个叉点的球。接着考虑亏格比较大，例如两个洞的甜甜圈，如果在
两洞之间的"内墙"上捏缩一点，再在"外墙"也捏缩一点，结果就是
具有两个叉点的球，因为你只要像上一个例子，将这两个接点拉开再

298　吹胖，就会得到一个球。重点是任取一个高亏格的曲面（两个、三个甚至更多洞的甜甜圈），你总是可以将它捏缩成一个具有更多叉点的球。

　　让我重述原来的代数几何问题：对任一 K3 曲面与任一正整数 g，我们想知道曲面中具有 g 个叉点时的有理曲线数目。如果使用传统技术，数学家只能找到 g 不大于 6 时的计数公式。札斯洛和我则着手于一般的情况，处理具有任意叉点数的有理曲线。我们用弦论的观点来取代传统方法，将问题转化成处理卡拉比－丘流形中的膜。

　　弦论告诉我们，在 K3 曲面中具有一类膜，由曲线（如前述，指的是二维曲面）与其上的 "平线丛"（flat line bundle）所组成。想了解平线丛，我们可以看看底下的例子，想象有一个人沿着赤道绕一圈，手上拿着长度不拘（无穷长也可以）的竿子，竿子必须保持水平并且与赤道的方向垂直。绕完一圈后，竿子的轨迹是一个圆柱形，这种情况称为 "平庸线丛"（trivial line bundle）。但是如果在绕行一圈的同时，竿子转了 180 度，则轨迹变成了莫比乌斯带的形状，这是一个非平庸线丛。但是这两种线丛都是 "平的"，表示它们具有零曲率。

　　札斯洛和我发现，如果将 K3 曲面中包含 g 叉点有理曲线的所有膜看成一个空间，并计算它的欧拉示性数，则这个数正好等于此 K3 曲面中 g 叉点有理曲线的数目。

　　如此一来，我们就将原来的问题转换成另一种形式，变成计算膜空间欧拉示性数问题，然后我们再应用瓦法与威滕发展的弦论对偶性质去计算欧拉示性数。因此，弦论不但提供了处理这个问题的新工具，

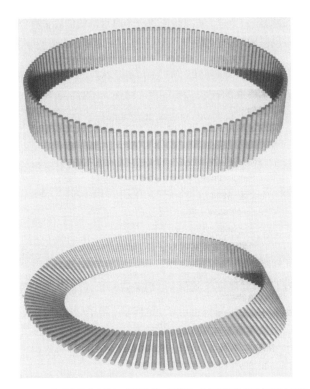

图13.3　如果你沿着赤道走，同时拿着一根竿子，让竿子保持水平（基本上是和球面相切）并与赤道垂直。绕完一圈竿子的轨迹是一个圆柱形。但是如果在环绕一周时慢慢将竿子转了180度，则轨迹会变成比较复杂的莫比乌斯带曲面，这类曲面只有一个面而不是两个面

而且也为原来的问题提示了新框架。代数几何学家以前一直无法解决这个问题，因为他们没有膜的概念，更从来没有想过可以将这问题纳入模空间（moduli space）的架构，其中包含了所有同一类型的膜。

虽然解决问题的策略是札斯洛和我所拟定的，但真正的证明则是由加拿大英属哥伦比亚大学的布莱恩（Jim Bryan）和明尼苏达大学的

梁乃聪（现任教于香港中文大学）在几年之后完成的。结果，我们得到一个数学定理，和弦论的正确与否无关。

弦论与拉曼努扬的 τ 函数

除此之外，札斯洛和我所推导出的计算 K3 曲面有理曲线数的公式是一个函数，任给一叉点数就可以算出对应的有理曲线数。结果我们发现这个公式，基本上重现了知名的 τ 函数，这是印度数学家与自学天才拉曼努扬（Srinivasa Ramanujan）在1916年提出来的[17]。τ 函数以及拉曼努扬所提出与它有关的各项猜想，日后在数论得到许多重要的发展。据我所知，我们的研究是首次有人在枚举几何学（曲线的计数）与 τ 函数之间建立了坚实的联结。

曾于容最近的研究更加强了这项联结，她是哈佛大学新聘的年轻数学家，是我的学生李骏在斯坦福大学的学生。曾于容证明不但 K3 曲面的有理曲线数和 τ 函数有关，事实上任何代数曲面内的任何曲线（亏格数任意）数都和 τ 函数有关。曾于容的工作是基于对德国数学家葛特歇（Lothar Goettsche）猜想的证明，因此推广了计算 K3 曲面有理曲线数的丘-札斯洛公式。[18] 曾于容所证明的新推广公式现在称为葛特歇-丘-札斯洛公式。（稍早几年，我以前的研究生刘艾克就已经提出葛特歇-丘-札斯洛公式的证明[19]，不过他的证明根植于非常技术性的分析想法，不能提供代数几何学家所期待的说明形式，因此大家并未将刘艾克的证明当做该公式的最后确认。而曾于容的证明则立基于代数几何论证，因此得到较广泛的接受。）

更宏观的重点是，通过原先来自弦论的发现，我们才能知道枚举几何学与τ函数之间的联系，可能比任何人所想象的更深刻。我们总是在不同数学分支之间寻找像这样的联结，因为这些意料外的联系，经常会得到对于这两个分支的新洞识。日积月累下来，我猜想人们会发现枚举几何学与τ函数之间还有更多的关联。

谈到弦论让数学更丰富，20世纪90年代还有另一个更著名的例子，当时威滕和罗格斯大学的赛伯格提出称为赛伯格−威滕方程的微分方程（见第3章的讨论），加快了四维空间的研究步伐。这个方程比旧有的方法更容易运用，这让我们对四维空间的理解有了爆炸性的发展，其中包括对所有四维空间做分类。虽然赛伯格−威滕方程起初是作为场论性质而发现的，但很快就知道我们也可以从弦论得出这组方程。而且，如果将这个想法摆在弦论的脉络，更能大大提升我们对它的理解。我一位不愿具名的同事说："在许多场合，威滕等于是对数学家说：'拿去吧，这些方程式应该有用。'然后，天啊！还真管用。"

我长期的合作者、布朗戴斯大学的连文豪（Bong Lian）宣称说："弦论对数学来说真是一份厚礼，是新想法的惊人源头，就算它最终是完全错误的大自然理论，但是就我所能想到的，弦论对数学的贡献比对其他人类活动都来得多。"[20] 虽然我的用词也许会保守一点，但我同意我们的报酬是意外的丰盛。就这一点，我们的看法和阿提雅不谋而合。他说弦论"让大部分的数学转变、重现生机，产生革命性的变化……其中包括那些似乎和物理学距离很远的领域"。这些数学领域，"几何学、拓扑学、代数几何学以及群论，几乎任何你想要的都被投入这个混合的场域，而且结合的方式显示它和这些领域的中心内容似乎有着深层的联结,这绝非肤浅的擦身而过,而是直捣数学的核心"。[21]

虽然其他物理学门过去对数学也卓有贡献,然而弦论的影响却穿透得更深更远,直抵数学的内在结构,获得崭新的观念突破。讽刺的是,由于弦论的出现,反而导致了数学内部彼此间的和谐合作,因为弦论的需求又多又广,需要包括微分几何、代数几何、李群、数论等各种领域的数学专家。因此有趣的是,当前物理学统一理论的最高希望,竟然也帮忙促进了数学的统一。

不必着急

尽管弦论是如此优美,又对数学产生如此深刻的冲击,但是老问题并没有改变:到底还要等多久才能建立那些来自外在的证实,与现实世界的联结?任何联结都比没有好!格林恩认为大家应该保持耐性,因为"我们想要回答的是科学史上最困难又最深刻的问题。就算在五十年或一百年内做不到,我们仍然必须持续追索"。[22] 加州理工学院的物理学家卡洛尔(Sean Carroll)同意说:"深刻的观念是没有截止日期的。"[23] 或者,换个用词吧:我们何必着急呢?

回顾历史或许可以找到启示。"在19世纪,想回答为什么水在100摄氏度会沸腾,可是门儿都没有。"威滕说,"如果你告诉一位19世纪的物理学家说,20世纪将可以从计算得知此事,对他来说大概是天方夜谭。"[24]

类似的，直到天文学家观测证实之前，中子星、黑洞、引力透镜效应也都曾被当成是纯然幻想而遭到摒弃。威滕补充说："科学史上充斥着被认为是不切实际、无法测试的种种预测"，但是物理学史也显示"好观念终究可以被测试"。[25] 在一个世代之前想都想不到的新技术，可以让本来超越常理的观念变成科学事实，而不再是科幻小说。

"问题愈重要，在测试场上就要更有耐性。"麻省理工学院物理学家古斯这么说。他是宇宙暴胀理论的缔造者之一，认为在大爆炸的最早期，宇宙经历过又短又剧烈的膨胀过程。"早期在研究暴胀理论时，我从来不曾想过可以在这辈子里测试它。"古斯说，"想测试暴胀理论得要有运气，结果我们还真的有。虽然这道运气不是那么强，因为这需要观测者极强的技巧。弦论可能也会遭遇类似的历程，但也许不用等到一百年。"[26]

虽然弦论目前必须被视为猜测（speculation），但这基本上并没有什么不妥。数学上的猜想，如卡拉比猜想，也只不过是根植于数学理论的猜测，在我的领域里，猜测是进步所不可或缺的。在物理学里，如果没有有识之士的猜测，一切也将在原地打转，无法扩展对大自然的理解。尽管如此，猜测这个字眼也的确显示了某种程度的怀疑，如何反应就端看个人的性情以及在该问题所注入的心力。就以弦论来说，有些人矢志全力投入，希望终究会成功；而其他人则为了萦绕心头的疑问而止步，把不确定摆在正前方，摇着警句似的标语牌写着："停止！你们正在犯大错。"

曾经有段时间，不过才几个世纪之前，人们警告船只不要离岸太远航行，免得船只和乘客在世界边缘滑落深渊。但是，仍然有无畏的航海家计划出航，结果他们不但没有跌到世界边缘，反而发现了新大陆。也许这就是现在的情况，我是属于推动向前的阵营，毕竟这是数学家的本色，我们不断往前走，可以不管是否有外在世界或实验领域投入的任何信息，仍持续保持高度的生产力。

数学和物理的辨证

不过，我个人觉得和物理学家保持密切联系十分有用。事实上，我终生的研究都立于数学与物理学的交界地带，部分原因是我确信这两个领域的互动，将是拓展理解大自然的关键。过去几十年的经验显示，这些互动大部分都很和谐。有时数学的发展早于物理的应用，例如阿提雅、卡当（Elie Cartan）、陈省身、辛格、外尔（Hermann Weyl）等人的伟大工作；而有时物理学走在数学之前，例如前述的镜对称就是。不过我或许不能用"非常惬意"来形容目前数学家与物理学家的关系。据格林恩所言，在这两个领域之间"有许多良性与友善的竞争"。[27] 我认为这是公允的评价。竞争并不总是坏事，经常可以推动事物的进步。

在历史的不同时期，数学和物理学的分野（或无法区分）有许多意义重大的变动。像牛顿与高斯这类人物，显然在数学、物理学、天文学之间出入自得。事实上，高斯作为数学史上最伟大的数学家之一，任职于哥廷根天文台的天文学教授五十年，直至过世。

但是电磁学麦克斯韦方程的引入，以及后续量子力学的发展，却在数学和物理学之间造成裂痕，持续超过半世纪。从20世纪40年代 [304] 到20世纪60年代，许多数学家眼中没有物理学家，也不和他们互动。另一方面，许多物理学家也一样高傲，觉得数学家没有什么用，如果要用到数学，他们觉得自己就可以发展出来。

麻省理工学院的物理学家泰格马克（Max Tegmark）认同这项诠释，称之为这两个领域的"文化鸿沟"。"有些数学家看不起物理学家，觉得他们很散漫，计算不严格。"泰格马克说，"量子电动力学就是极为成功、却在数学上不是完好定义的范例。"他接着说，有些物理学家则蔑视数学家，觉得"你们这些人用无穷的时间，去推导我们几分钟就能得到的东西，如果你拥有我们的直觉，就会发现那些毫无必要"。[28]

直到弦论出现，理论物理学愈来愈依赖高等数学，这道文化鸿沟才开始合拢。在弦论中出现的数学是如此复杂，又是理论整体不可或缺的部分，因此物理学家不但需要协助，而且张开双臂欢迎数学。举例来说，尽管数学家对卡拉比–丘空间的兴趣早于物理学家，但物理学家终于赶上来了，当他们追上时，也展示了一些未知的技巧。正如阿提雅所说的，我们现在处于"再聚合"（reconvergence）的时期，这真是件好事。

我不能判断弦论是否终能通过最严谨的考验，也就是提出可供测试的预测，然后证明理论真的给出正确答案（前面提过，其中的数学部分则要坚实得多）。虽然如此，我坚信获得成功理论的机会，全在于我们是否能汇聚数学家和物理学家的资源，结合两者的长处与不同的世界观。我们可以在互补的轨道上前进，偶尔跨越到另一边，让双方都获利。

　　我的哈佛同事陶布思，为这两个领域的差异做了很好的总结。他说，数学和物理的工具或许相同，但是目标却不同，"物理研究的是这个世界，数学研究的却是所有可能的世界"。[29]

　　而这正是我热爱数学的原因之一。物理学家也可以想象其他世界与其他宇宙，但是到头来，他们还是得回到我们的世界，思考真实的事物。而我可以思考什么是可能的，不只是陶布思说的所有可能世界，而是更广袤的所有可能空间，我认为这正是我们的职责所在。大部分物理学家倾向于检视一个空间，看看它能对大自然说了什么，而数学家则需要检视所有的空间，借以寻找能应用到最重要事物的一般法则和指导原理。

图13.4　这是物理学家戴格芮夫手绘的漫画，呈现数学家和物理学家在经过三十年后（墙上的月历从1968年已转为1998年，从没有电脑的年代到电脑出现，墙角也结了蜘蛛网），必须了解对方的研究题材。（图片提供：Robbert H. Dijkgraaf）

然而，所有空间并非生而平等，有些空间比起其他空间更能攫取我的注意，尤其是大家认定大自然隐藏维度所存身的空间。我们眼前最关键的挑战，就是这个隐藏空间的形状，根据理论，它将掌控宇宙中的物质以及其物理性质。这个问题挂在我心头颇有一段时日，相信也不会很快就解决。

虽然我的研究计划经常是形形色色，但我总是会踱回这个问题。而且尽管我有时会暂驻其他的数学和物理领域，却仍然不断地回到几何学来。如果理解能带来祥和，几何学就是让我达到某种内在宁静的途径。广而言之，这是我试图解释我们宇宙的意义，揣度那潜藏其中（以我为名）的神秘空间的方法。

第 14 章

³⁰⁷ # 几何的终结？

现在的几何学也正迫近这个非常类似的情境。

古典黎曼几何已经无法描述量子层次的物理学，

因此需要寻求一种新几何学，

一种同时适用于魔术方块和普朗克尺度弦的推广理论。

问题是如何实践这个想法，

就某种程度而言，我们是在黑暗中摸索。

　　虽然几何学对于交付给它的任务一直都能胜任愉快，但是成功的表面下却暗藏着伏流，或许会在未来造成问题。想知道原因不用走远，只要找一个附近的湖泊、后院的水池，甚至家里的浴缸都可以。在平静无风的日子，湖水表面看起来十分平滑，但这其实只是错觉。如果以超高解析度检视湖水表面，会发现水面一点都不光滑，而是呈现着凹凸锯错的模样，这是因为湖水表面是由随时都在晃动的水分子构成的，有些往湖底钻下去，有些则在水面与空气间自由来去。这么看来，所谓湖水表面完全称不上是静态、清楚定义的东西。事实上按照惯用的词意，"表面"这个词完全不适合用在这里。

　　哈佛物理学家瓦法认为古典几何的处境也一样，几何学只对大自然做出了逼近的，而非精确或基本的描述。其实古典几何对宇宙的逼近描述，一直到普朗克尺度（10^{-33}厘米）之上都几乎没有瑕疵，因此具有一定的重要性。但是在普朗克尺度时，标准的几何就会困于量子效应，连简单的测量都做不到。

处理极小尺度的主要困难来自海森堡的测不准原理，根据这个原理，我们无法确定一个粒子的位置（不过在我们的讨论里只会讨论点而不是粒子）。在普朗克尺度，不论是点、线还是曲率，所有东西都 [308] 会静不下来地振动着。在古典几何里，两面交于一线，三面交于一点。但是从量子的角度看，就可能要想象三面交于一个球，也就是交点可能位置的范围。

想要探知隐藏维度或个别弦层次的宇宙，需要一种新几何学（有人称之为量子几何），在可想象的最大与最小尺度里都可以运作，这种几何在大尺度必须和广义相对论相容，在小尺度则和量子力学一致，而在这两种理论重叠处也不能起冲突。量子几何学的理论大体上还不存在，虽然重要，但目前还只是玄想，只是有待实现的期望，空有名称但还处在寻求清楚的数学理论的阶段。"我们对这个理论的模样毫无概念，也不知道要怎么称呼它。"瓦法说，"是不是可以用几何这个字眼来描述，就我来说也未必尽然。"[1] 不管这个新领域的名称是什么，我们所熟知的几何学无疑正在走向终结，以后将会被某种更有威力的陌生几何学所取代。不过这是科学运作的方式，停滞就会死亡。

"我们总是在寻找科学理论失败的地方。"阿姆斯特丹大学的物理学家戴格芮夫这样解释，"几何学和爱因斯坦的理论紧密连系，如果爱因斯坦理论受到质疑，几何学当然也受到压力。最终，爱因斯坦方程和牛顿方程一样将会被取代，连带的几何学也会遭逢同样的命运。"[2]

量子力学和广义相对论的不相容

这个困境其实和物理学比较有关，而非数学。这样说并不是要推卸责任，毕竟造成麻烦的普朗克尺度完全不是数学概念。它是长度、质量、时间的物理尺度，但就算古典几何在普朗克尺度失败了，并不表示数学本身是错误的。黎曼几何是广义相对论的基础，而作为黎曼几何基础的微积分，并不会在普朗克尺度就突然失效。微分几何学构思的基本前提，本来就是要在可以任意趋近于 0 的无穷小尺度下运作。"从数学观点，将广义相对论外推到最小距离的尺度并不会造成任何问题。"加州大学圣塔芭芭拉分校的数学教授莫理森说，"从物理观点，其实这样做也没有什么问题，只不过结果是错的。"[3]

在广义相对论里，度规或距离函数决定了每一点的曲率。但是在普朗克尺度下，度规函数的系数会疯狂变动，这导致距离或曲率也会跟着狂乱的波动，换句话说，整体几何的变化将会大到不应该再用几何学来描述。这就像如果有一个铁路系统，路线会任意收缩、延长或弯曲，旅客不但到不了正确的目的地，甚至连抵达时刻都乱七八糟，我们当然无法再经营这样的铁路系统了。同理，我们也没有办法在普朗克尺度下做几何。

和我们在这本书里尽力解决过的很多问题一样，这个几何的怪现象源自量子力学和广义相对论的基本不相容，解决这个问题的数学架构称为量子引力论，而量子几何学则是量子引力论所需要的语言——尽管我们不知道它会如何发展。关于这个问题，许多物理学家还持有另一种看法：几何学也许并不是基本的理论，反而是一种"突现"（emergent）的现象。如果这个观点正确，那就可以解释为什么古典几何对世界的描述，在极微小与极高能的领域会表现得那么局促跟跄。

举例来说，本章前面提到的湖水就是一个突现的例子。如果我们观察的是大量的水，就可以将水视为流体，水会流动而且形成水波，还具有黏滞性、温度、热梯度等性质。但是如果是在显微镜下检视一小滴水，"流体"这个词就不再是恰当的描述方式了。大家都知道水是由水分子构成的，在很小的尺度下，水并不像流体，反而像一堆撞球。"光是观察湖水表面的波纹，绝对无法推导出 H_2O 的分子结构，或是分子动力学。"麻省理工学院物理学家亚当斯说，"这是因为就水而言，流体的描述方式并不是最基本的。但是反过来，如果你掌握了所有分子的位置和动态，原则上却可以推论出水的所有性质，包括表面的特征。也就是说，微观的描述里包含了宏观的信息。"[4] 这就是为 310 什么我们认为微观的描述更根本，而宏观的性质则是从微观描述中突现出来的。

这和几何学有什么关系呢？从广义相对论我们知道引力是时空的曲率，但是前面提过，长距离（低能量）的引力描述，也就是现在所谓的古典几何，在普朗克尺度下是失效的。因此有一些物理学家就认为，目前的爱因斯坦引力论只是真实世界低能量时的逼近。正如湖面的水波是由看不到的分子运动过程中所突现出来的一样，这些学者相信，引力或者与它等价的几何描述，也是从底层的某种极微小的过程所突现出来，一般认为这种过程就是量子几何或量子引力的普朗克尺度描述，这种过程一定存在，只是我们对它尚一无所知。现在人们很流行说或几何是量子几何或量子引力的突现性质，其实就是这个意思。

几何的终结还是拓展？

瓦法对于"几何终结"的关注是合理的，只是终结所带来的不见得是悲剧，不论我们指的是希腊式悲剧或其他悲剧。假设我们真的有更好的替代理论，那么古典几何的没落便值得庆贺而非忧惧。数千年来，几何学探讨的领域经常在变更，如果让古希腊数学家甚至伟大的欧几里得本人，来参加现在的几何研讨班，他们将会如鸭子听雷般无法理解。不久之后，当我或今日数学家面对下一代的几何学时，应该也会陷入同样的窘境。虽然我对几何学终究的样貌毫无头绪，但我却衷心相信新的几何学会充满生命力，而且比以往更完善美好，比现在有更宽广的应用。

加州大学圣塔芭芭拉分校的物理学家波钦斯基似乎也同意这样的论点，他并不认为传统几何在普朗克尺度的失败，就意味着我所钟爱的领域将"走入死胡同"。波钦斯基说："通常当我们学习新知识时，并不会因此丢弃引导我们的旧知识，而是扩大或重新解释旧的知识。"他还改动马克吐温的名言，认为通报几何已死的说法太过夸大其词。波钦斯基指出，在20世纪80年代晚期的一段短暂时间，物理学界盛传几何学已是一项"旧帽子"、过时的理论。"但几何学更强势的复活

了，到目前为止，从它在新发现中所扮演的核心角色，我只得相信几 311
何学是某种更大更好理论的一部分，而不是一个终究会被抛弃的领
域。"[5] 这就是为什么我认为量子几何（或任何你喜欢的称呼）必须
是几何学"扩充理论"的理由，因为我们所需要的理论必须一方面保
持几何学已达成的伟大成就，同时又要能提供极小尺度时的可靠物
理描述。

威滕也有类似的看法。"现在所谓的'古典几何'远比我们一世
纪前理解的还宽广，"他说，"我相信普朗克尺度的现象，很可能涉及
一种几何学的新推广，或是几何本质概念的延伸。"[6]

将特定领域的正确理论推广，使其涵盖面与应用面扩展到更大的
范围，这类故事在几何学本身的发展里屡见不鲜。试以非欧几何的发
明为例。18世纪末，"在罗巴切夫斯基年轻时，如果你问他几何是什
么，他也许会给你列出欧几里得的五大公设。"亚当斯说，"不过如果
到了稍晚他开始教书之后再问他，他也许还是会提到这五大公设，但
却会告诉你不见得要全盘接受。"[7] 罗巴切夫斯基尤其曾特别指出不
需要第五公设，也就是"过线外一点存在唯一一条平行线"的平行公
设。在历史上，正是罗巴切斯基意识到如果排除平行公设就可以构造
出新几何，而发展出新颖的双曲几何（hyperbolic geometry）。

虽然欧氏几何存身的平面满足平行公设，这在球面或鞍面上则
显然错误，例如地球上所有的大圆总是会相交，因此不存在平行线；
而在鞍面上，过线外一点则可能有许多条平行线。又例如平面上的三
角形内角和等于180度，但在球面上三角形的内角和却会大于180度，

在鞍面上的三角形内角和则会小于180度。

1829年，罗巴切夫斯基发表了他惹人争议的非欧几何学说，却只能埋藏在偏僻的俄国期刊《喀山学报》里。几年之后，匈牙利数学家波雅伊也独立发表了自己的非欧几何研究，不幸的是，他的论文却藏在他的数学家父亲（Farkas Wolfgang Bolyai）的著作里，默默地成为该书的附录。大约同时，高斯也在发展曲面几何上的类似概念，而且马上认识到这个弯曲空间或内禀几何的新观念和物理学紧密相系。高斯声称："几何学不应该和纯粹先验的算术并置，而是和力学共列。"[8] 我相信高斯的意思是，几何和算术不同，如果几何学的描述要能发生影响，就必须依靠经验科学，也就是当时称为力学的物理学。高斯的内禀几何学为后来的黎曼几何学打下基础，而黎曼几何的发展则导致爱因斯坦关于时空的璀璨洞见。

罗巴切夫斯基、波雅伊、高斯这些先驱并未摒弃传统，而是为新的可能性敞开大门，他们所引领且获得的突破，是创造了更开阔的几何概念，不再受限于平面的教条，反而可以应用到各式各样的曲面或弯曲空间。在这个更宠大、更广义的架构中，仍然保留着欧几里得的基本结论。这就好像选取地球上的一小块土地，例如曼哈顿的一方街区，其中的街或道仍是相互平行的，在这块局限的街区里，欧几里得的描述是正确的，地球曲率的影响微乎其微。但如果谈的是整个行星，曲率的效应就不能忽略了。

再举一个例子，在气球上画一个三角形，如果气球很小，三角形的内角和会远超过180度。但是随着气球吹大，（曲率）半径 r 愈来愈大，曲率$1/r^2$就会愈来愈小。如果进一步想象半径变成无穷大，在这这极限状态，曲率就会变成0，而三角形的内角和就刚好变成180度。正如亚当斯所说："在平面的特殊情况里，欧氏几何无疑是最好的几何理论。在略微弯曲的气球面上，欧氏几何也大致符合观察；而且随着气球吹大，球面会愈来愈平，欧氏几何符合观察的程度也就会愈来愈精确。因此，欧氏几何其实只是广义理论的特例，此时曲率半径是无穷大，三角形内角和是180度，而且所有欧氏几何的公设都回来了。"[9]

类似的推广想法也可用到物理学上。牛顿引力论是非常实用的理论，它给出计算系统中物体所受引力的简单方法。尤其当物体的运动速度不快或引力位能不大，牛顿的理论非常成功。但后来爱因斯坦的新理论出现了，引力变成时空弯曲的结果，而非物体间传播的作用力。然后我们认识到，牛顿引力论只是这个更开阔架构下的特例，只有在 313 物体移动速度慢或引力强度弱的边缘情况才正确。广义相对论正如其名称所显示的，的确是一个"广义"的理论，它是爱因斯坦狭义相对论的扩展，把无引力的体系推广到包含引力的情况；同时，广义相对论也推广了牛顿引力论。

相同的，量子力学也可以视为是牛顿力学的推广，当然这不表示打棒球或下棋时需要动用到量子力学。牛顿运动定律在处理像棒球或棋子这类大物体时非常成功，需要量子论来做修正的是在物体极端微小的情况，因此通常可以忽略不计。不过在牛顿定律可以成功解释的宏观领域（像是棒球或火箭运动），事实上只是量子论所能处理范围的特殊情况，所以量子论适用的范围更大、更一般，包含了相当微小的物体。运用量子力学，我们可以精确预测高能对撞机中相对论效应下的电子轨迹，这是牛顿力学无法办到的。

量子几何学

现在的几何学也正迫近这个非常类似的情境。古典黎曼几何已经无法描述量子层次的物理学，因此需要寻求一种新几何学，一种同时适用于魔术方块和普朗克长度弦的推广理论。问题是如何实践这个想法，就某种程度而言，我们是在黑暗中摸索，当年牛顿试图写下他自己的引力论时，想必也是这样的心境。

为了他的研究目标，牛顿必须发明新的技术，这导致微积分学的诞生。而正如牛顿的数学发源于物理的考量，我们面对今天的问题也必须有相同的态度。缺乏物理学的讯息，我们就无法创造出量子几何学。或许我们总是可以像变魔术一样发明新的几何概念，但是如果想要保证成果丰硕，几何学一定要能描述物理学的某个基本层次。为了达成这个目标，就像高斯明智承认过的，我们需要外在世界的指引。

相关的物理现象将会给出技术上的束缚，成为新数学发展所必须满足的条件。如果只运用古典几何，普朗克尺度时的物理学势必会牵涉到离散的变体，以及突然出现的不连续性。我们希望量子几何学可以弭平这些不连续性，得出比较容易掌握与处理的光滑图像。

依照定义，弦论本来就是要处理这类问题的理论。因为"弦论的基本材料并不是点，而是一维的闭圈，因此我们很自然就会怀疑，古典几何并不是描述弦论物理的正确语言"。布莱恩·格林恩解释说：
"不过几何的力量并没有消失，应该是说，弦论要用古典几何的修正
版来描述……这些修正的部分，当系统的大小比弦尺度相对来得大
时就会消失。至于弦尺度有多大？它和普朗克尺度应该相差不到几个
数量级。"[10]

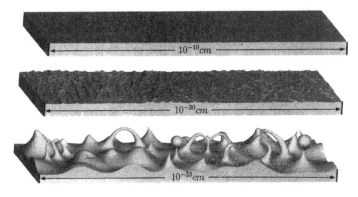

图14.1 物理学家惠勒（John Wheeler）的"量子泡沫"概念。上图看起来很光
滑，但是如果放大二十个数量级（中图），就可以明显看到不规则的形态。假如再放
大一千倍如下图，原来的小突起看起来就像山峰一样，这样的表面和光滑的概念完
全对立

以前基础物理学的理论将基本材料，也就是粒子，视为零维的无
穷小点，当时的数学没有好方法来处理这类对象，到现在其实也一样。
但是弦不是无穷小的粒子，因此在极微观尺度下古典几何很难处理的
量子起伏，会发生在实质上大了许多的区域中，因此缩减了量子起伏
的强度，也就更容易处理。物理学中讨人厌、会让时空曲率与密度暴
冲到无穷大的奇点问题，就这样被巧妙化解了。高等研究院的赛伯格
说："你永远到不了惨剧发生的地方，弦论预先排除了这个问题。"[11]

但是就算彻底避开了灾区，观察寸步之遥的险地仍然很有启发

性。"如果你想要研究几何学失败的地方，就必须选择稍微失败的案例。"史聪闵格说，"其中最好的方法就是研究卡拉比－丘流形为何失败，因为在这些空间上，我们可以将时空结构失败之处孤立出来，只留下表现良好的区域。"[12]

我这位同事的希望是，借着研究受控的卡拉比－丘流形上的弦论，我们或许可以获得某些量子几何的洞见以及它的推论，当然这正是本书多方触及的主题。大有可为的研究方向，是探讨弦论中几何行为和古典几何大异其趣的情境，一个主要的范例是拓扑形态变化的转换，这有时在弦论中会自然发生，但在传统物理学内则不会。莫理森说："如果局限在标准的几何技巧，我的意思是如果保持黎曼度量不变，那么空间的拓扑形态就不会变化。"[13] 改变拓扑形态之所以是一桩大事，是因为如果不撕扯空间，它就无法转变成别的形态。这就好像你不敲碎蛋壳就没有办法煎蛋。同理，不挖个洞，圆球就变不成甜甜圈一样。

可能的尝试

不过在光滑的空间上挖洞，将会产生奇点，这将为广义相对论的研究者带来麻烦，因为他们得为无穷大的曲率系数或类似的麻烦奋斗。但是弦论或许可以避开这个问题。例如1987年时，我当时的研究生田刚和我发展了一套称为"拂落转换"（flop transition）的技巧，可以造出许多虽然紧密相关但拓扑形态却不同的卡拉比－丘流形。（第10章讨论的锥形转换则是另一种牵涉到卡拉比－丘流形，而且会造成拓扑形态强烈变化的例子。）

图14.2a 这张照片经常称为"蓝色弹珠"（Blue Marble），因为从远距离看起来，地球表面光滑无痕，就像弹珠一样。（照片提供：NASA Goddard Space Flight Center）

如果图14.3，想象在卡拉比－丘空间中有一个二维曲面，看起来像竖起来的橄榄球，然后将它沿着横向收缩，变成腰围愈来愈细的绳状曲面，最后消失只留下时空织理中的一道垂直裂缝。接着，我们推[317]挤"织线"，从裂缝的上下往中间推，垂直裂缝慢慢变成水平裂缝，然后再倒转前面的过程，先放进水平的绳状曲面，再吹胖成一个水平橄榄球状的二维曲面。原来的橄榄球就这样"拂落"成另一个橄榄球。如果用精确的数学方法进行整个过程：将时空特定点撕开，打开裂缝并重新赋向，再塞回一个重新赋向的二维曲面到六维空间中，就可以造出一个拓扑形态不同的新卡拉比－丘空间，和起初的卡拉比－丘空间形状完全不同。

拂落转换在数学上是有意义的，因为从一个本来拓扑熟悉的卡拉比－丘空间，借着拂落转换可以造出全然陌生的卡拉比－丘空间。因

图14.2b 这是Landsat 7 Earth 观测卫星拍摄上图蓝色弹珠的中心点 —— 新墨西哥州圣塔菲 —— 的特写照片，你会发现地球表面实在一点也说不上光滑。这两张照片呈现了量子泡沫的概念，也就是远观很光滑的泡沫，近看可能极端的不规则。（影像由Earth Observatory, Jesse Allen 合成；Landsat Project Science Office 的 Laura Rocchio 协助色泽处理）

此，数学家可以用这套方法产生更多的卡拉比－丘空间来研究或把玩。但当时我已经预感到拂落转换可能会有物理上的意义。如今以后见之明来看，有人或许认为我有特殊的预知能力，但事情并非如此，我只是觉得能在卡拉比－丘空间上进行的一般数学操作，应该都有物理上的应用。我鼓励当时我的博士后研究员格林恩去探讨这个想法，同时也将这个概念分享给几个比较有包容性的物理学家。搁置我的建议几年后，格林恩终于在1992年开始与亚斯平沃和莫理森合作探讨这个想法。从他们的研究结果来看，几年的等待是值得的。

亚斯平沃、格林恩、莫理森想知道的是，大自然中是否容许类似

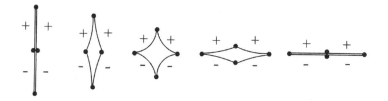

图14.3 想象"拂落转换"的一个方式,是在二维的织布上面画一道垂直的细缝,然后从上下往中间推,垂直的细缝会愈来愈宽,最后变成一道水平的细缝,这样本来垂直的细缝就被"拂落"成为水平细缝。在卡拉比-丘流形中也可以进行拂落转换,当其中内在的结构被类似推倒后,就会产生一个和原来流形拓扑形态不同的新流形。拂落转换之所以有趣,是因为转换前后的两个流形拓扑虽然不同,但他们所对应的四维物理性质却不变

拂落转换的机制,以及空间本身是否容许扯裂,尽管广义相对论本来的光滑弯曲的时空并不允许这样做。他们三人不只想确定这类转换会不会在大自然中发生,也想知道在弦论中是否容许出现这样的机制。

为了研究这个想法,他们选择了一个卡拉比-丘流形,对其中的一个圆球(不是椭球)进行拂落转换,再用这个拓扑不同的新流形,将十维时空中的六个维度紧致化,然后研究这样会得到什么四维物理的性质。他们尤其想预测某个特殊粒子的质量,因为这是他们能计算的量。然后他们再对原来流形的镜伴流形重复一样的过程。但是在镜伴流形的情况,拂落转换并未让圆球的体积缩减到零,换言之,空间既没有撕裂,也没有奇点产生。结果套一句格林恩的话,整个弦论物理的性质"表现非常良好"[14]。下一步,他们再针对镜伴流形的情况,计算该粒子的质量并比较结果。如果预测相符,那就表示第一种情况所伴随的空间撕裂与奇点并不会酿成问题,弦论以及它赖以支撑的几何可以天衣无缝的处理这种情况。结果依照他们的计算,这两个数据几乎完美契合,这意味着这一类的空间撕裂过程,在弦论里并不会造

成可怕的后果。

他们的分析并没有回答为什么这样的过程会发生。例如，如果所容许的最小尺度和个别的弦相同，那圆球怎么可能会缩减到体积为零，也就是传统几何的点大小？答案或许出现在威滕于同时间发表的论文里。威滕说明弦回圈有可能围绕着空间裂缝，因此防止宇宙陷入空间裂缝可能导致的悲惨灾难。

319　　　"我们学到的是，当古典几何中的卡拉比－丘空间看来有奇点，四维物理却可能是光滑的。"亚斯平沃说，"粒子的质量没有飙到无穷大，没有惨剧发生。"因此弦论的量子几何一定有种"光滑化效应"，可将古典几何中看似奇异的部分给磨平。[15]

借由处理古典几何学束手无策的情境，拂落转换可以阐明量子几何学的可能架构。古典几何的确可以描述拂落转换前与转换后的情境，但是针对橄榄球的宽度趋近于0的中途点则无能为力。借由在这类情况或其他更多情况中，确切观察弦论结果的差异，我们将可以获知修正古典几何的方法，也就是知道需要去做怎样的量子修正。

下一个问题，莫理森认为是去判断："我们对几何学所做的量子修正，究竟是还带着充分的几何气味，以至于几何仍然是几何；还是结果将和几何学截然不同，使得我们只能完全舍弃几何学的概念。"迄今为止，我们通过像拂落转换这类范例所认识的量子修正，"虽然计算不易，但仍然可以用几何来描述。"他说，"不过我们仍然不知道一般的情况是否也是如此。"[16]

最后的胜利

我个人相信最后的胜利者将会是几何学。而且我相信几何一词将永远不退流行，我并不只是因为怀旧感伤的心境才这么说，而是因为这个领域将一如既往，继续为宇宙提供有用的描述。

展望未来，发展量子几何学显然将是几何领域，甚至是数学整体所要面对的重大挑战，这很可能是数十年的苦战，需要物理学家和数学家的通力合作。这项大业不但势必需要数学的严格性来把关，而且将受益于物理学家一直让数学家惊讶的物理直观。

在我研究生涯的现阶段，已经浸淫其中约四十几年了，我当然不抱任何自己能独立解决这个问题的幻想。比起个人可以只手解决的狭隘问题与证明，这个问题将需要跨越多领域的努力，远远超过了个人的能力。不过由于在量子几何学的早期探索里，卡拉比－丘空间曾经扮演关键的立足点，我希望自己对这项大业已经有所贡献，因为这是我长期探索内在空间研究的一部分。

我曾经在内地、香港、台湾协助成立四个数学研究机构，香港企业家陈启宗是北京晨兴数学中心的大力赞助者，他曾经说过："我从来没有见过任何人像丘成桐一样这么择善固执于单一主题，他这个人只关心数学。"对于我的固执与热爱数学，他说得很正确，但是我很确定如果他再继续观察下去，将会发现有很多人和我一样，对自己的人生目标既热爱又坚持。当然我所投身研究的问题，也就是试图厘清宇宙内在维度的几何，虽然维度不大，却绝对是一个大课题。没有几分固执和耐力，我和我的研究伙伴绝对没有办法达到现在的成就，而即使这样，这条道路离目的地还是相当遥远。

我曾经在某个地方，或许是餐厅的幸运签饼里读到："人生永远是在路途之中"（Life is in the getting there），是反复选择适当的途径，从A点前往B点所耗费的时光。用这句话来描述数学，尤其是几何学也很合宜，因为几何学所关注的就是如何从A点到B点的问题。对于我至今为止的旅程，我只能说，走这一趟真是过瘾！

后记
每天吃个甜甜圈，想想卡拉比-丘流形

321

最近，威滕与史聪闵格在普林斯顿见面。

当时他一番沉思之后说：

"在二十多年前，谁会想到在卡拉比-丘流形上研究弦论会这么有趣。

我们挖掘得愈深，就学得愈多，

因为卡拉比-丘流形是非常丰富又核心的构造。"

最近某天，我们两人中比较不擅长数学的那位，站在哈佛大学杰弗逊实验室理论群的廊厅，等着和史聪闵格谈话，他当时正专注地与一位同事热烈讨论着。几分钟后，瓦法从研究室里头冲了出来，随后史聪闵格跟着向我道歉他的迟到，他说："康朗（瓦法）有个和卡拉比-丘流形有关的新鲜想法，等不及要跟我分享。"他停顿了一下后又补了句话："我好像每天都会听到一个关于卡拉比-丘流形的新点子。"[1] 不过再思考了一阵子后，史聪闵格把"每天"减成"每周"。

如果检视过去几年发表的学术论文，其中标题包含"卡拉比-丘"一词的频率大概每周有一篇以上，这相当符合史聪闵格的观察，不过以上计数的只是英文学术论文而已。这表示卡拉比-丘流形既不

是第一次弦论革命遗留下来的过时古董，也不是只具有历史趣味的数学珍玩。这个流形仍然活得自在而又生气勃勃，就算不是巴黎时尚的新宠，也至少仍然是数学家与理论物理学家囊中必备的重要配备。

比起20世纪80年代晚期，现在的情况算是相当不错了。当时有许多物理学家认为卡拉比–丘流形像是恐龙一样过时，而整个研究领域则注定要失败。对于卡拉比–丘流形热烈支持者如我（两位作者中数学比较好的那位），当时经常被告知说，我们所谈的都是胡扯。在那个年代，坎德拉斯在申请计划时还曾收到恶劣的审查意见，而且经费遭受大量削减。削减的理由竟然只是因为他还在研究卡拉比–丘流形这种"早已过气的用语"。这种情形不只发生在他一人身上。一位当时在哈佛大学执教的物理学家，甚至用"你们这些白痴为什么还在研究这个愚蠢理论？"这种更强烈的言辞来批评整套研究框架。虽然我当时对他的质疑相当震惊，不过在经过二十年的持续深思之后，我找到了似乎很适切的回应："先生，也许这一点都不愚蠢。"

史聪闵格也不能同意那些说法。卡拉比–丘流形在他的职业生涯中扮演了重要的角色，事实上，在物理学里能证明这类流形重要性的，史聪闵格的建树可能比任何人都多。"到现在卡位比–丘流形竟然还扮演着核心的角色，实在很令人惊讶。"史聪闵格说，"不断有不同的想法冒出来，黑洞的故事只是其中一个例子。"[2] 另一个例子则牵涉到以八维卡拉比–丘流形来实现标准模型的新想法，其中多出来的两维空间由弦耦合常数来决定。这些讨论见于瓦法、贝斯理（Chris Beasley）、赫克曼三人，以及另一组研究者多拿吉与韦恩贺特（Martijn Wijnholt）各自独立完成与发表的论文。[3]

"一个概念能够盘据舞台中央这么久是很罕见的事。"谈到卡拉比－丘流形在弦论中的支配地位,史聪闵格补充说,"它不是因为历史上的重要性才在台上盘桓不去,也不是一帮80年代的老人们在缅怀昔日的美好时光,而是因为这个观念仍然不断的长出新枝,萌生新芽。"[4]

在廊厅对角的研究室是史聪闵格的合作者瓦法,他也同意说:"如果你感兴趣的是四维的规范理论,可能以为这和卡拉比－丘流形一点也扯不上边。但是错了,这不但和卡拉比－丘流形有关,而且更和复三维卡拉比－丘流形有关,这是弦论最感兴趣的部分。同理,你或许以为黎曼面和复三维卡拉比－丘流形无关,但是在后者的脉络里研究黎曼面,却能得到理解这类曲面的关键。"[5]

然后还有威滕,物理学家有时称他为爱因斯坦的继承人(如果弦论最后被证明为真,这算是公平的评比)。我们可以说威滕和卡拉比－丘流形有着很亲密的关系,就像他和整个弦论的关系一样。威滕对前两次的弦论"革命"有卓著的贡献,如果还有第三次革命的话,他也很可能会插足其中。就像格林恩说的:"我的每一项研究,如果追溯其知识上的根源,最后无不停在威滕的脚边。"[6]

最近,威滕与史聪闵格在普林斯顿见面。当时他一番沉思之后说:"在二十多年前,谁会想到在卡拉比－丘流形上研究弦论会这么有趣。我们挖掘得愈深,就学得愈多,因为卡拉比－丘流形是非常丰富又核心的构造。"威滕补充说,几乎每当我们找到观看弦论的新方法,卡拉比－丘流形就会帮忙我们提供基本的范例。[7]

事实上，几乎所有弦论中的主要计算都是在卡拉比-丘的框架中进行的，因为这是少数我们知道如何计算的空间。加州大学圣塔芭芭拉分校的数学家莫理森将此归功于由证明卡拉比猜想所得到"卡拉比-丘定理"，他说："因此研究者可以运用代数几何学的技巧，让我们在原则上可以研究与分析卡拉比-丘流形。但是非凯勒流形或者M理论中很重要的七维G_2流形，就缺乏具备类似威力的技巧。结果就是许多进展都来自于卡拉比-丘流形，因为我们拥有研究它的工具，而其他的解却没有。"[8]就这样的意义而言，其实是卡拉比-丘流形提供了进行实验（至少是思想实验）的实验室，可以用来学习弦论，甚至是我们的宇宙。

"卡拉比-丘流形是人类心灵力量的证明，原先人们将它当作纯粹的数学对象研究，直到它在物理学扮演了耀眼的角色。"斯坦福大学数学家瓦基尔（Ravi Vakil）指出，"我们没有强迫大自然接受卡拉比-丘流形，但是大自然似乎在强迫我们接受它。"[9]

不过这绝不是说，卡拉比-丘流形一定是最后的拼图，也不是说人们必须生存在卡拉比-丘流形上。研究卡拉比-丘流形，让物理学家和数学家学习到许多有趣和出乎意料的知识，不过它不能解释所有事情，也不能带领我们到任何想去的地方。不过卡拉比-丘流形虽然不见得是最终的目的地，却是"带领我们走向深一层理解的踏脚石"，史聪闵格如是说。[10]

从数学家的观点（我想这是我唯一拥有权威发言的立场），我们尚未彻底了解卡拉比-丘流形。我甚至怀疑是否真能巨细靡遗地理解这类空间，其中一个理由是因为即使连复一维的卡位比-丘流形，在数学上也还是谜样的存在。复一维的卡拉比-丘流形一般称为椭圆曲线（elliptic curve），可以表示成三次复系数议程式的解。几百年来，三次多项式（例如像 $y^2 = x^3 + ax + b$）一直是令数学家着迷的课题。虽然方程式看起来很简单，上过高中代数课的学生也会觉得熟悉，不过这些方程式的解有许多深刻的谜团，可以将学者直接传送到数学最前沿的研究地带。举例来说，怀尔斯（Andrew Wiles）著名的费马最后定理证明，就是一直绕着理解椭圆曲线打转。而且尽管已经有怀尔斯的杰出研究，椭圆曲线或复一维卡拉比-丘流形仍然有许多悬而未解的问题，目前都还看不出解决的方向。

我们相信椭圆曲线的高维推广（例如复三维的卡拉比-丘流形），在数学上也能提供许多类似的深刻谜题。因为数学家经常从特例（例如椭圆曲线）出发，通过更普遍与更高维（甚至任何维度）的架构来研究并学习新知识。在这方面，复二维卡拉比-丘流形（也就是K3空间）的研究，已经协助解决了一些数论上的问题。

不过这些研究才刚起步，也还不知道未来的方向如何。在现阶段，我们可以公允地说，不管谈的是K3空间还是其他卡拉比-丘空间，这些都还只是初窥堂奥而已。这正是为何我相信，除非掌握大量能够贯串几何学、数论与分析学的数学知识，否则我们不可能彻底理解这类空间。

或许有些人认为这是坏消息，我个人倒觉得是好事。卡拉比-丘流形就像数学本身一样，是在曲折蜿蜒的道路上不断发展进行的故事，永远有更多东西要学和更多工作要完成。对于烦恼是否能继续获聘、继续殚精竭虑或继续享受知性之乐的人来说，这表示我们的前途仍然充满了挑战与乐趣。

终曲
进入圣堂，必备几何

> 根据传说，
> 柏拉图在学院入口的大门上，
> 铭刻着下面这句话："不识几何者，不能入此学园。"
> 如果要在我的哈佛研究室门口，
> 也挂上一块标志的话，
> 我会将文字修改成："不识几何者，不能出此门。"

让我们回到这段旅程的起点，借由检视过去，梳理出对未来的提示。

公元前387年左右，柏拉图在雅典北郊的一座橄榄庄园，建立了他的学园（Academy），一般认为这是全世界的第一所大学。柏拉图的学园维持了900多年，直到公元526年才让罗马皇帝查士丁尼一世给关闭。相较之下，哈佛大学370多年的历史，便显得逊色不少。

根据传说，柏拉图在学院入口的大门上，铭刻着下面这句话："不识几何者，不能入此学园。"这句铭文的确切措辞或许可疑，我就看过好几种说法。有些专家认为根本没有这回事，例如剑桥大学的希腊

数学史学家波希 - 霍尔（Piers Bursill-Hall）就认为，这块牌子刻的可能只是类似 "门前不准停车" 这样的芝麻小事[1]。但是很多人则认为这段文字并无可疑之处。"至少有一位古代史的权威学者断言此传说为真，也没有任何这是伪说的证据。"罗德岛大学的柏拉图专家柴尔（Donald Zeyl）说，"将几何学视为研读哲学的预备知识，就我而言十分合理。"[2]

我既非历史学家，又不是古典学者，当然没有评断这段争论的立场。但是依我对柏拉图的浅薄理解以及对几何学的丰富认识，我比较同意柴尔的看法。除了柏拉图和我的确相隔2400年的唯一差别之处，我们对几何学重要性的看法可以说是完全相同。柏拉图认为几何真理是永恒不变的，反之，经验科学则是暂时的知识，修正终究是不可避免的。我衷心认同他的看法，几何学不但可以带领我们解释大尺度与小尺度的宇宙（也许不能小到普朗克尺度）；以数学严格证明的命题，更确定能通过时间的考验。几何证明就像电视广告中的钻石一样，是永恒的。

纵使柏拉图在《蒂迈欧篇》中提出的万有理论细节，令现代人觉得荒谬，甚至疯狂，但是柏拉图对宇宙的看法与弦论的内涵其实颇有共通之处。这两种理论的核心观点都是几何化（geometrization），认为人们观察的物理现象直接发源自几何。柏拉图用以他为名的正多面体来探索这项目标，而弦论则非常类似的使用卡拉比 - 丘流形来进行其大业。柏拉图的尝试虽然已经失败，我们希望新一波的努力将会有更好的结果。

　　如同近代物理学的理论，柏拉图物体的基础也是对称。追寻唯一且统摄万有的自然理论，本质上等同于探索宇宙的对称性。这个包罗万象的理论之中，个别构成要素也拥有自己的对称性，譬如前文曾以大量篇幅讨论，具有内禀对称机制的规范场就是一个例子，它提供了目前描述电磁作用、强作用与弱作用的最佳选择。而且，这些场的对称群与柏拉图物体的对称性颇有关联，虽然其中的细节和古希腊人想象的不太一样。

　　同时，今日的物理学充斥着对偶性的观点，认为物理世界可以具有两种截然不同的数学描述。这种对偶概念联系了四维量子场论与十维弦论，联系了十维弦论与十一维的M理论，甚至还提示了表面上毫不相干的两个卡拉比-丘流形，可能在物理上完全等价。相同的，柏拉图物体也有自己的对偶性，例如正立方体和正八面体是对偶的，它 [327] 们分别都具有24种让本身不变的旋转方式。互相对偶的正十二面体和正二十面体的对称群大一点，分别有60种不变的旋转方式。至于正四面体则和自己对偶。有趣的是，离我研究室不远的同事克农海默（Peter Kroheimer），他在研究如何以对称性为一组四维卡拉比-丘流形分类时，发现他的分类架构竟然和柏拉图立体是相同的。

　　当然，我绝不是说柏拉图在数学史早期所宣扬的想法是正确的，事实正好相反，柏拉图的元素概念是全然错误的。类似的情形也发生在天文学家开普勒的身上，他试图用柏拉图立体的内切球和外接球构造出一系列同心球，并以此来解释太阳系行星的轨道半径，这也是注定会失败的，因为稍微检查一下细节就知道资料无法兜得拢。但是如果转从大格局来检视，柏拉图的思路从许多角度来看都是正确的，因为他看出这个拼图游戏中最关键的几片拼图，包括对称性、对偶性，以及几何化的一般原理。目前大家相信，任何企图解释宇宙万物的可能尝试，都必须包含这些要素。

因此，说起柏拉图在他知名学园的门上铭刻了对学生几何程度的要求，我认为十分合理。对于几何学的尊崇地位，我和他的想法相同，并在他身后多年选择献身于这门学科。

不过，如果要在我不那么重要的哈佛研究室门口，也挂上一块标志的话，我会将文字修改成："不识几何者，不能出此门。"我相信这句话也适用于正要合上这本小书"离开"的读者。我希望，当您读完这本书，抬头重新观望这个世界时，眼光将有所不同。

庞卡莱之梦[1]

1. 庞卡莱之梦：空间女神的追求

我曾小立断桥，我曾徘徊湖边，

想望着你绝世无比的姿颜。

我曾独上高楼，远眺天涯路，

寻觅着你洁白无瑕的脸庞。

柔丝万丈，何曾束缚着你的轻盈。

圆月千里，何处不是你的影儿。

长空漫漫，流水潺潺，何尝静寂。

你的光芒一直触动着我的心弦。

长流滚滚，烈火熊熊，怒涛澎湃，

激动着那深不可测的永恒。

---

1. "庞卡莱"书中译为"庞加莱"。——译者注

2. 方程的创造：苦思的煎熬

默默长夜，

灵光猛然照耀在纽约上州的校园。

在普林斯顿的草茵场上，

我聆听到康奈尔传来的信息，

你创作了宇宙共鸣的方程！

碧海蓝天，

在圣地亚哥的晴朗中，

我们思量着方程的估值，

在夏威夷的椰树下，

你承受着百年问题的煎熬。

道远天长，万缕千丝，

知她真理何处，你总在思量，

梦里有时曾去。

烈烈风吹，绿绿潮涌，

冲激着你的衣裳，

你何尝想起渐宽的衣带，憔悴的容颜。

3. 估值的完成：热流的推导

微风拂着水波，

月儿伴着孤独，

在平静的大洋里，

一片光芒，闪烁着宇宙的心声。

两纪的辛劳，廿载的研讨，

都注在你凌天的一击，

赢得她那嫣然一笑的深情。

造物的奥秘，造物的大能，

终究由她来启示。

在那茫茫的真理深渊，

空间展出了她的风华——素朴而安宁。

洪洪的热流，

冲出了空间的调和，

冲出了引力的均衡。

这般的无瑕，这般的洁净，

这可不是一般的娇媚！

4. 终极空间的形成：奇异点的切割

我凭栏远眺，

看到了那终极的空间，

一忽儿平坦，一忽儿双曲，

一忽儿又像那盈盈的银湾。

这典雅优美，

何由而生，何由而减，

岂不在乎那细致的拓扑，

在热流中飘忽，

任由那恼人的精灵裁剪。

看啊！大鹏已经展翅，

利剑的锋芒闪闪，

凌厉的舞姿，精准的手术，

割除了多余的渣残。

你望见了拓扑的精华，

你找到了几何的奇异，

却还待跨越那剩下的雄关。

5. 灿烂的诗篇，完美的歌剧

流芳远递，

由圣彼得堡而来的苦思，

从天上飞来，

唤醒了大众的迷惘。

艰涩的语言，梦幻的推理，

触着你学问的深处，

引起我们估值的翱翔，

她驱除了雪茄的奇异，

道出了精灵的有常。

在中山的课堂，在吐露海旁，

在哈佛园中，在宾州遥远的地方，

你的追随者，终于找出了这推理的脉络，

谱出了最后的篇章。

啊！这一切的精灵，

在梦里我们找寻过千万趟，

一刹那间，她却在灯火阑珊处，

展现出她灿烂的容光。

这是千古的奇遇，这是绝代的朱华，

这都是由于你这旷世的贤良，

让我们来祝贺，让我们来高歌，

这是宇宙最完美的诗章。

—— 丘成桐，2006年写于麻州剑桥

附录1
了解三个重要概念：空间、维度、曲率

　　对于有心读这本书的读者，有几个可能造成障碍值得稍微厘清的概念，这些在书中其实都有处理，但我想集中起来为读者做一个整理。这些概念包括"空间"、"维度"、"曲率"。

—— 翁秉仁

空间

　　首先，书中经常提到的"空间"一词，和我们比较熟悉、悠游于兹的所谓"三度空间"并不相同。数学家从日常生活常见的物品形状，抽象出的几何形体，如直线、曲线、平面、球面、柱面、甜甜圈面以及一般的曲面等，这些才是当代几何学所谓"空间"的范例。

　　我们可以想象有只阿米巴（或其他扁平的动物）漫游在球面、柱面或甜甜圈面上，它可以在上面"行走"、和别"虫"相遇，而行走的"距离"有"远"有"近"，就和人们在三度空间上游走一样。这些曲面为阿米巴提供了活动的场所，因此全部统称为空间。我们生活的三度空间当然也是空间的一例（专业上，经常被称为三维欧氏空间，以纪念率先研究的欧几里得）。上述这些空间，还有个专业名称——"流形。所以本书的主角有时称为卡拉比-丘空间，有时叫作卡拉比-丘流形，本书大致上将空间和流形混用，但严格说起来，空间这个词使用上弹性更大。

空间可以分类，就像动物可以分类一样。有时我们将人和狗看成同类（哺乳纲），有时则看成异类（灵长目和食肉目），要看使用的场合来决定。在本书中会介绍一些空间分类的方式。我举一个最重要的分类为例。

通常我们将形状大小相同的空间称为全等（或几何上的相等），中学我们学过许多三角形全等的性质，来帮我们判断三角形是否全等；也知道圆的半径可以决定两圆是否全等。但是如果就形状的广义意义来说，也可以将三角形、正方形、多边形，甚至扭曲但没有断掉的橡皮圈都看成同一类曲线。事实上，橡皮圈是一个好例子，因为我们可以想象把橡皮圈拉扯成三角形、正方形的样子，像这样把曲线拉扯变形但不扯断的相等，称为同胚（或拓扑上的相等）。因此，球面、椭圆球面、葫芦面虽然彼此不全等，但却都是同胚的。

空间的分类经常会联系到刻画这些分类的特征量，称为不变量。譬如长度、面积、体积是几何形体的全等不变量。如果两个多角形的周长不相等，彼此就不可能全等（虽然反过来周长相等，并不表示两多边形全等）。这正是不变量的特性，当所对应的不变量不相等时，这两个空间一定是不同类的。

以上这些几何不变量却不是空间的拓扑不变量，大球和小球拓扑上都是球，但是它们的面积显然不相等。本书会详细介绍一个曲面的拓扑不变量，称为亏格。简单的说亏格就是曲面的洞数。不管是大球面、小球面还是椭球面都没有洞，但轮胎、甜甜圈、有杯把的马克杯表面都有一个洞，因此球面和轮胎面在拓扑上是不同的。

维度

讲到"三度"的度，在数学上叫作维度。一只在直线上行走的毛毛虫只能前后移动，所以直线或曲线是一维空间；一只阿米巴在球面上可以前后左右移动，所以平面或曲面是二维空间；鸟在我们的空间中则可以上下前后左右移动，所以我们的空间是三维的。维度可以用类似直角坐标的分量来描述，当你描述一个点需要两个数才做得到时，这个空间就是二维的。[1]

问题是三维的空间就只有我们这个三度空间吗？有没有可能像阿米巴一样，我们也有很多三维空间的选择？还是我们的空间甚至根本就是一个三维的球面？这可是个大哉问。

本书中会告诉我们，只要把三度空间的坐标再多加一个分量，就可以描述一个四维欧氏空间。而模仿三维欧氏空间中定义二维球面的方程式 $x^2+y^2+z^2=1$，只要再增加一个变数 w，就可以在四维欧氏空间中以 $x^2+y^2+z^2+w^2=1$ 描述出一个三维球面。

1.想想看，维度是不是几何空间的拓扑不变量？是不是全等不变量？

或者想想这个问题吧，当我们看着平面上的圆圈，想象圆圈里头或外头有一只阿米巴，从它的观点，完全看不到另一边的世界。这就好像我们无法看透保险箱或者建筑物里面一样的。这时如果有人告诉你，四维空间中的"人"看着我们的保险箱或者房子时，根本就是内外一目了然，就像我们看着平面上的圆圈一样，你会不会大惑不解、无法想象，或者毛骨悚然？

这是在学习较深入几何学的一个奇妙障碍。一个人如果空间概念或几何直观强，或者常用几何方式来思考数学问题的人，碰到这类说法反而可能更难以想象。更不消说，我们感兴趣的空间，可能还不只是规规矩矩用代数方程式定义的三维球面，而是此凸彼凹、经过拓扑变形的一般三维球面。

于是，数学家必须恰当地推广（定义）我们"眼"熟能详的日常几何概念（坐标、距离、体积、角度等）到更高的维度，而且由于我们"看不到"这些形体，所以更必须依赖逻辑的严格性，去检验所有的高维命题，并确定这些理论与低维的性质是相容的。这种情况，有点像微积分严格化所发生的故事，由于我们看不到极小的情况，因此必须仰赖逻辑来护持所定义的概念，即使某些结果和直观似乎违反也必须坚持。

不过在微积分里，微小似乎还是可以想象的，而且我们还可以选择只处理好的函数来维护我们的直观，但是四维、五维……是没有选择余地的，它直接就超越我们的认知经验，而且最终还必须要自在地接受这些"自然"的概念，在这条学习与调适的路上，可以见到数学严格和几何直观美妙的综合。

当然，对于眼见为凭的人来说，这其实涉入了一个哲学难题。如果眼见才是真实，我们的认知就是真正的世界，那么这些高维度的数学对象，无疑就只是理想的建构物，即使逻辑上没有矛盾，却不是真实的。但是从另一角度来看，人不过是动物中的一种，当许多动物对环境的认知和人类不见得相同时，那么我们对于环境或世界认识，那些真实的对象，岂不也受限于我们自己的认知条件？这样我们如何证明我们不是以管窥天呢？

这是有趣的问题，但不是数学问题。不管如何，数学家所完成的高维理论，是人类几何经验相当自然的推广，完整保持了我们一般的三维空间认知，并且经常透过高维的理解，才能让我们更认识到许多几何概念与定理的真义。其中已经发展的丰富几何理论，使得几乎所有的理论物理学都受惠。

曲率

弯曲是我们日常可以感受到的几何概念，道路有笔直的大道，有山间蜿蜒、弯得厉害的小路；道路铺面有些平坦，有些则凹凸不平。

曲率，顾名思义，指的就是弯曲的程度。例如直线就是不弯的线，曲率应该定成零。由于圆美妙的对称性，圆上每一点的曲率必须处处都相等，但半径越大的圆，曲率显然越小（事实上是半径的倒数）；而且如果将直线想象成半径无穷大的圆，以上这两种想法正好一致。至于一般平面曲线上某一点的曲率，可以想象用一个恰当的圆去逼近该点附近的曲线，这时这个圆的半径倒数就是该点的曲率，当然一般的推导过程要动用微积分，此处就省略。至于空间中的曲线，由于多了一个维度可以延伸，因此还会再增加一个曲率。

曲面的曲率就复杂了。上述处理圆的想法固然可以用在球面，但无法应用到一般的曲面（因为曲面上一点通常无法找到逼近的球面）。如果想利用空间曲线的结果，观察通过某一点的所有曲线的曲率来反映曲面在该点的弯曲程度，感觉又太过复杂。但是数学家发现的事实是，这些曲线的曲率中反映曲面弯曲程度的部分，事实上只由两个称为主曲率的数所决定。因此知道曲面曲率不是一个数，而是由两个数所决定的。例如，平面的两个主曲率都是零，球面的两个主曲率都是半径倒数，而由一个底圆所决定的（直）圆柱面，其两个主曲率分别是零与底圆的半径倒数。

从这两个主曲率还可以得到两个十分常用的曲率，高斯曲率是两主曲率的乘积；而均曲率是两主曲率和之半。因此，平面和圆柱面的高斯曲率都是零，而圆柱面和球面的均曲率则都不等于零。

基于此，高斯在19世纪初发现并发展了他在几何学上最重要的贡献 —— 内禀几何。想象一只阿米巴在曲面（例如球面）上移动，它生存在自己的空间上，有它自己所感受到的几何性质（例如两点间距离的度量方法），由于它根本不知道"人外有人、天外有天"，所以阿米巴对我们眼中看到的，所谓它所居住的曲面浑然不知。于是，关于这个曲面的几何性质，很显然可以应该分成两大类，一类是阿米巴所能感受到、内藏于这个曲面本身的"内禀性质"，另一种则是它毫无所知、是我们才能见到的"外部性质"。（所以我们也只看得到自己空间内禀性质，我们的空间有外部性质吗？）

例如，我们知道圆柱的展开图其实是平面的一部分，对一只很小的阿米巴而言，它根本分不出自己是在平面上还是圆柱面上，因此圆柱和平面虽然整体来看完全不同，局部上却有着完全相同的内禀性质。从阿米巴的观点，它在圆柱面上所走的"直线"（术语称为测地线）如果展成平面来看，其实正好就是普通平面上的直线，这是内禀几何的重要结论。反过来，如果你想知道圆柱面上的测地线，只要在展开平面上画一条直线，再卷成圆柱，就会看到阿米巴眼中的直线，举例来说，底圆就是测地线。

内禀几何的重点推论之一是，如果曲面的局部内禀性质和平面不同，那么这个曲面就不可能有欧氏平面几何，它的"直线"性质，将会违反熟悉的平面几何，换句话说，这个曲面就是一个"非欧"空间。刻画这个特性的方法来自高斯。

虽然主曲率是曲面的外部性质，但高斯却证明了高斯曲率是曲面的内禀性质，因此和曲面本身的几何性质息息相关。至于均曲率则是一个外部性质，和这个曲面如何在三维空间弯曲有关。回顾上述的例子，果然可以发现，平面和圆柱面的高斯曲率都是零，反映平面和圆柱面局部上有着一样的内禀性质。同时，圆柱和球面的均曲率都不是零，则反映了我们见到圆柱和球面弯曲的事实。而因为球面的高斯曲率不等于零，表示球面和平面的内禀几何不同，因此球面几何一定是非欧几何。[1]

　　受到高斯的启示，黎曼开始发展自己的一般几何空间理论，将这一整套内禀几何的想法推广到高维流形，这就是所谓的黎曼几何学。其中过流形上一点的曲率（这些都是内禀曲率，本书中大部分所谈的曲率都是内禀曲率），远比曲面只有一项高斯曲率来得复杂，是由所谓的截面曲率来决定，依不同的二维截面方向而有所不同。有时为了讨论方便，数学家会将这些曲率做平均，其中最常用到有两类，一种是取一部分方向做平均的黎奇曲率；另一种则是沿所有方向的平均，称为纯量曲率。

　　结果，高斯和黎曼的所有努力，后来都被爱因斯坦用上了。我们所生活的宇宙时空，变成了四维的时空流形（空间），而决定我们宇宙形状（因此也就决定其物理变化）的是它的内禀度量，这个试题则又被爱因斯坦的方程所决定。这个议程包括了几何部分的流形度量、黎奇曲率与纯量曲率，也包括了物理部分的物质能量部分。而最美妙的结果是，引力和曲率就是一体的两面，物质的存在造成时空的弯曲，也因此形成引力；而受曲率影响所造成的测地线变化，则相当于引力对物体运动路径的影响。

　　更甚者，弦论则认为宇宙真正的时空，其实是一个十维的空间，其中有四维是前述爱因斯坦的时空流形（也就是我们的日常生活空间），另外和它"垂直"的还有一个很小很小，小到我们无知无觉的六

---

1. 注意：这不表示均曲率为零时曲面就是平的，本书中提到的最小曲面的均曲率都等于零。另外值得想一下的问题：平面或空间中的曲线，它的内禀曲率到底是什么？

维流形，那就是本书的主角卡拉比－丘流形。在这个十维空间中，有一种最小单位的弦纵横其中。以类比的说法，卡拉比－丘流形是宇宙这座大琴的音箱，拨动这些弦造成不同的音高与音色，于是产生不同的基本粒子，进而发展出所有的物质与作用力。

"空间"、"维度"、"曲率"是了解这趟智性之旅不可或缺的概念，希望这个附录，能对读者有帮助。

附录2
名词解释

[algebraic geometry] 代数几何：
数学的一支。应用代数技巧（尤其是多项式方程）去研究几何问题。

-

[anisotropy] 各向异性：
会随着测量方向不同而有差异的性质。例如天文学家已经侦测到太空各点的温度有不同变化（所谓热点与冷点），这表示温度（或密度）呈现各向异性。

-

[anomaly] 反常：
一种对称性的违反。在古典理论中不明显，但考虑量子效应后就显现出来。

-

[anthropic principle] 人存原理：
观察的自然律必须符合智慧生命会出现的想法，特别是指出现像人类这样有智慧的观察者。换句话说，宇宙的样貌必如我们所见，因为只要条件些微不同，就不会形成生命，也没有人类可以观察宇宙。

[Big Bang] 大爆炸：
认为宇宙起始于极高温度与密度的状态，自此之后就一路膨胀的理论。

-

[black hole] 黑洞：
一种密度非常大的物体。任何东西（包括光线在内）都无法从它强大的引力场中逃脱。

-

[boson] 玻色子：
量子论中的两类粒子之一，另一类为费米子。玻色子是传递基本作用力的粒子（参见fermion）。

[brane] 膜：
弦论和M理论中的基本物体，其形式可以是一维弦，也可以是更高维的物件，包括二维的膜面（membrane，"膜"之名出自于此）。当弦论学者谈到膜时，他们通常指的是高维膜，而不是弦。

-

[bundle (vector bundle or fiber bundle)] 丛（向量丛或纤维丛）：
由某些流形所构造出来的新流形。取一个流形如球面，在球面上每一点贴系一个向量空间（一组向量）。丛是贴系后的整体流形，包含球面，也包含每一点上的向量空间。（参见 tangent bundle）

Calabi conjecture 卡拉比猜想
几何学家卡拉比在20世纪50年代初期所提出的一个数学猜想。他猜测满足某些拓扑条件的流形，可满足更严格的几何（曲率）条件："黎奇平坦"（亦即黎奇曲率为零）。这个猜想其实还包含更广的情况，也就是黎奇曲率非零的情形。

-

[Calabi-Yau manifold] 卡拉比-丘流形：
一大类黎奇曲率为零、借由卡拉比猜想的证明而保证存在的几何空间。这些空间因为是"复数"空间，所以维度一定是偶数。其中弦论最感兴趣的是六维的情形，这时卡拉比-丘流形是弦论六维隐维（或余维）空间的候选者。

[calculus] 微积分：
牛顿与莱布尼兹引入现代数学的分析工具，包括微分、积分、极限与无穷级数等。

[Cartesian product] 笛卡儿乘积：
将两个流形结合成一个新流形的方法。例如直线与圆的笛卡儿乘积是圆柱面，两个圆的笛卡儿乘积是环面（甜甜圈面）。笛卡儿乘积是丛的一种特例。（参见 bundle）

[Chern class] 陈氏类：
一组固定的不变量（或性质），用来刻划复流形的拓扑性质。陈氏类的数目等于复流形的复维度，其最后（或最高）的陈氏类就是欧拉特征类（其整体积分就是欧拉示性数）。陈氏类名称得自几何学家陈省身，他在20世纪40年代引介此概念。

-

[classical physics] 经典物理学：
大部分在 20 世纪之前发展的物理定律，其中不包含量子力学的原理。

-

[compact space] 紧致空间：
幅员有限或有界的空间，例如球面是紧致的，但平面不是紧致的。

-

[compactification] 紧致化：
将一个空间卷起来，使得结果是紧致的空间。在弦论里，余维空间不同的紧致化会得到不同的物理系统。

-

[complex manifold] 复流形：
可以用复数坐标一致描述的流形。所有的复流形都是实流形，复流形的实维度是复维度的两倍。但偶维数的实流形并不一定是复流形。因为无法整体一致的用复数来描述这类流形。（参见 manifold）

-

[complex number] 复数：
形为 $a+bi$ 的数，其中 a 和 b 是实数，i 为 -1 的平方根。一个复数 $a+bi$ 可以分出两部分，a 称为实部，b 称为虚部。

-

[conformal field theory] 保形场论：
在保角变换（包括伸缩）下不变的量子场论。在一般量子场中，结合夸克的强核力会随距离而变，但在保形场论中则保持不变。

-

[conformal invariance] 保角不变性：
保持角度不变的转换，其中包括了伸缩不变性（换标不变性）。因为伸缩也会保持角度不变。（参见 scale invariance）

-

[conifold] 锥形：
可能包含锥状奇点的广义流形。在卡拉比–丘流形中有许多锥形奇点。

-

[conifold transition] 锥形转换：
将卡拉比–丘流形的锥形奇点附近撕开再修补起来的过程。锥形转换会改变拓扑形态，因此拓扑形态不同的流形可以经由锥形转换而联系起来。

-

[conjecture] 猜想：
数学上的假说。当提出时，还没有完整的证明。

-

[convex] 凸：
一个物体表面像球一样会朝外弯或凸的称为凸体，凸体内部任两点的连线也会包含在该物体内。

[coordinates] 坐标：
标定空间或时空中一点位置的数组。举例来说，笛卡儿坐标（或称直角坐标）是平面上的标准坐标，其中每个点可以用两个数来标定，一个是从该点到 y 轴的距离，另一个是该点到 x 轴的距离。笛卡儿坐标的名称得自于法国数学家兼哲学家笛卡儿。当维度更高时，就需要更多数来表示一点的坐标。

-

[cosmic microwave background] 宇宙微波背景：
从大爆炸所剩下的电磁（微波）辐射，目前已经变冷并扩散到充斥整个宇宙。

-

[cosmic string] 宇宙弦：
一种一维的物体，是很长、很细又很重的丝状物。根据某些量子场论模型，宇宙弦出现在宇宙早期的相变时。宇宙弦也出现在某些弦论的版本中，对应到这些理论的基本弦。

-

[cosmological constant] 宇宙常数：
著名的爱因斯坦方程中抵消引力效应的项。宇宙常数对应到锁在时空本身的能量，基本上即是真空能量，这是一种被认为满布在时空中的能量形式，因此提供暗能量现象的一种解释。（参见 dark energy 暗能量与 vacuum energy 真空能量）

-

[coupling constant] 耦合常数：
决定物理相互作用强度的常数。例如弦耦合常数控制弦的相互作用，决定一弦分为两弦，或两弦合为一弦的可能性。

-

[cubic equation] 三次方程：
最高次项为三次的多项式方程，如 $ax^3+bxy^2+cy+d=0$。

-

[curvature] 曲率：
测量曲面或空间偏离平坦程度的数值。例如圆的曲率等于半径的倒数，圆的曲率愈小，半径就愈大。当维度大于一时，曲率不只是一个数，还得考虑流形可以弯曲的不同方向。二维曲面可以完全由一种曲率所决定，但高维流形还要考虑不同种类的曲率。

D

[dark energy] 暗能量：
一种能量的神秘形式。根据最近的测量，宇宙总能量的 70% 是暗能量。暗能量有可能是真空

能量。宇宙学家相信暗能量导致宇宙加速扩张。

-

[dark matter] 暗物质：

未知形式的暗黑物质，其存在仅透过推理，而无法直接观察到。一般认为暗物质构成宇宙物质的主体，大约占宇宙总能量的 25%。

-

[D-brane] D 膜：

弦论中的膜或多维面，是开弦（不是圈状的弦）端点停驻的地方。

-

[decompactification] 去紧致化：

卷曲、紧致的维度空间伸展成无穷大的过程。

-

[derivative] 导数：

函数值因变数变动而变化的测量值。根据输入的值，函数会输出一个特定的值。导数所测量的是，当输入的值从原值做微小变化时，输出值的变化程度。如果将函数图形画在譬如 x-y 平面上，则在某一点的导数值等于过该点切线的斜率。

-

[differentiable] 可微的：

本词应用在每一点皆有导数的"光滑"函数。一个无穷阶可微（infinitely differentiable）的函数容许取无穷阶的导数。

-

[differential equation] 微分方程：

包含导数的方程式，可以显示某函数依变数变化而变动的方式。常微分方程只有一个变数，偏微分方程有两个以上的变数。当我们想以数学去描述物理或自然世界的过程时，经常要运用微分方程。

-

[differential geometry] 微分几何：

数学的一支。应用微积分（而非代数）去研究空间各点变化的性质，如曲率。

-

[dimension] 维度：

在时空中可以移动的独立方向或"自由度"。维度也可以想成以坐标标定空间一点所需要的最小值。我们称平面是二维的，因为标定平面上一点只需要 x 和 y 两个坐标。我们的日常世界有三个空间维度（上下、前后、左右），我们所生活的时空则是四维的——三个空间维度与一个时间维度。除此之外，弦论则认为时空还有更多的空间维度，只是因为小而卷曲，所以见不到。

-

[Dirac equation] 狄拉克方程：

英国物理学家狄拉克所提出的一组四个相关的微分方程，描述自由移动（无相互作用）1／2 自旋粒子（如电子）的行为与动力学。

-

[duality] 对偶性：

两个至少表面上看起来不同的理论，却描述相同的物理系统。

E

[Einstein equation] 爱因斯坦方程

广义相对论中描述引力的方程，其中已包含狭义相对论。爱因斯坦方程可以决定由于质量与能量存在所造成的时空曲率。

-

[electromagnetic force] 电磁力：

大自然四种已知作用力之一，结合了电力与磁力。

-

[elementary particle] 基本粒子：

没有次结构的粒子。例如夸克、轻子与规范玻色子是标准模型的基本粒子——这些是我们相信不能再分割的基本粒子。

-

[entropy] 熵：

一种测量物理系统失序的方式。秩序愈乱的系统，熵值愈大；愈有秩序的系统，熵值愈小。熵也可以想成在保持系统整体性质（例如体积、温度、压力）的前提下，其组成分子的所有可能排列数。

-

[Euclidean geometry] 欧氏几何：

希腊数学家所建立的数学系统，在其中毕氏定理成立；三角形内角和为 180 度；在平面上，过线外一点，只有一条直线与该线不相交（称为平行公设）。在此之后发展了其他类型的几何学（称为非欧几何），上述性质在这些几何学中不见得成立。

-

[Euler characteristic]（Euler number） 欧拉示性数（欧拉数）：

可以协助刻画拓扑空间的整数。欧拉示性数是最简单、也最古老的拓扑不变量，由欧拉在处理多面体时所引入，后来推广到其他的空间。多面体的欧拉示性数等于顶点数减去边数，再加上面数。

-

[event horizon] 事件视界：

包围黑洞的假想曲面。越过事件视界之后，一切物体（包括光线）都无法逃离。

family（of particles）（粒子的）族
参见 generation

-

［fermion］费米子：
具有 1 / 2，3 / 2，5 / 2 等自旋的粒子。费米子包括夸克与轻子，也就是标准模型中所谓的物质粒子。

-

［field］场：
19世纪物理学家法拉第所引入的一种物理概念，在时空中每一点指定一个数或向量。场可以描述作用在空间某处之粒子的力，也可以描述粒子本身。

-

［field theory］场论：
以场来描述粒子与作用力的理论。

-

［flux］通量：
对应到弦论某特定场的力线，类似电场与磁场中的通量。

-

［function］函数：
类似 $f(x) = 3x^2$ 这种形式的数学表式。每一个输入值 x，可以对应到唯一的函数值 $f(x)$。

-

［fundamental group］基本群：
一种拓扑分类的工具。在具有无聊基本群（只有单位元素的群）的空间中，任一闭圈都可以在不撕裂空间的条件下收缩到一点。在具非无聊基本群的空间里，一定有一些因为存在某些阻碍（例如洞）而无法收缩的闭圈。

［gauge theory］规范理论
具有"规范"对称的场论，如标准模型。规范对称可以逐点有差异地作用在时空的每一点上，但却不改变系统的物理性质。在理论中必须加入称为规范场的特殊场，才能使得在规范对称的作用下，物理性质保持不变。

-

［Gaussian］高斯分布：
一种随机概率分布，有时称为钟型曲线。这种概率分布的名称得自于高斯。他广泛应用这种分布，包括运用于天文学分析。

-

［general relativity］广义相对论：
爱因斯坦结合他的狭义相对论与牛顿引力论的理论。广义相对论将引力位能描述成四维时空的度量，而引力则是时空的曲率。

-

［generation］（family）代（族）：
物质粒子分成三代，每一代包含两种夸克和两种轻子。每一代的粒子在相互作用上是等同的，但是质量会随代而增加。

-

［genus］亏格：
二维曲面的洞数。普通的甜甜圈面的亏格等于1，而球面因为没有洞，所以亏格等于 0。

-

［geodesic］测地线：
测地线是曲面上两点间局部距离最短的曲线段。在平面上，测地线就是两点间的线段。球面上的测地线是两点间的大圆，其圆心就是球心。依照所取的方向，两点间的大圆线段有两种可能，其中一种是距离真正最短的线段，另一种则只是局部上相对于附近曲线，长度最短的线段。

-

［geometric analysis］几何分析学：
应用微积分学处理几何问题的数学方法。

-

［geometry］几何学：
数学的一支，讨论空间的大小、形状、曲率等。

-

［gravitational wave］引力波：
引力场因为大质量物体或局部能量源所产生的波动起伏。爱因斯坦的引力论预测引力波的速度等于光速。目前还不能直接侦测到引力波，但已经有引力波存在的间接证据。

-

［gravity］引力：
大自然四种作用力中最弱的作用力，牛顿认为引力是两个有质量物体间的吸引力，但爱因斯坦说明引力可被视为时空的曲率。

Heisenberg uncertainty principle 海森伯测不准原理
参见 uncetainty principle

[heterotic string theory] 杂弦理论：

五种弦论中的两种，也就是 $E_8 \times E_8$ 弦论与 SO（32）弦论，其区别在于规范对称群的不同。这两种杂弦理论都只包含"闭"弦（闭圈），而无开弦。

[Higgs field] 希格斯场：

尚未证实的物理场，对应到希格斯玻色子（希格斯粒子），在标准模型中负责赋予粒子质量的功能。科学家希望能在大型强子对撞机（LHC）的实验中首次观测到这种粒子（译注：CERN 于 2012 年 7 月宣布，已在 LHC 中找到强烈证据支持希格斯粒子的存在）。

[Hodge diamond] 赫吉菱形；赫吉阵列：

赫吉数的阵列，可以提供凯勒流形详细的拓扑资讯，包括欧拉性数与其他拓扑性质。六维卡拉比–丘流形的赫吉阵列是 4×4 的矩阵（阶数随空间维度增加而变大）。赫吉数的名称得自于苏格兰几何学家赫吉。

[holonomy] 绕异性：

微分几何学中与曲率相关的一个概念，牵涉到向量沿着闭圈做平行运动的结果。例如曲面的绕异性，大致来说，就是切向量沿着曲面上闭圈绕一圈后的角度变化。

[inflation] 暴胀：

在宇宙最初的极短时间内，突然进行指数性膨胀的过程。1979 年，物理学家古斯首次提出这个臆测的概念，同时解答了许多宇宙学的谜团，并能解释物质的起源与宇宙膨胀的原因。暴胀和天文学与宇宙学的观测相符，但是尚未得到证明。

[integral] 积分：

微积分中的主要工具之一。用积分可以计算曲线内部的面积，只要将区域切割成无穷细的长方形，再将所有长方形面积加总起来。

[invariant（or topological invariant）] 不变量（拓扑不变量）：

给定一个数学系统，在其所容许的转变下，能够维持不变的数或固定性质。举例来说，拓扑不变量不因一空间做连续变动（例如伸展、压缩，弯曲）到另一个空间而改变。在欧氏几何中，不变量不随平移与旋转而变化。在保角理论中，不变量不随保持角度的保角变换而变化。

K

[K3 surface K3] 曲面

四维（复二维）的卡拉比–丘流形，名称源自三位数学家的姓：Ernst Kummer（库默），Erick Kähler（凯勒），Kunihiko Kodaira（小平邦彦）。K3 的名称也暗喻了知名的喜马拉雅山脉的 K3 峰（乔戈里峰）。

[Kähler manifold] 凯勒流形：

因几何学家凯勒而得名的一类复流形，具有特殊的完整量，在平行移动时能保持流形的拓扑结构。

[Kaluza-Klein theory] 卡鲁札–克莱因理论：

原先是试图引入第五维度以统一广义相对论与电磁学的理论，后来卡鲁札–克莱因一词有时也可作为简称，表示借由引入更多且不可见的维度，以统一自然作用力的理路。

L

[landscape] 景观：

在弦论中，地景指的是有可能成为余维空间的所有几何空间，其中包括在这些空间中所有通量可能的配置方式。换句话说，地景包含了所有弦论容许的可能真空态。

[lemma] 引理：

已证明的数学命题，通常不是理论发展的目标，而是被当作踏脚石，借以证明更广泛、更有用的命题。不过有些引理本身可能也非常有用，有时甚至还超过原先的认知。

[lepton] 轻子：

一类基本粒子，包括电子与中微子。虽然都是费米子，但轻子和夸克不同，不会受到强核力的影响，因此不会被关在原子核中。

[linear equation] 线性方程：

一般式为 $ax+bx=c$ 的方程式（以两变数为例），
这类方程没有更高阶项（如 x^2、y^2、xy），图形
是直线。两变数线性方程的另一个关键特色是，
一变数 x 的变动，会造成另一变数 y 依比例变化。
当然一般线性方程可以有任意多的变数。

M

[manifold] 流形：
局部上像平坦欧氏空间的拓扑空间。

-

[matrix] 矩阵：
一个由数字或代数式所构成的二维（矩形或正方
形）阵列。依据还算简单的规则，两个矩阵可以
做加、减，甚至乘、除运算。一个矩阵可以用
缩写 a_{ij} 来表示，其中 i 是列数，j 是行数。

-

[metric] 度规：
在空间或流形上用来测量或计算距离的数学物件
（术语称为度规张量）。在弯曲的空间上，度规
决定实际距离与由毕氏定理计算结果的偏差。
知道空间的度规相当于知道空间的几何形状与
大小。

[minimal surface] 最小曲面：
面积是"局部最小"的曲面。也就是说，曲面不
可能因为在局部上替换靠近的曲面而使面积变得
更小。

[mirror symmetry] 镜对称：
两个（或多个）拓扑形态不同的卡拉比-丘流形，
但它们可以得出完全相同的物理性质。

[moduli space] 模空间：
给定一个拓扑空间（如卡拉比-丘流形），该空
间的模空间是其上所有几何结构所构成的集合，
也就是该流形所有可能形状大小设定所构成的连
续集合。

[M-theory] M 理论：
将五种弦论结合成的单一理论，具有十一维的时
空。M 理论中的主要元素是膜，尤其是二维膜
（M2）与五维膜（M5）。在 M 理论中，弦是
膜的一维呈现。M 理论发展于 1995 年的"弦论
二次革命"时期，是由威滕所引入，并完成其主
体形貌。

N

[neutron star] 中子星：
一种密度很大的星体，几乎完全由中子构成。
当质量很大的星体耗尽其核燃料，产生引力塌
陷所残存的形式之一。

[Newton's constant] 牛顿常数；万有引
力常数：
根据牛顿引力定律，决定引力强度的引力常数
G。虽然牛顿定律已经被爱因斯坦的广义相对论
所取代，但在许多情况仍不失为很好的逼近。

[non-Euclidean geometry] 非欧几何学：
应用到非平坦空间的几何学，例如球面上的平
行线总是会相交，违反了欧几里得的第五公设。
在非欧空间中，三角形的内角和可能小于或大
于 180°。

-

[non-kähler manifold] 非凯勒流形：
一类复流形，包含凯勒流形，也包含不存在凯
勒度量的复流形。

[nonlinear equation] 非线性方程
不是线性的方程式，其中可能包含高阶项（如
x^2、y^2、xy）或其他函数。变数的变化造成非比
例的变化。

O

[orthogonal 正交的：
相互垂直的。

P

[parallel transport] 平行移动：
在曲面或流形上，沿着其上一条路径移动切向
量的方法，在路径上任何一点，皆会保持向量
的长度，以及向量之间的夹角。在平面上平行
移动非常直观，但是在较复杂的弯曲流形上，

我们需要解微分方程才能确定向量的移动方式。
-

[phase transition] 相变：

物质或系统从一状态到另一状态的突然变化。
沸腾、结冻、熔化都是相变常见的例子。
-

[Planck scale] 普朗克尺度：

必须将引力的量子力学效应纳入考虑的尺度，
包括长度（约 10^{-33} 厘米）、时间（约 10^{-43} 秒）、
能量（约 10^{28} 电子伏特）、质量（约 10^{-8} 千克）。
-

[Platonic solids] 柏拉图立体：

五种正规（凸）多面体，包括正四面体、正六
面体（正立方体）、正八面体、正十二面体、
正二十面体。它们都满足下述性质：所有面都
是全等的正多边形，而且与每一顶点相邻的正
多边数都相等。古希腊哲学家柏拉图的理论认
为这些多面体构成宇宙的元素，因此后来这五
类正多面体以他为名。
-

[Poincaré conjecture（in three dimensions）] 三维庞加莱猜想：

庞加莱在 20 世纪初提出的著名数学猜想：如果
在一个三维空间上，任一闭圈都能收缩到一点，
而且过程中不能撕破该空间或闭圈，那么
这个空间的拓扑形态就和三维球相同。
-

[Polygon] 多边形：

线段构成像是闭圈的几何图形，例如三角形、
正方形、五边形等。
-

[polyhedron] 多面体：

以多边形为面所构成的几何体，两面相交为
边，而边所交处为顶点。正四面体、正立方体
是最常见的例子。
-

[polynomial] 多项式：

只牵涉到变数加、减、乘（幂次为自然数）的算式，
多项式函数看起来很简单，但要解出它们的根
通常很困难，甚至不可能。
-

[positive mass theorem（positive energy theorem）] 正质量定理：

（正能量定理）
在任何孤立的物理系统中，总质量或能量必然
为正的叙述。
-

[product] 乘积：

两数或多数相乘的结果。其中，数也可以换成
代数式。
-

**[Pythagorean theorem] 毕达哥拉斯定理
或毕氏定理：**

直角三角形中，两股的平方和等于斜边的平方。

Q

[quadratic equation] 二次方程式：

具有平方项或二次项的方程式，例如
$ax^2+bx+c=0$。

[quantum field theory] 量子场论：

结合量子力学与场论的数学架构。量子场论是
今日粒子物理学的主要形式理论。

[quantum fluctuation] 量子起伏：

次微观尺度的随机变化，起因于诸如测不准原
理的量子效应。

[quantum geometry] 量子几何学：

一种几何学形式，被认为是提供极微小尺度实
际物理描述的必要架构，此时量子效应有其重
要性。

[quantum gravity] 量子引力：

物理学家追求能统一量子力学与广义相对的理
论，能提供引力的微观或量子描述，且其描述
方式与其他三种作用力的现有理论类似。弦论
是量子引力论的选择之一。

[quantum mechanics] 量子力学：

支配原子尺度宇宙的一组物理定律。量子力学
认为粒子可以等价地用波来描述，反之亦然。
另一个核心概念是在某些情况，物理量如能量、
动量、荷只会以离散值的量子来呈现，而不是
任意值。
-

[quark] 夸克：

基本次原子粒子的一类，共有六种形式，可构
成中子与质子。夸克可感受到强核力，其他费
米子如轻子则不然。

R

[relativistic] 相对论性的：

形容速度接近光速的粒子或其他物体。
-

[Ricci curvature] 黎奇曲率：

曲率的一种。根据广义相对论的爱因斯坦方程，黎奇曲率与时空中的物质流有关。

-

[Riemann surface] 黎曼面：

复一维曲线，或等价的描述成二维实曲面。在弦论中，弦在时空中移动的轨迹是一黎曼面。

-

[Riemannian geometry] 黎曼几何学：

研究任意维度空间曲率的一种数学架构，黎曼引介的这项几何概念是广义相对论的核心。

S

[scalar field] 标量场：

在空间各点只用一个数便能完全描述的场，例如空间各点的温度就是一标量场。

-

[scale invariance] 伸缩不变性；换标不变性：

不论物理标尺如何变化均为真的现象。在伸缩不变的系统中，当系统的大小（或系统的距离）均匀地放大或缩小时，其物理性质不变。

-

[singularity] 奇点：

时空中的一点，在该点曲率或其他物理量如密度会变成无穷大，此时一般物理定律会失效。黑洞的中心与大爆炸的起点是奇点的两个例子。

-

[slope] 斜率：

描述曲线陡度或坡度的术语，描述水平变化量如何造成垂直陡度变化的测量值。

-

[smooth] 光滑的：

即无穷可微。光滑流形是每一点皆无穷可微的流形，亦即在流形上任一点，皆可以取任意次的导数。

-

[spacetime] 时空：

在四维的情况下，时空是三个空间维度与一个时间维度所结合成的单一整体，爱因斯坦与闵可夫斯基在 20 世纪之初引介了这个概念。不过时空的概念并不局限于四维。弦论依据的是十维的时空，相关的 M 理论则是十一维。

[special relativity] 狭义相对论：

爱因斯坦所创立、统一了时间和空间的理论。根据狭义相对论，对于以匀速运动的任意观察

者，物理定律都是一样的，与速度大小无关，也因此光速（c）对任何观察者都是相等的。爱因斯坦也证明静止粒子的能量（E）与质量（m）具有下述关系：$E = mc^2$。

-

[sphere] 球面：

一般的用法指的是三维空间里球体的二维表面，但球面的概念并不羁限于二维，从零维到 n 维皆可以定义。

-

[Standard Model] 标准模型：

粒子物理学的理论，可以描述已知的基本粒子及其相互作用（包括强核力、弱核力与电磁力）。标准模型并不包含引力。

-

[string theory] 弦论：

结合量子力学与广义相对论的物理理论，被普遍认定为量子引力论的首选。弦论假定大自然的基本构成单位并不是点状粒子，而是微小的一维弦。弦可能是开弦，也可能是闭弦（闭圈）。弦论有 5 种：Ⅰ型、ⅡA 型、ⅡB 型、杂弦 $E_8 \times E_8$ 型、杂弦 SO（32）型。它们彼此都相互关联。有时弦论也称为超弦理论（superstring theory），明白显示该理论包含了超对称的概念。

-

[strong force] 强核力：

大自然四种作用力之一，负责束缚质子与中子内部夸克的作用力，也将质子和中子结合在一起以构成原子核。

-

[submanifold] 子流形：

高维空间内部较低维的空间。例如我们可以将环面想成是环状的一系列圆圈，每一圆圈都是环面本身的子流形。

-

[superpartners] 超伴子：

一个费米子与一个玻色子所构成的特定粒子对，彼此借超对称而有关联。

-

[supersymmetry] 超对称：

将费米子与玻色子关联起来的数学对称性。需要提醒的是，夸克与轻子的超伴子（超对称对应到的玻色子）目前都尚未被观测到。虽然超对称是大部分弦论的重要特色，但就算找到超对称的证据，并不保证弦论就是正确的。

-

[symmetry] 对称：

一种让物体、方程式、物理系统维持不变的作用。例如绕圆心的旋转会保持圆不变；旋转 90 度会保持正方形不变；旋转 120 度则保持正三角形不变。但是旋转 45 度不是正方形的对称作用，它会让平放的正方形变成以一项点触底竖起来的正方形，看起来不一样。

-

[symmetry breaking] 对称破缺：
会将系统原本对称性削减的过程。请注意在系统的对称"破缺"后，它原来的对称性仍然存在，只是隐藏起来看不到。

[symmetry group 对称群：
一组维持物体不变的作用，例如旋转、镜射、平移。

T

[tangent] 相切的：
曲线一点上最佳的线性逼近，此定义对高维空间以及其"切空间"也成立。
-

[tangent bundle] 切丛：
一种特别的丛，在流形上任一点附系其切空间。一点的切空间包含了该点所有的切向量。例如二维球面上一点的切空间就是该点的切面；如果流形是三维的，其切空间也是三维的。（参见 bundle）
-

[tension] 张力：
测量弦抗拒伸展或振动的量，弦的张力与其线性能量密度相当。

[theorem] 定理：
经由形式数学推理所证明的叙述或命题。

[topology] 拓扑学：
一种刻画几何空间的一般方法。拓扑学关心空间的整体特性，而不是形状大小。在拓扑学里，空间被分成不同的类，同类的空间可以经由拉扯、弯曲、压缩的程序互相转换，但不能将结构扯坏、撕裂，或者说洞数不能改变。

[torus] 环面：
一类拓扑空间，例如二维的一般甜甜圈面，或其高维的推广。

[（quantum）tunneling] 隧道效应；量子隧道效应：
粒子可以穿越障碍到达不同区域的现象，在经典物理中不容许，但在量子物理中却有可能发生。

U

[（Heisenberg）uncertainty principle] 海森伯测不准原理：
量子力学的原理，认为不能同时精确测量物体的位置与动量，如果愈精确测量其中一个变数，那另一个变数的不确定性就愈大。
-

[unified field theory] 统一场论：
试图以单一总摄的架构来解释大自然所有作用力的理论。爱因斯坦在生前的最后三十年献身于此目标，但至今仍未完全达成。

V

[vacuum] 真空：
基本上没有任何物质的状态，表现了系统的基态（ground state）或最低可能的能量密度。

[vacuum energy] 真空能量：
空无一物的空间的能量。不过真空的能量并不是零，因为根据量子力学，空间不能真的全空，粒子会瞬间出现又归于虚无。（参见 cosmological constant）
-

[vector] 向量：
具有长度与方向的几何量。

[vertex] 顶点：
几何形体上两边或多边相交的点。

W

[warping（warp factor，warped product）] 弯扭（弯扭因子，弯扭乘积）：
认为我们所在的四维时空会受到弦论余维空间影响的想法。
-

[weak force 弱力：
大自然四种作用力之一，会造成放射性衰变。

-

[world sheet] 世界面 :

弦在时空中移动所扫过的轨迹。

[Yang-Mills equations] 杨-米尔斯方程 :

麦克斯韦电磁方程的推广。物理学家现在运用杨-米尔斯方程来描述强核力、弱核力，以及结合电磁作用与弱相互作用的电弱力。这个方程隶属于杨-米尔斯理论或规范理论，这是 20 世纪 50 年代由物理学家杨振宁与米尔斯所发展的理论。

-

[Yukawa coupling constant] 汤 川 耦 合 常 数 :

决定纯量场与费米子之耦合或相互作用强度的常数，重要的例子是希格斯场与夸克或轻子的相互作用。由于粒子的质量由粒子与希格斯场的相互作用所决定，因此汤川耦合常数与粒子质量密切相关。

附录3
原文注释

序曲

第1章

[1] Plato, *Timaeus*, trans. Donald J. Zeyl (Indianapolis : Hackett, 2000), P. 12.

[2] Ibid. , pp. 46 – 47.

[3] Ibid. , p. 44.

[1] Max Tegmark, interview with author, May 16, 2005. (Note : All interviews were conducted by Steve Nadis unless otherwise noted.)

[2] Aristotle, *On the Heavens* at Ancient Greek Online Library, http : //greektexts. com/library/Aristotle/On_The_Heavens/eng/ print/1043. html.

[3] Michio Kaku, *Hyperspace* (New York : Anchor Books, 1995), P. 34.

[4] H. G. Wells, *The Time Machine* (1898), available at http : //www. bartleby. com/1000/1. html.

[5] Abraham Pais. *Subtle Is the Lord* (New York : Oxford University Press, 1982), P. 152.

[6] Oskar Klein, " From My Life of Physics, " in *The Oskar Klein Memorial Lectures*, ed. Gosta Ekspong (Singapore : World Scientific, 1991), P. 110.

[7] Leonard Mlodinow, *Euclid's Window* (New York : Simon & Schuster, 2002), P. 231.

[8] Andrew Strominger, " Black Holes and the Fundamental Laws of

Nature，"lecture，Harvard University，Cambridge，MA，April 4，
2007.

[9]　Ibid.

第 2 章　　[1]　Georg Friedrich Bernhard Riemann. "On the Hypotheses Which
Lie at the Foundations of Geometry，"lecture，Göttingen
Observatory，June 10，1854.

[2]　E. T. Bell，*Men of Mathematics*（New York：Simon & Schuster，
1965），P. 21.

[3]　Leonard Mlodinow，*Euclid's Window*（New York：Simon　&
Schuster，2002），P. xi.

[4]　Edna St. Vincent Millay，"Euclid Alone Has Looked on Beauty
Bare，"quoted in Robert Osserman，*Poetry of the Universe*（New
York：Anchor Books，1995），P. 6.

[5]　Andre Nikolaevich Kolmogorov，*Mathematics of the 19th Century*
（Boston，Birkhauser，1998）.

[6]　Deane Yang（Polytechnic Institute of New York University），e-mail
letter to anthor，April 20,2009.

[7]　Mlodinow，*Euclid's Window* p. 205.

[8]　Brian Greene，*The Elegant Universe*（New York：Vintage Books，
2000），p. 231.

[9]　C. N. Yang，"Albert Einstein：Opportunity and Perception，"speech，
22nd International Conference on the History of Science，Beijing，
China，2005.

Chen Ning Yang, "Einstein's Impact on Theoretical Physics in the 21st Century" *AAPPS Bulletin* 15 (February 2005).

[11]　Greene, *The Elegant Universe*, p. 72.

第 3 章　[1]　Robert Greene (UCLA), interview with author, March 13, 2008.

[2]　Lizhen Ji and Kefeng Liu, "Shing-Tung Yau: A Manifold Man of Mathematics," Proceedings of Geometric Analysis: Present and Future Conference, Harvard University, August 27-September I, 2008.

[3]　Leon Simon (Stanford University), interview with author, February 6, 2008.

[4]　Greene, interview with author, March 13, 2008.

[5]　Cameron Gordon (University of Texas), interview with author, March 14, 2008.

[6]　Robert Geroch (University of Chicago), interview with author, February 28, 2008.

[7]　Edward Witten (Institute for Advanced Study), interview with author, March 31. 2008.

[8]　Edward Witten, "A New Proof of the Positive Energy Theorem," *Communications in Mathematical physics* 80 (1981): 381 – 402.

[9]　Roger Penrose, "Gravitational Collapse: The Role of General Relativity," 1969, reprinted in *Mathematical Intelligencer* 30 (2008): 27 – 36.

[10] Richard Schoen (Stanford University), interview with author, January 31, 2008.

[11] Demetrios Christodoulou, *The Formation of Black Holes in General Relativity* (Zurich : European Mathematical Society, 2009).

[12] John D. S. Jones, " Mysteries of Four Dimensions, " *Nature* 332 (April 7, 1998): 488 – 489.

[13] Simon Donaldson (Imperial College), interview with author, April 3, 2008.

[14] Faye Flam, " Getting Comfortable in Four Dimensions, " *Science* 266 (December 9, 1994): 1640.

[15] Ibid.

[16] Mathematical Institute at the University of Oxford. " Chart the Realm of the 4 th Dimension, " http : //www 2. maths. OX. ac. uk/~dusautoy/ 2 soft/ 4 D. htm.

[17] Grisha Perelman, " The En tropy Formula for the Ricci Flow and Its Geometric Applications, " November 11, 2002, http : //arxiv. org/ abs/math/ 0211159 v 1.

第 4 章

[1] Eugenio Calabi (University of Pennsylvania), interview with author, October 18, 2007.

[2] Robert Greene (UCLA), interview with author, October 18, 2008.

[3] Calabi, interview with author, October 18, 2008.

[4] Greene, interview with author, June 24, 2008.

[5] Calabi, interview with author, October 18, 2007.

第5章

[1] Robert Greene (UCLA), interview with author, January 29, 2008.

[2] Eugenio Calabi (University of Pennsylvania), interview with autho, May 14, 2008.

[3] Ibid.

[4] Erwin Lutwak (Polytechnic Institute of NYU), interview with author, May 15, 2008.

[5] Calabi, interview with author,May 14, 2008.

[6] Calabi, interview with author, June 16, 2008.

[7] Ibid.

[8] Calabi, interview with author, October 18, 2007.

第6章

[1] Cumrun Vafa (Harvard University), interview with author, January 19, 2007.

[2] John Schwarz (California Institute of Technology), interview with author,August 13, 2008.

[3] Michael Green (University of Cambridge), e-mail letter to author, August 15, 2008.

[4] Schwarz, interview with author, August 13, 2008.

[5] Andrew Strominger (Harvard University), interview with author, February 7, 2007.

[6] Strominger, interview with author, November 1, 2007.

[7] Raman Sundrum (Johns Hopkins University), interview with author, January 25, 2007.

[8] Strominger, interview with author, February 7, 2007.

[9] Dennis Overbye, " One Cosmic Question, Too Many Answers, " *New York Times*, September 2, 2003.

[10] Juan Maldacena (Princeton University), interview with author, September 9, 2007.

[11] Dan Freed (University of Texas), interview with author, June 24, 2008.

[12] Tristan Hubsch (Howard University), interview with author, August 30, 2008.

[13] Gary Horowitz (University of California, Santa Barbara), interview with author, February 15, 2007.

[14] Eugenio Calabi (University of Pennsylvania), interview with author, October 18, 2007.

[15] Woody Allen, " Strung Out, " *New Yorker*, July 28, 2003.

[16] Liam McAllister (Cornell University), e-mail letter to author, April 24, 2009.

[17] Allan Adams (MIT), interview with author, August 10, 2007.

[18] Joe Polchinski (University of California, Santa Barbara), interview with author, January 29, 2007.

[19] Brian Greene, *The Fabric of the Cosmos* (New York: Alfred A. Knopf, 2004), p. 372.

[20] P. Candelas. G. Horowitz, A. Strominger, and E. witten, " Vacuum Configurations for Superstrings, " *Nuclear Physics B* 258 (1985): 46 – 74.

[21] Edward Witten (LAS), e-mail letter to author, July 24, 2008.

[22] Volker Braun, Philip Candelas, and Rhys Davies, " A Three-Generation CalabiYau Manifold with Small Hodge Numbers, " October 28, 2009, http: //arxiv. org/PS_cache// arxiv/pdf/0910/0910. 5464v1. pdf.

[23] Dennis Overbye, " One Cosmic Questicn, Too Many Answers, " *New York Times*, September 2, 2003.

[24] Dalc Glabach and Juan Maldacena, " Who ' s Counting ? " *Astronomy*, (May 2006), 72.

[25] Andrew Strominger, " Strirg Theory, Black Ho1es, and the Fundamental Laws of Nature, " 1ecture, Harvard University, Cambridge. MA, April 4, 2007.

[26] Witten, e-mail letter to author, July 21, 2008.

[27] Petr Horava (University of California, Berkeley), interview with author, July 6, 2007.

[**28**]　Ibid.

[**29**]　Leonard Susskind (Stanford University), interview with author, May 25, 2007.

第 7 章

[**1**]　Ronen Plesser (Duke University), interview with author, September 3, 2008.

[**2**]　Ibid.

[**3**]　Marcus Grisaru (McGill University), interview with author, August 18, 2008.

[**4**]　Plesser, interview with author, September 3, 2008.

[**5**]　Shamit Kachru (Stanford University), interview with author, August 19, 2008.

[**6**]　Ashoke Sen (Harisb-Chandra Research Institute), interview with author, August 22, 2008.

[**7**]　Jacques Distler and Brian Greene, " Some Exact Results on the Superpotential from Calabi-Yau Compactifiications, " *Nuclear Physics B* 309 (1988): 295 – 316.

[**8**]　Doron Gepner, " Yukawa Couplings for Calabi-Yau String Compactification, " *Nuclear Physics B* 311 (1988): 191 – 204.

[**9**]　Kachru, interview with author, August 19, 2008.

[**10**]　Paul Aspinwall (Duke University), interview with author, August 14, 2008.

[11]　Wolfgang Lerche,Cumrun Vafa , and Nicholas Warner , " Chiral Rings in N= 2 Superconformal Theories , " *Nuclear Physics B* 324 (1989): 427 – 474.

[12]　B. R. Greene , C. Vafa , and N. P. Warner , " Calabi-Yau Manifolds and Renormalization Group Flows , " *Nuclear Physics B* 324 (1989): 371 – 390.

[13]　Brian Greene (Columbia University), interview with author , March 11 , 2010.

[14]　Ibid.

[15]　Doron Gepne , interview with author,August 19 , 2008.

[16]　B. R. Greene and M. R. Plesser, " Duality in Calabi-Yau Moduli Space , " *Nuclear Physics B* 338 (1990): 15 – 37.

[17]　Brian Greene , *The Elegant Universe* (New York : Vintage Books , 2000), P. 258.

[18]　Plesser , interview with author , September 19 , 2008.

[19]　Greene , interview with author , March 11 , 2010.

[20]　Greene , *The Elegant Universe* , p. 259.

[21]　Cumrun Vafa (Harvard University), interview with author , September 19 , 2008。

[22]　Greene , interview with author , March 13 , 2010.

[23]　Mark Gross (UCSD) ,interview with author,October 31 , 2008.

[**24**]　Andreas Gathmarm (University of Kaiserslautern), interview with author,August 25 , 2008.

[**25**]　David Hilbert, " Mathematical Problems , " lecture , International Congress of Mathematicians , Paris , 1900 , http : //aleph 0. clarku. edu/~djoyce/hilbert/problems. html (html version prepared by David Joyce , Mathematics Department , Clark University , Worcester , MA).

[**26**]　Andreas Gathmann , " Mirror Principle I, " *Mathematical Reviews* , MR 1621573 , 1999.

[**27**]　David Cox (Amherst College), interview with author , June 13 , 2008.

[**28**]　Andrew Strominger (Harvard University), interview with author,February 7 , 2007.

[**29**]　Gross , interview with author , September 19 , 2008.

[**30**]　Ibid.

[**31**]　Gross , interview with author , September 24 , 2008.

[**32**]　Eric Zaslow (Northwestern University), interview with author , June 26 , 2008.

[**33**]　A. Strominger , S. T Yau,and E. Zaslow , " Mirror Symmetry Is T Duality , " *Nuclear Physics* 479 (1996): 243 – 259.

[**34**]　Gross. interview with author , September 24 , 2008.

[**35**]　Mark Gross , e-mail letter to author , September 29 , 2008.

[36] Ibid.

[37] Strominger, interview with author, August 1, 2007.

[38] Zaslow, interview with author, June 26, 2008.

[39] Gross, interview with author, September 19, 2008.

[40] Yan Soibelman (Kansas State University), interview with author,September 26, 2008.

[41] Aspinwall, interview with author, June 23, 2008.

[42] Michael Douglas (Stony Brook University), interview with author,August 20, 2008.

[43] Aspinwall, interview with author,June 23, 2008.

[44] Gross, interview with author, September 24, 2008.

第 8 章

[1] Avi Loeb (Harvard University), interview with author, September 25, 2008.

[2] American Mathematical Society, " Interview with Heisuke Hironaka, " *Notices of the AMS* 52, no. 9 (October 2005): 1015.

[3] Steve Nadis, " Cosmic Inflation Comes of Age, " *Astronomy* (April 2002).

[4] Andrew Strominger, " String Theory, Black Holes, and the Fundamental Laws of Nature, " lecture, Harvard University, Cambridge, MA, April 4, 2007.

[5]　Ibid.

[6]　Hirosi Ooguri (California Institute of Technology) , interview with author , October 8 , 2008.

[7]　Strominger , lecture.

[8]　Andrew Strominger and Cumrun Vafa , " Microscopic Origin of the Bekenstein Hawking Entropy , " *Physics Letters B* 379 (June 27 , 1996) : 99 – 104.

[9]　Andrew Strominger , quoted in Gary Taubes , " Black Holes and Beyond , " *Science Watch* , May June 1999 http : //archive sciencewatch. corn/may-june 99 /sw may-june 99 _Page 3. htm.

[10]　Ooguri,interview with author , October 8 , 2008.

[11]　Strominger , quoted in Taubes, " Black Holes and Beyond. "

[12]　Xi Yin (Harvard University) , interview with author , October 14 , 2008.

[13]　Ibid.

[14]　Yin , interview with author,October 22 , 2008.

[15]　Frederik Denef (Harvard University) , interview with author , August 26 , 2008.

[16]　Yin , interview with author , October 14 , 2008.

[17]　Aaron Simons , interview with author , February 9 , 2007.

[18]   Ooguri. interview with author, October 8, 2008.

[19]   Simons, interview with author, February 9, 2007.

[20]   J. M. Maldacena, A. Strominger, and E. Witten, "Black
        Hole Entropy in M-Theory," *Journal of High Energy Physics*
        9712 (1997), http://arxiv. org/PS_cache/hep-th/
        pdf/9711/9711053v1. pdf.

[21]   Juan Maldacena (IAS), interview with author, September 4,
        2008.

[22]   Hirosi Ooguri, Andrew Strominger, and Cumrun Vafa, "Black
        Hole Attractors and the Topological String," *Physical Review D* 70
        (2004).

[23]   Cumrun Vafa (Harvard University), interview with author,
        September 26, 2008.

[24]   James Sparks (Harvard University), interview with author,
        February 6, 2007.

[25]   Amanda Gefter, "The Elephant and the Event Horizon," *New
        Scientist* (October 26, 2006): 36 – 39.

[26]   John Preskill. "On Hawking's Concession," July 24, 2004,
        http://www. theory. caltech. edu/~preskill/jp_24ju104html

[27]   Andrew Strominger (Harvard University), interview with author,
        February 7, 2007.

[28]   Juan Maldacena, "The Illusion of Gravity," *Scientific American*,
        November 2005, pp. 57 – 58, 61.

[**29**]　Davide Castelvecchi, "Shadow World," *Science News* 172 (November 17, 2007).

[**30**]　Taubes, "Black Holes and Beyond."

第 9 章　　[**1**]　L. Frank Baum, *The Wizard of Oz* (Whitefish, MT : Kessinger, 2004), p. 111.

[**2**]　Volker Braun (Dublin Institute for Advanced Studies), interview with author, November 4, 2008.

[**3**]　Philip Candelas (Oxford University), interview with author, December 1, 2008.

[**4**]　4. Ibid.

[**5**]　Andrew Strominger (Harvard University), interview with author, February 7, 2007.

[**6**]　Cumrun Vafa, "The Geometry of Grand Unified Theories," lecture,Harvard University, Cambridge, MA, August 29, 2008.

[**7**]　Chris Beasley (Stony Brook University), interview with author, November 13, 2008.

[**8**]　Burt Ovrut (University of Pennsylvania), interview with author, July 20, 2008.

[**9**]　Ovrut. interview with author,February 2, 2007.

[**10**]　Ron Donagi (University of Pennsylvania), interview with author,November 14, 2008.

[11] Donagi, interview with author,November 19, 2008.

[12] Candelas, interview with author, December 1, 2008.

[13] Donagi, interview with author, May 3, 2008.

[14] Ovrut, interview with author, November 20, 2008.

[15] Donagi, interview with author, November 20, 2008.

[16] Ovrut, interview with author,November 20, 2008.

[17] Shamit Kachru (Stanford University), interview with author,November 4, 2008.

[18] Michael Douglas (Stony Brook University),interview with author, Ausust 20, 2008.

[19] Candelas, interview with author, December 1, 2008.

[20] Simon Donaldson (Imperial College), interview with author, November 29, 2008.

[21] Ovrut, interview with author, November 19, 2008.

[22] Candelas, interview with author,December 1, 2008.

[23] Strominger, interview with author, February 7, 2007.

[24] Adrian Cho, "String Theory Gets Real — Sort Of," *Science* 306 (November 26, 2004): 1461.

[25] Candelas, interview with author, December 1, 2008.

[26]　Allan Adams（MIT）, interview with author,November 15, 2008.

第 10 章　　[1]　Gary Shiu, quoted in Adrian Cho, " String Theory Gets Rea1—son of, " *Science* 306（November 26, 2004）: 1461.

[2]　Shamit Kachru（Stanford University）, e-mail letter to author, Decamber 6, 2008.

[3]　Shamit Kachru, Renata Kallosh, Andrei Linde, and Sandip Trivedi, " De Sitter Vacua in String Theory, " *Physical Review D* 68（2003）.

[4]　Raman Sundrum（Johns Hopkins University）, interview with author, February 22, 2007.

[5]　Liam McAllister（Cornell University）, interview with author, November 12, 2008.

[6]　Kachru, interview with author, September 8, 2007.

[7]　McAllister（Princeton University）, interview with author, February 20, 2007.

[8]　Joe Polchinski（University of California, Santa Barbara）, interview with author, february 6, 2006.

[9]　David Gross, quoted in Dennis Overbye, " Zillions of Universes？ Or Did Ours Get Lucky？ " *New York Times*, October 28, 2003.

[10]　Burton Richter, " Randall and Susskind, " letter to editor, *New York Times*, Januarv 29, 2006.

[11]　Leonard Susskind, *The Cosmic Landscape*（NewYork: Little,

Brown, 2006), PP. 354 – 355.

[12] Tristan Hubsch (Howard University), interview with author, November 7, 2008.

[13] Mark Gross (UCSD), interview with author, October 31, 2008.

[14] Gross, interview with author, September 19, 2008.

[15] Miles Reid (University of Warwick), interview with author, August 12, 2007.

[16] Allan Adams (MIT), interview with author, October 31, 2008.

[17] Gross, interview with author, October 31, 2008.

[18] Adams, interview with author, October 31. 2008.

[19] Tristan Hubsch, e-mail letter to author, December 15, 2008.

[20] Melanie Becker (Texas A&M University), interview with author, February 1, 2007.

[21] Andrew Strominger (Harvard University), interview with author, February 7, 2007.

[22] Li-Sheng Tseng (Harvard University), interview with author, December 17, 2008.

[23] Becker, interview with author, February 1, 2007.

[24] Polchinski, interview with author, January 29, 2007.

[25] Strominger, interview with author, August 1, 2007.

[26]　Burt Ovrut (University of Pennsylvania) , interview with author , February 2 , 2007.

第 11 章

[1]　Geoffrey Landis , " Vacuum States , " *Asimov's Science Fiction* 12 (July 1988) : 73 – 79.

[2]　Andrew R. Frey , Matthew Lippert , and Brook Williams , " The Fall of Stringy de Sittet ; " *Physical Review D* 68 (2003) .

[3]　Sidney Coleman , " Fate of the False Vacuum : Semiclassical Theory , " *Physical Review D* 15 (May 15 , 1977) : 2929 – 2936.

[4]　Steve Giddings (University of California , Santa Barbara) , interview with author , September 24 , 2007.

[5]　Matthew Kleban (New York University) , interview with author , January 17 , 2008.

[6]　Dennis Overbye , " One Cosmic Question , Too Many Answers , " *New York Times* , September 2 , 2003.

[7]　Andrei Linde (Stanford University) , interview with author , December 27 , 2007.

[8]　Giddings , interview with author , October 17 , 2007.

[9]　Shamit Kachru (Stanford University) , interview with author , September 18 , 2007.

[10]　Linde. interview with author , December 27 , 2007.

[11]　Henry Tye (Cornell University) , interview with author , September 12 , 2007.

[12] Linde,interview with author , January 10 , 2008.

[13] S. W. Hawking, " The Cosmological Constant , " *Philo-sophical Transactions of the Royal Society* A 310 (1983): 303 – 310.

[14] Kleban,interview with author , January 17 , 2008.

[15] Steven B. Giddings, " The Fate of Four Dimensions , " *Physical Review D* 68 (2003).

第 12 章

[1] Matthew Kleban (New York University) ,interview with author , March 4 , 2008.

[2] Henry Tye (Cornell University), e-mail letter to author , May 15 , 2008.

[3] Ben Freivogel (University of California , Berkeley), interview with author , February 4 , 2008.

[4] Alejandro Gangui, " Superconducting Cosmic Strings , " *American Scientist* 88 (May 2000).

[5] Edward Witten , " Cosmic Superstrings , " *Physics Letters* B 153 (1985): 243 – 246.

[6] A1exander Vilenkin (Tuns University), interview with author , November 23 , 2004.

[7] David F. Chernoff (Cornell University), personal communication , February 8 , 2010.

[8] Tye , interview with author , February 8 , 2010.

[9] Alexandcr VIlenkin, " Alexander Vilenkin Forecasts the

Future ," *New Scientist,* November 18 , 2006.

[10] Igor Klebanov (Princeton University), interview with author , April 26 , 2007.

[11] Rachel Bean (Cornell University), interview with author , April 25 , 2007.

[12] Joe Polchinski (University of California , Santa Barbara), interview with author , April 23 , 2007.

[13] Gary Shiu (University of Wisconsin), e-mail letter to author , May 19 , 2007.

[14] Tye , interview with author , January 22 , 2007.

[15] Cliff Burgess (Perimeter Institute), interview with author , April 13 , 2007.

[16] Bret Underwood (University of Wisconsin), interview with author, April 13 , 2007.

[17] Liam McAllister (Princeton University), interview with author, January 26 , 2007.

[18] Shiu , interview with author , May 19 , 2007.

[19] Sarah Shandera (Columbia University), interview with author , May 15 , 2007.

[20] Tye , interview with author , January 28 , 2008.

[21] Shiu , interview with author , May 19 , 2007.

[22]   McAllister , interview with author , January 26 , 2007.

[23]   Bean , interview with author , April 25 , 2007.

[24]   Burt Ovrut (University of Pennsylvania) , interview with author , February 2 , 2007.

[25]   Underwood , interview with author , July 20 , 2007.

[26]   Shiu , interview with author , July 20 , 2007.

[27]   Polchinski , interview with author , August 31 , 2007.

[28]   The Eöt-Washington Group , Laboratory Tests of Gravitational and Sub-Gravitational Physics , " Short-Range Tests of Newton ' s Inverse-Square Law , " 2008 – 2009 , http : //www. npl. washington. edu/eotwash/experiments/shortRange/sr. html.

[29]   Shamit Kachru (Stanford University) , interview with author , February l, 2007.

[30]   K. C. Cole , " A Theory of Everything , " *New York Times Magazine* , October 18 , 1987.

第 13 章

[1]   Peter Goddard , ed. , *Paul Dirac : The Man and His work* (New York : Cambridge University Press , 1998) .

[2]   Eugene Wigner, " The Unreasonable Effectiveness of Mathematics in the Natural Sciences , " *Communications in Pure and Applied Mathematics* 13 (February 1960) .

[3]   Chen Ning Yang , *S. S. Chern : A Great Geometer offhe 20th Century* (Boston ; International Press , 1998) , P. 66.

[4] Robert Osserman, *Poetry of the Universe* (New York: Anchor Books, 1996), pp. 142 – 143.

[5] Richard P Feynman, *The Character of physical Law* (New York: Modern Library, 1994), p. 50.

[6] Michael Atiyah, quoted in Patricia Schwarz, "Sir Michael Atiyah on Math,Physics and Fun," The Official String Theory Web site, http://www.superstringtheory.com/people/atiyah.html.

[7] Jim Holt, "Unstrung," *New Yorker*, October 2, 2006, P. 86.

[8] Michael Atiyah, "Pulling the Strings," *Nature* 438 (December 22 – 29, 2005): 1081.

[9] Robert Mills, "Beauty and Truth," in *Chen Ning Yang: A Great Physicist of the 20th Century*, ed. Shing-Tung Yau and C. S. Liu (Boston: International Press, 1995), P. 199.

[10] Henry Tye (Cornell University), e-mail letter to author, December 19, 2008.

[11] Brian Greene, interview by Ira Flatow, "Big Questions in Cosmology," *Science Friday*, NPR, April 3, 2009.

[12] K. C. Cole, "A Theory of Everything," *New York Times Magazine*, October 18, 1987.

[13] Nicolai Reshetikhin (University of California, Berkeley), interview with author, June 5, 2008.

[14] Robbert Dijkgraaf (University of Amsterdam), interview with author, February 8, 2007.

[15] Brian Greene, *The Elegant Universe* (New York : Vintage Books, 2000), P. 210.

[16] Andrew Strominger (Harvard University), interview with author, August 1, 2007.

[17] S. Ramanujan, " On Certain Arithmetic Functions, " *Transactions of the Cambridge Philosophical Society* 22 (1916): 159 – 184.

[18] Lothar Goettsche, " A Conjectural Generating Function for Numbers of Curves on Surfaces, " November 11, 1997, ar Xiv. org, Cornell University archives, http : //arxiv. org/PS_cache/alg-geom/pdf/ 9711/9711012 v 1. pdf.

[19] Ai-Ko Liu, " Family Blowup Formula, Admissible Graphs and the Enumeration of Singular Curves, I, " *Journal of Differential Geometry* 56 (2000): 381 – 579.

[20] Bong Lian (Brandeis University), interview with author, December 12, 2007.

[21] Michael Atiyah, " Pulling the Strings, " *Nature* 438 (December 22 – 29, 2005): 1082.

[22] Glennda Chui, " Wisecracks Fly When Brian Greene and Lawrence Krauss Tangle over String Theory, " *Symmetry* 4 (May 2007): 17 – 21.

[23] *Sean Carroll, " String Theory : Not Dead Yet, " Cosmic Variance blog, Discover online magazine*, May 24, 2007, http : // cosmicvariance. com.

[24] Edward Witten, quoted in K. C. Cole, " A Theory of Everything, "

New York Times Magazine, October 18, 1987.

[25]　Ibid.

[26]　Alan Guth (MIT), interview with author, September 13, 2007.

[27]　Greene, *The Elegant Universe* (NewYork : Vintage Books, 2000), P. 261.

[28]　Max Tegmark (MIT), interview with author, October 23, 2007.

[29]　Faye Flam, " Getting Comfortable in Four Dimensions, " *Science* 266 (December 9, 1994): 1640.

第 14 章　　[1]　Cumrun Vafa (Harvard University), interview with author, January 19, 2007.

[2]　Robbert Dijkgraaf (University of Amsterdam), interview with author, February 8, 2007.

[3]　David Morrison (University of California, Santa Barbara), interview with author, May 27, 2008.

[4]　Allan Adams (MIT), interview with author, May 23, 2008.

[5]　Joe Polchinski (University of California, Santa Barbara), interview with author, August 31, 2007.

[6]　Edward Witten (Institute for Advanced Study), e-mail letter to author, January 30, 2007.

[7]　Adams, interview with author, May 23, 2008.

[8] Turnbull WWW Server, " Quotations by Gauss , " School of
       Mathematical Sciences,University of St. Andrews , St. Andrews ,
       Fife,Scotland , Febmary 2006. http : //www-groups. dcs. st-and.
       ac. uk/~history/Quotations/Gauss. html.

[9] Adams , interview with author,May 23 , 2008.

[10] Brian Greene , " String Theory on Calabi-Yau Manifolds , " lectures
       given at Theoretical Advanced Study Institute , 1996 session (TASI-
       96), Boulder , CO , June 1996.

[11] K. C. Cole , " Time , Space Obsolete in New View of Universe , "
       Los Angeles Times , November 16 , 1999.

[12] Andrew Strominger (Harvard University), interview with
       author,August 1 , 2007.

[13] Morrison , interview with author, May 29 , 2008.

[14] Brian Greene , *Elegant Universe* (New York : Vintage Books ,
       2000), PP. 268 , 273.

[15] Paul Aspinwall (Duke University), interview with author , June 6 ,
       2008.

[16] Morrison , interview with author,May 27 , 2008.

后记

[1] Andrew Strominger (Harvard University), interview with author ,
       February 7 , 2007.

[2] Ibid.

[3] Chris Beasley , Jonathan Heckman , and Cumrun Vafa , " GUTs

and Exceptional Branes. in F-Thcory-I , " November 18 , 2008 , http : //arxiv. org/abs/ 0802. 3391 ; Chris Beasley , Jonathan Heckman , and Cumrun Vafa , " GUTs and Exceptional Branes in F-Theory-II : Experimental Predictions , " June 12 , 2008. http : //arxir. org/abs/arxiv : 0806. 0102 ; Ron Donagi and Martijn Wijnholt , " Model Building with F-Theory , " March 3 , 2008 , Http : //lanl. arxiv. org/pdf/ 0802. 2969 v 2 ; and Ron Donagi and Martijn Wijnholt , " Breaking GUT Groups in F-Theory , " August 17 , 2008 , http : //lanl. arxiv. org/pdf/ 0808. 2223 v 1.

[4]　Strominger , interview with author , July 23 , 2007.

[5]　Cumrun Vafa (Harvard University) , interview with author , November 2 , 2007.

[6]　Leonard Mlodinow , *Euclid's Mirror* (New York : Simon & Schuster , 2002) . P. 255.

[7]　Edward Witten (Institute for Advanced Study) , e-mail letter to author , February 12 , 2007.

[8]　David Morrison (University of California , Santa Barbara) , interview with author , May 27 , 2008.

[9]　Ravi Vakil (Stanford University) , interview with author , May 28 , 2008.

[10]　Strominger , interview with author , August 1 , 2007.

终曲　　[1]　1. Piers Bursill-Hall , " Why Do We Study Geometry ? Answers Through the Ages , " lecture , Faulkes Institute for Geometry , University of Cambridge , May 1 , 2002.

[2]　　Donald Zeyl (University of Rhode Island), interview with author, October 18, 2007.

C

O

Y

译后记
对曲抚弦好时光

1985年7月，我提前一个月出行留学。当时中国台湾的戒严体制，不允许无故提早出行的时间，必须另案特别申请。感谢数学系的师长奔走，我才能如愿搭上华航的班机。还记得飞机斜仰冲入云层时，机身摇晃颤抖，当时心中忐忑，不知是兴奋还是惶恐，是因为跨出这个囚锁的岛屿？即将迎接未知的异域生活？抑或只是单纯的生理恐慌。

我之所以提前出行，是因为要参加加州大学圣地亚哥分校的一个数学"夏令营"，主办人是丘成桐先生，他在1983年刚获得数学界的诺贝尔奖 —— 菲尔兹奖，日后成为我的论文指导老师。这个数学营的对象是全球的华人数学家与学生，所以与我同行的还有许多中国台湾的师长或同辈。一个月同炊同宿同游的日子，以及与大陆学生初遇交谊的经过，留下了许多特别的回忆。

在营队中，除了白天有沙滩排球，晚上看电影（记得是郑绍远带来了《小城之春》），我们要阅读、报告、讨论，营中还有许多一流数学家的演讲。当时多纳森的四维拓扑工作出炉不久，再配合也在圣地亚哥的弗利德曼对庞加莱猜想的研究成果，整个四维流形的研究有了根本的突破（这两位数学家在隔年也都获得最高荣誉的菲尔兹奖），整个营队的气氛十分热烈高昂。就这样，我以一个学子身份，见证了一个数学时代的开始。随后几年一直处于数学研究的核心圈之一，让我真真正正体会到什么是知识的演进、时代的推移。

在圣地亚哥的两年（中间有半年在德州奥斯丁）只下了一场小雨，每日都是阳光蓝天，天气怡和，汉米尔顿经常跟我们炫耀冲浪的故事；弗利德曼喜欢攀岩，还攀爬系馆给大家看；孙理察则是排球健将，杀起球来虎虎生风；相较下来，丘先生虽然喜欢跟大家打球，球技就没有数学那么厉害。

对曲抚弦好时光不过我们的生活绝不能用悠闲来形容，事实上，丘先生的学生一贯要参加许多研讨班与演讲（这点到现在似乎也没有改变），每天学习行程满档，密度之大，蔚为奇谈，引人侧目。当时系上的师生，谣传我们这个"帮派"整天用广东话轮流报告，天晓得丘先生担心我们日后的教学，严格要求我们用英文演说，只是大家的英文不标准罢了（奇怪的是，我们彼此却都听得懂）。记得当时，丘先生鼻炎严重，经常在大小演讲的中途睡去，到快结束前才醒来，而且还随即开始问问题。妙的是，他问的都是关键问题，比醒着的我们还准确。他这个嗜睡的毛病，幸好在奥斯丁时开刀后，就没再看到了。

由于丘先生的眼界开阔，给学生们的问题方向颇有差异，因此我们在研讨班报告的范围也很广，刺激着彼此学习不同的领域，内容多是当时的重要研究，许多还是炙手可热的预印稿。不过丘先生总是很忙，学生的研讨班不见得能全程参与，出访的时候更是同学松一口气的时候。事实上，他并不像一般博士班指导老师，有指导学生的固定时间。倒不是他有意冷淡对待学生，而是因为他的访客，不论是在美国西岸或后来的东岸，总是络绎于途，因此学生只能各凭本事找他的空当。不过，别看他事务繁忙，对数学的专注力却十分惊人，几乎不择时地皆可思考，无论是聊天、走路、开车，几乎任何时候，总是可以忽而从尘世俗事脱身，继续在超然的数学话题上侃侃而谈。

但是丘先生似乎不认为自己是天才，至少不觉得天才是一个好数学家的决定性因素。所以他并不特别认为数学家异于常人，也不十分热衷于奥林匹克之类的数学竞赛。他从自己的成长体验，更在乎学生是否有专注的毅力、辛勤的工作态度，以及热爱数学的襟怀。也因此，虽然他有时看起来严肃，却又常带着童心好奇的天真。

丘先生是一位很有行动力的人，如果说他是20世纪最重要的华人数学家，有一部分原因出自他自始至终关心华人数学的地位与提升，并付出比其他海外华人数学家更多的努力。前述我们所参加的夏令营，正是他年轻时（当时他才36岁）就开始提高华人参与主流数学的努力尝试。丘先生的华人学生一向很多，与我同期大概有十人之多，他带着我们由加州、德州到麻州，中间显然遇到许多行政上的挑战，但他一一为我们克服。

后来，他更是积极来往于中国香港、中国台湾与大陆，说服学界、商界与政界人士，支持华人数学的发展。目前他在两岸三地协助成立了许多数学研究中心，完全义务，并不支薪。1998年起，他更积极推动华人数学家大会（ICCM），积极提携华人数学家，鼓励他们奉献于数学的大业。

我经常听到有人批评丘先生"霸气",不过学术界本非无尘脱俗的世界,自有现实的历史宥限与学术政治,西方世界主导数学界几百年,隐约总能闻出偏执、恶见、藏私、垄断、保护的气味。想要在现代数学界的中心位置杀出生路,护卫并推升华人数学的成就,却唯独这个霸气不可少。他的种种臧否批评,不论是出自热情或义愤,背后总有着清楚、严谨的理路。

丘先生的行动力,也促成了这本书。

几年前,丘先生告诉我他想写一本数学科普书,问问我的意见。以科普书向大众普及科学知识的重要性,尽人皆知,但是科普书不好写,数学科普书更难写,也是内行人都了然的难关。依照霍金开玩笑的讲法,写科普书每多一个公式,销量就会掉一半,但是写数学科普书若不写出算式,却经常让识者觉得空洞,反而让一般读者学些似是而非的概念,不然就只是一些历史故事、数学家轶事,甚或八卦。

但是丘先生肯定写科普书的重要性,不但想写,而且希望能兼顾这两个近乎不能相容的困难(见本书丘先生的两序),由于丘先生是个大忙人,我无法想象他如何能抽空完成这件事,当时我的意见恐怕还是迟疑居多。没想到四年之后,丘先生竟然真的将书"变"到我们的眼前;从本书内容的广度与深度,这中间的辛苦显然不足为外人道矣,但丘先生还是凭他的毅力完成了。

在这段期间前后,丘先生也开始大力推动数学的普及化,他经常在各地做通俗性的数学演讲,不但直言数学结构之美,深谈数学与人文之联系，而且谈及数学教育的重要性，抨击华人数学教育的疏失，这些演讲散见于网路，日后势将编辑成书。同时，他也在大陆推动《数学与数学人》《数学与人文》两丛书（应该算是杂志）。

最惊人的是，当我们译完本书正在收尾时，丘先生又突然寄给我另一本将要出版的新书《哈佛数学150年》[*A History in Sum*：*150 Years of Mathematics at Harvard*（1825—1975），哈佛大学出版社]。他再一次不媚俗地选择了他认为重要的课题，这一次他希望读者（尤其是华人读者）能够以哈佛大学为案，理解美国如何从数学的不毛之地走向数学的繁华之都，希望以此展示何谓数学教育的应然方向，乃至高等教育该如何健全发展，希望我们能体认高等教育必须以第一等研究为主要目标。

至于我想翻译这本书，倒不是因为丘先生是我的老师，虽然这层关系在沟通译文上多了便利与信任，但他自始至终可都没有摆出什么老师的架子。想要翻译，一方面是丘先生以世界一流数学家之姿，却花费四年来完成一本数学科普书，其中的风范与热情固然令人动容。同时正因如此，我猜读者也会十分好奇，他想谈论的主题内容的独特性与重要性。

简而言之，本书的主旨是要以数学家的观点，来谈论弦论十维空间中的六维内在空间，这个空间基本上是所谓的卡拉比–丘空间，其中"丘"就是丘成桐，这是他证明了卡拉比猜想而确立的几何空间，他也因此荣获菲尔兹奖。而由于书中深入谈到他证明这个猜想以及日后应用的过程，因此从某种角度，也可以看成丘先生的半传记。

底下我先简单介绍一下全书的梗概。本书大致上可以第6章和第7章为界,大略分成前后两部分(扣掉最前面的介绍与最后面的总结章节)。第一部分铺陈阅读这本书所需的数学背景,顺便鸟瞰当代的几何学。第二部分则强调如何将卡拉比-丘流形运用到弦论中。

在第1章开宗明义,大致介绍隐藏或内在空间的想法之后,第2章简短追溯几何学的历史源流,也顺便厘清一些几何概念。然后作者在第3章介绍了今日几何学的新工具 —— 几何分析学的发展,尤其介绍了到目前为止的三大成就之二:四维拓扑和庞加莱猜想。由于第三项成就 —— 卡拉比猜想是本书的主题,因此分成第4、5两章,依序介绍卡拉比猜想的意义,以及丘先生证明猜想的过程。

在第一部分与第二部分之间的6、7两章,基本上可以看成数学和物理的边界。作者首先在第6章介绍弦论两次革命的发展,并解释本书主角卡拉比-丘流形在弦论中的理论重要性;第7章则反之,指出弦论或物理学的思考如何带给数学研究上丰富的深远影响,尤其是镜对称。

第二部分始于第8章。在本章作者给出例子,说明弦论学者如何巧妙地建立了卡拉比-丘流形与黑洞信息悖论间的关联。第9章则说明如何透过卡拉比-丘流形,从弦论回归到标准模型,试图重建基本粒子的各种性质。第10章浅谈内在空间的其他可能性,以及卡拉比-丘流形在其中扮演的关键角色。第11章谈到由于宇宙终将去紧致化所导致的宇宙末日想象。第12章则回到内在空间观测证据的问题,论析目前借由天文观测或加速器所能提供的证据可能性。

最后两章则是总结性的反思，第13章谈论数学和物理的辩证发展关系，以及弦论对数学的意义。第14章则为了调和广义相对论与量子力学预设的不同空间观点，探讨未来几何学的可能发展方向。

另外，丘先生在全书"序曲"与"终曲"里，以柏拉图的"几何化"构想为主轴，畅谈了本书的数学思想主题，构成一个美好的循环。

就科普书而言，这本书的确比较深入而有一定难度。主要的原因在于丘先生撰写这本书的使命与信念：深入浅出地让大众能更深入知道弦论的理论内涵。由于许多概念牵涉数学的实质进展，自然涵盖了概念累积的深度（这也许是数学和其他科学相异的特色）。笔者在本书的〈附录1〉整理了一个关于几何中"空间"、"维度"、"曲率"等概念的说明，希望能帮忙读者降低一些阅读的难度。

相对于其他的数学科普书，我觉得这本书有三个特色，值得我将它翻译出来：

首先，这本书至少有三分之一的篇幅讨论现代几何学的发展。一般科普书如果是纯粹探讨几何学，多半只沿着历史发展谈到非欧几何。如果还要再涉及广义相对论，则会再讨论一些比较延伸的几何概念，但多半就开始避重就轻，让材料用一种暗喻类比的方式来进行。几何学家奥瑟曼的《宇宙的诗篇》已经是最努力的尝试，但我个人觉得仍然稍嫌不足。不然就算是讨论解决庞加莱猜想这种热门话题的科普书，也都只能出偏锋，绕着外部的历史、心理、八卦兜圈圈，读者完全无法读到正面的材料。

这个困难主要是来自数学概念的累积性，不但需要读者一定的阅读专注，而且需要作者能正确掌握手上的材料，举重若轻，入其环中。否则，数学的科普书真的只能永远停步在中学阶段的数学概念。

结果，丘先生这本书光是谈及几何分析学的三大成就，就涉及1980年之后好几个菲尔兹奖得主的研究工作。这无疑是困难的挑战，但丘先生身为几何分析学的大宗师，对于材料的选取、关键的解说，都无疑有着权威性的准确度与品位。我想这不只让年轻的学子有一窥堂奥的机会，即使对于不同领域的数学家，这一部分的阅读应该也有着相当的吸引力。

其次，虽然谈论弦论的科普书籍已有很多，但这一本却非常不一样，足以和格林恩的畅销巨作《宇宙的琴弦》分庭抗礼，而且就某种角度是更有胜之。当然这和作者两人数学家和物理学家的不同背景有很大的关系。

就介绍弦论的物理背景而言，《宇宙的琴弦》无疑是一本杰出的物理科普著作，格林恩深入浅出的说明，许多都颇有新意。但是我想许多读者读完后，可能还是感觉隔了一层，有种知其然不知其所以然的感受。理论物理学的种种迷人巧思，无疑是当代科普市场的重要卖点，但一旦牵涉"所以然"的骨干——数学，一般作者还是尽量回避。其中的重要原因除了市场考量，也是因为这些多半是物理学家的作者，对个中的数学无法做最核心、最关键、最对味的掌握，因此无法像讲解物理概念那样，游刃有余地经营手中的材料。《宇宙的琴弦》虽然做了一些努力，但感觉并不很成功，反而有种悬在半空中的尴尬。

丘先生这本书由于作者出发点不同、背景不同，正好补足了这长久以来的缺憾。倒不是说这本书通篇都是数学方程式，恰恰相反，这本书的数学算式非常节制，但是作者并不回避理解弦论时所需的重要数学概念，简化、比喻、类推皆有之，需要读者投入想象力与思考力，但绝无马虎、欺瞒、慢待读者之处。一位有感的读者，必然能从本书的阅读，对弦论的成就又提升了一层的理解。

当然，在一本科普书里，绝对的精确描述是绝无可能也毫无必要的。今天许多对于弦论或当今理论物理学有兴趣的年轻学子，最困惑的是不知该学哪些数学，而面对这些数学符号的重重关卡，又往往不知重点何在。许多物理或数学的老师受限于自己所学的限制，往往不能给出恰当的建议。丘先生这本书在这方面颇有振聋发聩的帮助，不但完整提到所需的数学概念架构，而且直入核心地还原了这些概念背后的重要数学与物理意义。

第三个特色，则和这本书的半自传色彩有关。

在大众的心里，数学有着真理的形象，是超然于众学科之上或之外的另一种学科，连带着，数学家似乎个个像是遗世独立、不食人间烟火的天才高人。但丘先生这本书多少打破了这样的假象，让数学作为人类境况、文化与事功的一环能够显现出来。这得归功于丘先生愿意介入他的书，不讳言自己的感受。他不讳言研究路途的折磨艰辛的痛苦、柳暗花明的喜悦，有与朋友讨论分享的欢快，也有学术争执的无奈。

借由他的介入，丘先生也分享了建立理论的动态层次。对于一般爱智的读者，这本书提供一个十分有吸引力的角度，让我们跨过科普知识的橱窗，登堂入室，一窥理论内部核心概念的成形与演进的过程。

事实上，这本书有着科学哲学（或数学哲学）的意义。一般非数学家或非主流数学家的科学哲学论著，往往读起来有点意识形态化，以自己偶得的一二见解，落入执着或党同的立场。但丘先生以他处于最核心的科学领导者的立场，娓娓道来，反而让我们见识到对于灵光妙想和理性证据的严格分际，奇妙融合了弹性与严谨，也见到对未知的开放与坦然。

弦论在科学哲学上的重要意义，是让我们见识到几何学如何涉入大自然结构，以及物理学回馈数学的深度。看丘先生在序曲、终曲与最后两章中品评这段过程，反省数学和物理学问的关系时，他为爱好思考的读者提供了许多更值得深思的观点，甚至也彰显了数学的诗情。

最后，其实翻译本书，还有着比较私人的理由。书中讨论到的许多发展，与我留学的时光或有重叠，译书时随着书中提到的人事，许多生命的青春回忆也渐次浮现。当时的同学，如今有些是一方学术大名，有些却已转行，失去联系。但是那些圣地亚哥、奥斯丁、波士顿的琐事点滴；横越美国的公路之旅；两岸政治风波发生时，同学朋友彷徨焦虑的眼神，许多景象留在脑海里，反而愈久愈清晰。

译这本书，我想献给共度这段时光的所有人。

—— 关于翻译的一点补充说明 ——

一、首先要感谢丘先生，由于他的着眼点是在不失真的前提下，让书更易于阅读，因此为了中文读者的习惯，他允许我们可以更动叙述，甚至挪动段落。虽然这种修改并不多，但确实存在，因此希望对照阅读英汉版的认真读者，不要以为是误译，也希望我们的修改能更切中丘先生著述的要旨。

二、根据原精装版作者已发现的错误，以及我们另外查对出的错误（已提供给英文平装版修改参考），这个译本已经做了整体的修正，因此是一个更正确的版本。

三、除了丘先生和远流出版社团队之外，在翻译上我们还得到一些人的协助。在正质量猜想的部分，我要特别感谢和王慕道的讨论，他和丘先生2011年全年度正好都在台湾大学访问。感谢刘月琴和洪瑛帮我"决定"了杨宏风的中文姓名，刘月琴是杨的夫人，她和洪瑛都是罗格斯大学的统计学教授。另外，也感谢萧文礼和曾立生的协助，并谢谢他们的鼓励。

四、全书虽然由赵学信和我分译前后部分，但最后都互相细读讨论过，因此是名副其实的合译。最后定稿时，也很感谢远流吴程远的费心讨论。

五、原书附注列于全书之后，号码标于内文中。译注的部分主要由我来执笔，置于当页下方。

六、英文姓氏相同时，我们译成一样的中文，用完整的名字加上姓氏来区分；在无混淆之虑时，我们在局部首次出现时用完整姓名，随后仍只使用姓氏，以收简洁之效。

七、无理解或厘清之必要时，不增加译注。